Das Universum
Eine Reise in die Unendlichkeit

Serge Brunier

Das Universum

Eine Reise in die Unendlichkeit

Kosmos

Titel der Originalausgabe "L'Univers" by Serge Brunier

ISBN der Originalausgabe: 2-04-027133-3

Aus dem Französischen übersetzt von Claire Knollmeyer

Umschlaggestaltung von Atelier Reichert, Stuttgart,
unter Verwendung des Umschlagfotos der Originalausgabe. Das Bild zeigt den
Adlernebel in einer Aufnahme des Hubble-Weltraumteleskops
(NASA/ESA/S.T.S.C.I./Ciel et Espace).

Die Deutsche Bibliothek – CIP-Einheitsaufnahme

Brunier, Serge:
Das Universum : eine Reise in die Unendlichkeit / Serge Brunier. –
Stuttgart : Kosmos, 1998
Einheitssacht.: L'univers <dt.>
ISBN 3-440-07676-8

Für die deutschsprachige Ausgabe:

ISBN 3-440-07676-8

Lektorat: Dirk H. Lorenzen, Hamburg, Hermann-Michael Hahn, Köln
Herstellung: Siegfried Fischer, Stuttgart
Printed in Italy/Imprimé en Italie
Satz: Tympomedia Satztechnik GmbH, Ostfildern
Reproduktionen: Nord Compo, Lille, Frankreich
Druck und Bindung: Tipolitografia G. Canale & C. S.p.A., Turin, Italien

INHALT

VORWORT

Am Anfang dieses Werkes stehen Fata Morganen ... Fata Morganen der besonderen Art allerdings, die sich nicht über dem heißen Sand der Wüste, sondern in den eisigen Tiefen des Kosmos bildeten. Diese Fata Morganen, die am Himmel Bögen, Kreise und Kreuze zeichnen, stellen eine der wichtigsten wissenschaftlichen Entdeckungen der letzten Jahrzehnte dar. Die Bilder, die durch Gravitationslinsen entstehen, sind die vielfachen, verformten, vergrößerten und verstärkten Schimmer von Galaxien, die vor etwa zwölf Milliarden Jahren existierten. Sie sind einer der schlagendsten Beweise für die Gültigkeit der Modelle des Universums, die von Anbeginn der wissenschaftlichen Kosmologie vor etwa sechzig Jahren von den Astrophysikern in Kleinarbeit entwickelt wurden. Und sie bringen den Nachweis dafür, daß Albert Einstein recht hatte: Wir leben tatsächlich in einem gekrümmten Raum-Zeit-Kontinuum.

Dieses Werk möchte dem Leser die Bilanz eines großartigen Jahrzehnts vorstellen, in dem – abgesehen von der Entdeckung der kosmischen Trugbilder – die räumlich-zeitlichen Grenzen des Kosmos praktisch bis zum Urknall, jenem einzigartigen und unerreichbaren Augenblick der Kosmosgeschichte, ausgedehnt werden konnten. Die Kosmologie versteht sich als eine Wissenschaft, die das Universum als Ganzes zum Gegenstand hat. Sie war lange Zeit das Stiefkind der Atlanten und der astronomischen Nachschlagewerke. Kosmologische Theorien wurden darin nur vereinzelt erwähnt und blieben – mangels entsprechenden Bildmaterials – illustrationslos. Die Teleskope waren nicht in der Lage, weit genug in die Tiefen der Zeit zu tauchen. Seit einigen Jahren jedoch haben die Bilder leistungsstarker astronomischer Geräte – wie Hubble, oder auch ISO Rosat und Compton im Weltraum, und die Riesenteleskope auf Hawaii, in den Anden, in New Mexico und anderswo – unser Weltbild zutiefst erschüttert. Sie zeigen uns heute Ereignisse, die sich vor 5, 10, 12 Milliarden Jahren abgespielt haben.

■ Das Einstein-Kreuz: Das vierfache Bild eines entfernten Quasars umringt eine im Vordergrund gelegene Galaxie – ein Effekt, der durch die Raum-Zeit-Krümmung entsteht. Dieses Phänomen war von der Allgemeinen Relativitätstheorie vorhergesehen worden.

Diese Bilder legen dafür Zeugnis ab, daß das Universum sich – entsprechend der Kernaussage der Urknall-Theorie – im Laufe der Zeit verändert. Der Evolutionsbegriff, der mit dem Universum in seiner Gesamtheit in Verbindung gebracht wird, stellt einen wahrhaften philosophischen Bruch dar. Seit Jahrzehnten bereiteten die Wissenschaftler das Feld vor. Sie wissen heute, daß es sich nicht mehr um eine Hypothese, sondern um eine Tatsache handelt.

In diesem Werk haben wir also den Schwerpunkt auf den entfernten Kosmos sowie auf die aktuellsten Untersuchungen zu Ursprung und Struktur des Universums gelegt. Der Leser wird hier, vielleicht zum ersten Mal, jene schwindelerregenden Bilder des Himmels sehen, die mal die Wirklichkeit der Raum-Zeit-Krümmung, mal die Evolution des Kosmos zeigen. Die Autoren haben zum Teil parteiisch gehandelt.

Der Leser wird vergebens eine Spur der sogenannten alternativen kosmologischen Theorien zum Big Bang suchen. Diese Wahl ergibt sich, wie bereits erwähnt, aus der Fülle der astronomischen Beobachtungen der letzten Jahre, welche allesamt die Theorien eines expandierenden Universums stützen, die ihrerseits aus Gleichungen der Allgemeinen Relativitätstheorie entstanden sind.

Bücher sind des öfteren ein Nebenprodukt von Begegnungen. Mein Dank geht an Domique Wahiche und Séverine Cuzin, die mich durch ihre bereichernden Anregungen bei diesem Projekt bis zum Schluß unterstützt haben. Ebenso an Gilles Seegmüller, der das Layout des Buches entworfen hat und es mit seinem unverbrauchten Blick fertig brachte, Bilder von verwirrender Abstraktheit großartig in den Mittelpunkt zu rücken. Mein Dank geht schließlich an meine Lebensgefährtin Christine Maveyraud, die mir während der dreijährigen Entstehung des Projektes unermüdlich mit ihrem Zuspruch zur Seite gestanden hat.

Was wären Astronomie-Bücher ohne die Astronomen? Seit etwa zwanzig Jahren arbeite ich mit ihnen. Dieses Buch wurde selbstverständlich von ihren Arbeiten angeregt, die in den hochspeziellen, wissenschaftlichen Fachzeitschriften wie *Astrophysical Journal* oder *Astronomy and Astrophysics* veröffentlicht wurden. Noch bereichernder jedoch waren die Begegnungen mit den Forschern bei einem Becher heißen Tees oder Kaffees, den wir während Arbeitspausen im Kontrollraum eines großen Teleskops oder während mancher durchwachten Nacht unter der Kuppel der Observatorien von La Silla oder Mauna Kea gemeinsam tranken, wenn wir mit einer widerspenstigen elektronischen Kamera, einem launischen Himmel, einem unsichtbaren Quasar zu kämpfen hatten ...

Tatsache ist, daß dieses Buch den Astronomen, ihrem Wissensdurst und ihrer ansteckenden Leidenschaft gewidmet ist. Dank an Alain Blanchard, Jean-Marc Bonnet-Bidaud, Mark Dickinson, Olivier Le Fèvre, Marijn Franx, François Hammer, Anne-Marie Lagrange, Jean-Paul Kneib, David Malin, Yannick Mellier, Laurent Nottale, Francesco Paresce. Dank auch allen, denen ich das Glück hatte zu begegnen, wenn sie sich im Lichte ihrer Taschenlampe in der Abenddämmerung auf dem Weg zur Kuppel befanden, um die Nacht auf der Suche nach Sternen und Galaxien zu verbringen.

Serge Brunier

Ein kurzer Abriß der Kosmologie

■ Bis zur Renaissance war das Universum auf die Planeten des Sonnensystems beschränkt, die innerhalb der von Sternen gespickten Himmelssphäre wanderten. Später vermuteten die Astronomen, daß die Milchstraße mit ihren Milliarden von Sternen den gesamten Kosmos darstellte. Unser aktuelles Bild des Universums verdanken wir den Astronomen und Physikern des frühen 20. Jahrhunderts.
Hier sehen wir die Milchstraße über der Sahara-Wüste. Tief über dem Horizont steht das schöne Kreuz des Südens.

■ Wie Störenfriede in der Weltharmonie durchquerten die Kometen den Himmel der Antike, ohne daß die Alten sich über deren Ursprung einig werden konnten. Für Aristoteles waren sie atmosphärischer Natur. Hier sehen wir den Kometen Hale-Bopp, wie er sich am 29. März 1997 zeigte – 196 Millionen Kilometer von der Erde entfernt.

Wer seine Augen an das Himmelsgewölbe richtet, hat bereits damit begonnen, sich über Natur und Ursprung des Universums Gedanken zu machen. Das Schauspiel des Mondes, der jahreszeitliche Wechsel der Sternbilder oder die sternenübersäte Milchstraße rufen heute noch dasselbe Entzücken und dieselben Fragen hervor wie in der Morgendämmerung unserer Zivilisation, als die ersten Menschen begannen, nach dem Sinn der Welt zu suchen. Wenngleich das ewige und beständige Ballett des Mondes und der Planeten die Ordnung und den beruhigenden Zusammenhalt des Kosmos widerspiegelt, so stellen das unverhoffte Auftreten einer totalen Finsternis, die Wanderung eines Kometen oder die überraschende Explosion eines Sternes eine ähnlich verwirrende Neuheit dar wie der beängstigende Widerhall des Urchaos oder das Vorzeichen einer sich anbahnenden Katastrophe.

Die Versuchung, das Universum insgesamt zu erfassen, ist vielleicht genauso alt wie die Menschheit selbst. Die Frage nach dem Ganzen wirkte immer faszinierend und zugleich erschreckend. Jedes Zeitalter stellte eigene kosmologische Überlegungen an, die als Ergebnis einer mehr oder minder von Dogma, Philosophie oder Mythologie geprägten Kultur angesehen werden können. Die metaphysischen Ansätze selbst änderten sich im Laufe der Geschichte jedoch nur wenig. Stehen uns denn heute mehr Antworten bezüglich des Ursprungs oder des Beginns der Welt zur Verfügung als den Künstlern, die die Höhlenmalereien von Lascaux oder von La Combe-d'Arc anfertigten?

Die ersten Fragen von wirklich kosmologischer Tragweite – Welcher Art ist die innerste Natur der Materie? Sind Raum und Zeit unendlich? – entstanden wohl während der griechischen Zivilisation. Demokrit ahnte schon, daß die Materie ein Aggregat von Atomen sei. Zenon wagte sich in den beunruhigenden Abgrund des unendlich Kleinen. Epikur machte sich Gedanken über die Pluralität der Welten. Aristarch begriff bereits, daß die Erde die Sonne umkreist, und dies, obwohl es der Intuition und der unmittelbaren Erfahrung widersprach. Den größten Einfluß auf das Abendland bis zum Ende des Mittelalters übte jedoch Aristoteles (384–322 v. Chr.) aus. Außerstande, die Bewegung der Erde zu erklären – man spürt ja nicht einmal, daß sie sich dreht – wandte er sich vom heliozentrischen zugunsten eines geozentrischen Systems ab. Er meinte, daß das Universum eine Verschachtelung perfekt angeordneter, kristallener Sphären sein muß. Diese würden die Planeten tragen und nach außen von der

■ Mond und Venus erscheinen in der Abenddämmerung. Für Aristoteles war der Himmel eine Verschachtelung von kristallenen Sphären, die Sonne, Mond, Planeten und Sterne tragen. Bereits im 3. Jahrhundert v. Chr. stellte Aristarch fest, daß Erde und Planeten die Sonne umkreisen. Jedoch wurde dieses heliozentrische Modell erst in der Renaissance dank Nikolaus Kopernikus anerkannt.

Sphäre der „Fixsterne" eingegrenzt sein. Noch vor der Renaissance verließen einige Philosophen wie Nikolaus von Kues (1401–1464) die Scholastik, die von der christlichen Theologie vereinnahmt wurde, um Überlegungen über die Natur und die Grenzen des Kosmos anzustellen. Giordano Bruno (1548–1600) brach gar mit der aristotelischen Vorstellung der geschlossenen Welt und führte das zutiefst prophetische Bild eines unbegrenzten Kosmos ein, der von einer unendlichen Anzahl von Welten bevölkert wird. Wegen dieser gar zu radikalen Weltanschauung wurde er am 17. Februar 1600 vom Heiligen Offizium zum Tode auf dem Scheiterhaufen verurteilt und hingerichtet.

Die Geburtsstunde der wissenschaftlichen Kosmologie

Die Idee eines unendlichen Universums schlug jedoch bei den Freidenkern der Renaissance Wurzeln. Um jene Idee wissenschaftlich formulieren und weiterentwickeln zu können, mußten sich die Philosophen zunächst von der Vorstellung lösen, die Erde sei das Zentrum des Universums. Dieser Schritt gelang Nikolaus Kopernikus (1473–1543) und Galileo Galilei (1564–1642). Copernicus veröffentlichte 1543 in Nürnberg sein Werk *De revolutionibus orbium coelestium*, das die Sonne ins Zentrum des Universums stellt. Nachdem er das Fehlen scheinbarer Sternbewegungen feststellte, sprach er dem Kosmos wahrlich astronomische Dimensionen zu. Galilei kann als erster Physiker im heutigen Sinne, ja als Wegbereiter der Relativitätstheorie, bezeichnet werden. Er bewies die Realität der Erdbewegung, verteidigte die heliozentrische Hypothese und läutete eine neue Ära in der Geschichte der Wissenschaft ein, als er erstmalig im Jahr 1609 ein Fernrohr an den Nachthimmel richtete. Galileis Beobachtungen offenbarten die Existenz Tausender neuer Sterne und bewiesen, daß das Himmelsgewölbe nur eine trügerische Erscheinung darstellt und daß die Sterne alle drei Dimensionen des Raumes einnehmen. Der florentinische Astronom begriff auch, daß Mond und Venus – der aristotelischen Idealvorstellung zum Trotze – keinesfalls abstrakte geometrische Figuren waren, sondern eigenständige Himmelskörper darstellen. In dem Ballett von Jupiter und seinen vier Trabanten erkannte er schließlich ein Sonnensystem im Kleinformat.

■ Im 5. Jahrhundert v. Chr. vertrat Anaxagoras die Ansicht, daß die Sonne eine glühende Steinmasse sei, die „größer als der Peloponnes" ist. Auf diesem Bild, das am 6. November 1993 aufgenommen wurde, wandert der Planet Merkur vor der Sonne her (unten rechts im Bild, direkt am Sonnenrand).

Die Astronomie der Renaissance war jedoch noch keine wirklich wissenschaftliche Kosmologie. Erst der englische Physiker Isaac Newton (1642–1727) versuchte, die Naturgesetze zu verallgemeinern. 1687 veröffentlichte er seine universelle Gravitationstheorie: „Zwei Körper ziehen sich mit einer dem Produkt ihrer Massen proportionalen und dem Quadrat ihres Abstandes umgekehrt proportionalen Kraft an". Der Mond stürzt deshalb nicht auf die Erde, weil die zentrifugale Geschwindigkeit des Mondes exakt der Anziehungskraft der Erde entgegenwirkt. Unser Trabant ist aber zu einer praktisch ewigwährenden Umkreisung unseres Planeten verurteilt. Newtons Gleichungen leisten Bemerkenswertes: Mit seinem Gravitationsgesetz, das er intuitiv auf das gesamte Universum erstreckte, können alle Bewegungen der Himmelskörper nachvollzogen werden. Newton offenbarte so die weitreichende Einheitlichkeit der Welt – sprich die Wesensgleichheit von Äpfeln und Monden, von Erde und Sternen – und der Gesetze, die sie beherrschen.

Mit der universellen Gravitationstheorie verfügten Wissenschaftler und Philosophen erstmalig über ein Instrumentarium für kosmologische Überlegungen. Das Newtonsche Gesetz ermöglichte rationale Überlegungen über die Unendlichkeit des Kosmos. Das Universum, schrieb man im 17. Jahrhundert, muß unendlich und gleichmäßig von Sternen bevölkert sein, damit die Anziehungskräfte all dieser Sterne sich gegenseitig und im großen Maßstab aufheben.

Diese Unendlichkeit ist aber zugleich äußerst rätselhaft, denn ein einziger Blick in den Sternenhimmel mündet in eine Beobachtung von großer kosmologischer Tragweite: nachts ist der Himmel schwarz. Wäre das Universum unendlich, gaben die Astronomen Halley, von Chéseaux und Olbers am Ende des 18. Jahrhunderts zu denken, würde das Himmelsgewölbe gleichmäßig von unendlich vielen Sternen, unabhängig von ihrer Entfernung, abgedeckt sein und sich in eine blendende Kuppel verwandeln. Wenn die Sonne aber untergeht, kann man mit bloßem Auge Tausende Sterne sehen und mit dem Fernrohr gar weitere Hunderttausende beobachten. Doch der Himmel bleibt dunkel … als wäre der Raum endlich, und die Zahl der Sterne, die er beinhaltet, begrenzt. Dieses „Olberssche Paradoxon" blieb über zwei Jahrhunderte un-

■ Finsternisse befriedigten das Ideal der geometrischen Vollkommenheit, von dem sich Einstein 23 Jahrhunderte später inspirieren lassen würde, um seine Relativitätstheorie zu entwickeln. Die Schwerkraft ist – für Einstein – eine grundlegend geometrische Erscheinung: sie ist ein Effekt der Raumkrümmung.

gelöst. Das Gravitationsgesetz, obschon ein gewaltiges Werkzeug für die Himmelsmechanik, bot Astronomen und Philosophen keinerlei Hilfe, um jene elementare Beobachtungserfahrung zu begreifen, hinter der sich die wahren Geheimnisse des Universums verbergen.

Erst Anfang des 20. Jahrhunderts wurde den fundamentalen Fragen der griechischen Philosophen und der Wissenschaftler der Renaissance Anerkennung im Bereich der wissenschaftlichen Forschung ausgesprochen, als sie sich endlich von der Metaphysik befreiten, in die man sie – mangels einer mathematischen, strukturgebenden Theorie – verbannt hatte. Im 20. Jahrhundert nämlich entwickelten sich theoretische und beobachtende Kosmologie im Gleichschritt. In ihrem heutigen Selbstverständnis stellt die Kosmologie eine Wissenschaft dar, deren Forschungsfeld das Universum in seiner Gesamtheit ist. Dieses Programm, das utopisch klingen mag, stützt sich auf ein Postulat, das mit der wissenschaftlichen Methode wesensgleich ist und von der Universalität physikalischer Wechselwirkungen und der Konstanz fundamentaler Parameter ausgeht. Seit der Renaissance und den ersten Versuchen Galileis zur Experimentalphysik hat sich diese Methode nicht nur als die zufriedenstellendste, sondern auch als die fruchtbarste auf der philosophischen Ebene erwiesen.

Die uns umgebende Welt scheint in der Tat überall denselben Naturgesetzen zu unterliegen. Überall herrscht das Kausalitätsprinzip. Die zum Teil erfolgte Identifizierung der großen Naturgesetze und ihre praktische Nutzung in der Technologie bedeuten allerdings nicht, daß man sie in ihrer Quintessenz begriffen

■ Jenseits der Mondsphäre war für Aristoteles das Universum unvergänglich, unveränderlich, perfekt. Während unsere sublunare Welt aus den vier Elementen Erde, Wasser, Luft und Feuer bestand, kam bei den Sternen ein fünftes Element hinzu: der Äther, das Reinheitsideal. Als 1609 Galilei sein Fernrohr auf den Mond richtete, entdeckte er eine andere Welt, andere Landschaften, andere Orte.

hat. Sind sie überhaupt begreifbar? Die Wissenschaft, die für gewöhnlich beredt auf die Frage nach dem Wie antwortet, hüllt sich in Schweigen, wenn es um das Warum geht. Ihr Forschungsgegenstand selbst macht aus der Kosmologie eine einzigartige Wissenschaft. Durch seinen außergewöhnlichen Status als ursachenloses Phänomen tritt das Universum vielleicht sogar aus dem rein wissenschaftlichen Rahmen heraus. In der Tat sind die Interpretationsmöglichkeiten der Kosmologie, die sich als einzige Wissenschaft dem „Ganzen" widmet, vielfältig und werden oft aus philosophischen und religiösen Gründen en bloc abgelehnt.

■ Aus der Beobachtung totaler Mondfinsternisse leiteten die Griechen ab, daß die Erde rund ist, ihrem Schatten auf dem Mond entsprechend. Aristarch ermittelte die Entfernung des Mondes zu unserem Planeten, indem er die Zeit maß, die der Mond im Schatten der Erde verbrachte.

Den Rahmen für astrophysikalische Ansätze bildet das „kosmologische Prinzip": Das Universum weist überall die gleichen Eigenschaften auf, und unser Teilbereich des Kosmos ist repräsentativ für das gesamte Universum. Man hat auch versucht, dieses Postulat noch weiter zu verallgemeinern, indem man die zeitliche Komponente des Universums mit einbezog. Nach dem vollkommenen kosmologischen Prinzip hat jeder Beobachter, wo immer er sich in Raum und Zeit befindet, denselben großräumigen Anblick des Universums ...

Die Erfindung der Relativitätstheorie

Für viele ist diese Hypothese zutiefst intuitiv und philosophisch gesehen ideal. Die verblüffende Entdeckung, daß das Universum sich scheinbar dem vollkommenen kosmologischen Prinzip nicht unterwirft, brachte der Kosmologie den Durchbruch. Nach dem Ersten Weltkrieg veränderte sich das Bild des Universums grundlegend. Zunächst wurden Riesenteleskope in Betrieb genommen. Diese enthüllten endlich die großen Strukturen des Kosmos. Am Mount Wilson-Observatorium in Kalifornien erkannte Edwin Hubble die wahre Natur der zahllosen blassen Nebel, die man mittlerweile zwischen den Sternbildern entdeckte. Es sind Galaxien, d.h. ausgedehnte Systeme, die aus mehreren Hundertmilliarden Sternen bestehen. Und die silbrig schimmernde Milchstraße, die nach Ansicht der Astronomen des 19. Jahrhunderts das gesamte Universum erfüllte, war plötzlich nur noch eine von unzähligen Galaxien.

Mit der Allgemeinen Relativitätstheorie sollte kurz darauf unser Weltbild noch radikaler erschüttert werden. Sie ist die erste mathematische Theorie, die unzählige Kosmologien mit sich bringt. Nach 1915, dem Jahr, in dem Albert Einstein seine Theorie veröffentlichte, sollte im 20. Jahrhundert der Lobgesang ihrer Erfolge nicht mehr verstummen. Denn nahezu alle relativistischen Effekte, die von Albert Einstein und seinen Schülern vorhergesagt worden waren, wurden in der Folgezeit tatsächlich beobachtet. Die Geschichte der Kosmologie stellt zunächst eine Geschichte der Relativitätstheorie dar.

Die Theorie des expandierenden Universums, die von Fred Hoyle, ihrem erbittertsten Gegner, ironisch als die „Big-Bang-Theorie" bezeichnet wurde, entstand aus jener Übereinstimmung der Relativitätstheorie mit den Entdeckungen der Astronomen der zwanziger Jahre. Das Gravitationsfeld, dies beweisen die kosmologischen Strukturen – Planeten, Sterne, Galaxien – und ihre Dynamik, regiert die Architektur des Universums im großen Maßstab, also das Universum in seiner Gesamtheit. Vor Einstein, und seit 1687, mußten sich die Astronomen mit der Newtonschen universellen Gravitationstheorie begnügen. Diese Theorie, die seit mehr als dreihundert Jahren gelehrt wird, stellt nach wie vor für die meisten Menschen einen natürlichen Bezug und den Rahmen zu astronomischen Ansätzen dar. Die verwirrende Relativitätstheorie ist von diesem Status noch weit entfernt. Doch sind bei Newton Zeit und Raum äußere, starre und absolute Rahmenbedingungen. Die Zeit verläuft linear in einem unendlichen Raum. Die Newtonsche Theorie, die so fruchtbar ist, wenn es darum geht, die Wechselwirkungen der Sterne als Modell darzustellen oder zu erläutern, hat die Entwicklung einer wahren wissenschaftlichen Kosmologie nie ermöglicht. Um aus dieser Sackgasse zu entkommen, veränderte Einstein unseren Weltbegriff grundlegend. In der Allgemeinen Relativitätstheorie stellen Raum und Zeit nicht länger den unabhängigen, starren und absoluten Rahmen dar, in dem sich die Naturphänomene abspielen, sondern sie sind feste Bestandteile eben dieser Phänomene. Der linearen Zeit und dem starren Raum unserer alltäglichen Sinneserfahrungen hält Einstein eine Raumzeit-Theorie mit variabler Geometrie entgegen. Die Dimensionen dieser Raumzeit können variieren, aber die Lichtgeschwindigkeit c bleibt konstant, unabhängig von der Perspektive des Beobachters. Raum- und Zeitmessungen verändern sich, wenn die Beobachter sich in verschiedenen Bezugssystemen befinden. Was diese Bezugssysteme in der Relativitätstheorie voneinander unterscheidet, ist ihre jeweilige Geschwindigkeit: Bei zunehmender Geschwindigkeit zieht sich der Raum zusammen, und die Zeit dehnt sich. Im Alltag sind die Geschwindigkeiten im Vergleich zu c lächerlich gering. Deshalb sind die relativistischen Effekte nicht wahrnehmbar. Stellen wir uns jedoch Zwillinge vor, von denen einer auf der

■ 1609 richtete Galilei sein Fernrohr auf die Milchstraße (hier ein Ausschnitt im Sternbild Schwan) und entdeckte, daß sie aus Tausenden von Sternen besteht, die zu blaß und zu weit entfernt sind, um sie mit bloßem Auge zu sehen. Von nun an wurde der Weltraum dreidimensional.

Erde lebt, und der andere sich an Bord eines Raumschiffes aufhält, das sich annähernd mit Lichtgeschwindigkeit bewegt. Jeder Zwilling macht in seinem eigenen Bezugssystem die gleichen Erfahrungen, und die physikalischen Messungen (der Lichtgeschwindigkeit beispielsweise), die sie beide durchführen, bringen dieselben Ergebnisse hervor. Es handelt sich um das Prinzip der Unveränderlichkeit (Invarianz). Der furchtlose Weltraumfahrer wird jedoch nach einigen Monaten in der eigenen Zeit bei seiner Rückkehr auf die Erde überrascht feststellen, daß sein Zwilling um Jahre älter geworden ist als er selbst! Um die Konstanz der Lichtgeschwindigkeit zu wahren (Geschwindigkeit ist gleich Entfernung geteilt durch Zeit), hat sich die Zeit an Bord des Raumschiffes gedehnt und ist somit langsamer vergangen als auf der Erde. Mangels Raketen, die sich mit relativistischer Geschwindigkeit fortbewegen können, haben die Physiker diese Zeitdilatation dadurch nachgewiesen, daß sie die von zwei Atomuhren gemessenen Zeiten verglichen. Eine Atomuhr wurde an Bord eines Flugzeuges verfrachtet, die zweite blieb am Boden. Gemäß den Einsteinschen Gleichungen ging die verfrachtete Atomuhr gegenüber der am Boden verbliebenen um einen winzigen Betrag nach. Die Konstanz von c, aber auch ihre Eigenschaft als Absolutum – die Lichtgeschwindigkeit von 299 792,458 km/s im Vakuum kann nicht überschritten werden – verleihen ihr im gewissen Sinne einen Status als unendliche Zahl. Die Lichtgeschwindigkeit stellt also die Grundlage der Relativitätstheorie dar.

Das Lichtjahr ist die einfachste und zugleich ästhetischste Maßeinheit der Raumzeit. Es handelt sich um die vom Licht in einem Jahr zurückgelegte Strecke. Es sind nahezu 10 000 Milliarden Kilometer. Da das Licht der schnellste Bote des Universums ist, bewegt sich jede Information von jedem beliebigen Punkt des Kosmos aus mit seiner Geschwindigkeit. Die „Lichtlaufzeit" ist eine bequeme Einheit zur Messung astronomischer Größen, denn sie erlaubt es, die räumlich-zeitliche Eigenschaft des Universums zu begreifen. Je weiter wir in den Raum blicken, desto weiter blicken wir in die Vergangenheit. Im Sonnensystem ist diese Zeitverschiebung selbstverständlich sehr begrenzt: Anderthalb Sekunden nur im Falle des Mondes. Für die Sonne ist die Wirkung der Zeitverschiebung schon deutlicher: Wenn die

Sonne in diesem Moment verlöschen würde, kämen die letzten Lichtstrahlen erst nach gut acht Minuten an. Allerdings erfährt die Messung der Distanzen in Lichtjahren erst im galaktischen Bereich ihre ganze Bedeutung. Proxima Centauri, der der Sonne am nächsten liegt, befindet sich in einer Entfernung von mehr als 40 000 Milliarden Kilometern oder 4,2 Lichtjahren; Deneb im Schwan, einer der entferntesten, noch mit bloßem Auge erkennbaren Sterne, ist mehr als 3 000 Lichtjahre entfernt.

Die Einsteinschen Gleichungen wahren nicht nur die Konstanz der Lichtgeschwindigkeit. Sie rücken ein fundamentales Phänomen, das in unserem Alltag so fest verankert ist, daß keiner mehr darauf achtet, in ein neues Licht. Seit der Renaissance hatten sich Wissenschaftler und Philosophen mit dem Äquivalenzprinzip beschäftigt, das die Gleichheit der Körper vor der „Schwerkraft" beschreibt. Zahlreiche Experimente hatten gezeigt, daß Körper, welche aus verschiedenen Materialien bestehen und ungleicher Masse sind, sich alle in bezug auf die Schwerkraft gleich verhalten. Warum? Um diese Frage zu beantworten, verläßt Einstein die Newtonsche „Gravitationskraft". Für ihn ist die Gravitation eine geometrische Eigenschaft der Raumzeit, ihre Krümmung. Wie kann ein so abstraktes, sonderbares und scheinbar so unnatürliches Konzept Akzeptanz finden? Die Relativitätstheorie zwingt uns, unsere Denkgewohnheiten radikal umzukrempeln. Achtzig Jahre nach ihrer Veröffentlichung gehört diese Theorie immer noch nicht zum allgemeinen Gedankengut. Sie ist zwar eine komplexe, intellektuelle Konstruktion, die für den Laien schwerverständlich ist, dem Gemeinsinn fremd erscheint und vor allem zu der Wirklichkeit und den alltäglichen Sinneserfahrungen vollkommen ohne Bezug zu sein scheint. Doch sind ihre Auswirkungen, so seltsam und exotisch sie erscheinen mögen, heute nachvollziehbar. Tatsächlich wurden alle Vorhersagen von Einstein und seinen relativistischen Nachfolgern in der Natur beobachtet oder im Labor bewiesen.

Allerdings bedeutet der Erfolg der Relativitätstheorie nicht zugleich, daß diese vollständig oder endgültig sei. Man sollte nicht vergessen, daß die Newtonsche Sichtweise, obwohl sie sich grundlegend von der Einsteinschen unterscheidet, sich zur Erklärung der Sternbewegungen sehr gut eignet. Welchen Stellenwert wird die Relativitätstheorie in der Zukunft einnehmen? Wird sie in der Lage sein, drei Jahrhunderten astronomischer Beobachtungen standzuhalten? Wird sie vielleicht von einer noch allgemeineren Theorie ersetzt, die sie integrieren wird? Wird sie gar von einem neuen, geradezu genialen Paradigma weggefegt? Heute scheint es jedoch ziemlich unwahrscheinlich, daß eine spätere Theorie das fundamentale Konzept der Relativitätstheorie, eben jene Raumzeitkrümmung, aussparen könnte.

■ In seiner Allgemeinen Relativitätstheorie vermutete Einstein als erster, daß der Raum durch die Masse, die er beinhaltet, gekrümmt ist. 1919 wird der Effekt dieser Krümmung aus der scheinbaren Verschiebung eines sonnennahen Sterns während einer totalen Finsternis nachgewiesen.

Die Urknall-Revolution

Sowohl die Forschung zur Relativitätstheorie als auch die Beobachtungen am Himmel haben in den letzten Jahren eine stürmische Weiterentwicklung der Kosmologie ermöglicht. Die Gleichungen der Relativitätstheorie enthalten im Keim eine Unzahl von Universen. Und seit nunmehr achtzig Jahren versuchen die Wissenschaftler herauszufinden, in welchem davon wir tatsächlich leben. Man kann den außergewöhnlichen Reichtum der Relativitätstheorie noch besser erfassen, wenn man bedenkt, daß die ersten, kosmologisch exakten Lösungen der Einsteinschen Gleichungen zu einem Zeitpunkt ermittelt wurden, bevor die Architektur des Universums von den Astronomen auch nur in Ansätzen erahnt wurde. 1917 veröffentlichte der Vater der Relativitätstheorie ein erstes Modell des Universums, das dem vollkommenen kosmologischen Prinzip unterliegt. Einsteins Universum ist statisch, isotrop und zeitlich unendlich. Zu diesem Zeitpunkt hat noch niemand eine klare Idee davon, was sich am Himmel, jenseits des Sonnensystems, abspielt: Stellt die Milchstraße das ganze Universum dar, oder ist sie nur einer von Tausenden „extragalaktischen Nebeln"? Um zu diesem, für seine Zeit nachvollziehbaren, also statischen Modell eines Universums zu gelangen, führte Einstein in seine Gleichungen einen Term ein, die kosmologische Konstante. Heute noch wird über die konzeptuelle Gültigkeit, die Existenz und den hypothetischen, numerischen Wert dieses Terms diskutiert. Einstein selbst behauptete später, dieser Term sei „die größte Eselei seines Lebens" gewesen. Denn diese Konstante zielte darauf, ein Universum zu stabilisieren, von dem Einstein in seinen relativistischen Gleichungen erkannte, daß es spontan instabil sei. 1922, zu einem Zeitpunkt, in dem die Natur der Galaxien noch in Frage gestellt wurde, entdeckte der Russe Alexander Friedmann in der Allgemeinen Relativitätstheorie kosmologische Lösungsansätze, nach denen sich das Universum in einem Zustand der natürlichen Expansion befinden muß. 1927 veröffentlichte ein belgischer Mathematiker, Georges Lemaître, das erste mo-

■ Saturn und verfinsterter Mond. Das Olberssche Paradoxon – Warum ist der Himmel nachts schwarz, wenn das Universum unendlich ist und unendlich

derne kosmologische Modell. Von denselben Gleichungen der Allgemeinen Relativitätstheorie ausgehend schlug er ein Universum vor, das sich – nach einer Urexplosion, die einige Milliarden Jahre zurückliegt – in einem Zustand der Expansion befindet. Seine Theorie wurde von astronomischen Beobachtungen untermauert, die – bereits zu diesem Zeitpunkt – den Beweis dafür lieferten, daß alle „extragalaktischen Nebel" sich von der Milchstraße entfernen. Im Jahr 1929 gelang dem amerikanischen Astronomen Edwin Hubble mit der Veröffentlichung seines berühmten Gesetzes eine Weltsensation: „Alle Galaxien scheinen sich mit einer Fluchtgeschwindigkeit voneinander zu entfernen, die proportional zu ihrer Entfernung zunimmt".

Die Theorie des Urknalls, die von den Beobachtungen bekräftigt wurde, sollte allerdings viele Kontrahenten vorfinden. Insbesondere der Materialismus des 20. Jahrhunderts konnte sich aus philosophischen Gründen mit der Verletzung des perfekten kosmologischen Prinzips nicht einverstanden erklären. Als erschwerend bewerteten die eifrigsten Widersacher dieser Theorie die Tatsache, daß Lemaître Abt war. Sie sahen in seiner Hypothese des Urknalls zu Unrecht eine Parabel des biblischen *Fiat Lux!*. Zwei weitere, aussagekräftige Beweise sollten jedoch die zunächst zerbrechliche Konstruktion des Urknalls stützen. Die Analyse der Bestandteile der Sterne sollte beweisen, daß diese nicht seit Ewigkeit existieren können, sondern eine Entwicklung durchmachen, daß das Universum also eine Geschichte hat. Schließlich entdeckten 1965 Arno Penzias und Robert Wilson fast zufällig die kosmische Hintergrundstrahlung. Die Urknall-Theorie

viele Sterne ihn bevölkern? – blieb fast zwei Jahrhunderte lang ungelöst. Erst die Urknall-Theorie brachte die Antwort auf diese Frage.

erfuhr von da an einen immensen Aufschwung. Trotz der Weiterentwicklung der mathematischen und der physikalischen Formulierung kann man behaupten, daß die meisten kosmologischen Modelle sich heute noch auf die Ideen des Georges Lemaître und auf den konzeptuellen Rahmen der Allgemeinen Relativitätstheorie stützen.

Das Urknall-Modell erlaubte die Auflösung des Olbersschen Paradoxons. In den Modellen des Universums, die uns Einstein hinterließ, bewegt sich das Licht der Sterne nicht mit einer unendlichen Geschwindigkeit. Tatsache ist, daß unsere Weltsicht von einem fundamentalen Horizont begrenzt ist, der jener Strecke entspricht, die seit dem angenommenen Ursprung des Universums vor etwa 12 Milliarden Jahren vom Licht zurückgelegt wurde. So ist das Himmelsgewölbe, das wir nachts bewundern, nicht grenzenlos – egal ob das Universum begrenzt oder unendlich ist. Die Anzahl der Sterne, die sich in diesem scheinbaren Gehäuse befinden, ist ebenso begrenzt. Die hunderttausend Milliarden Milliarden Sterne, die unsere Kosmosregion bevölkern, reichen nicht aus, um die Nacht zu verdrängen.

Die modernen, kosmologischen Theorien sind deshalb fruchtbar, weil sie widerlegbar sind. Kaum existieren sie als Konzept, werden ihnen die von den Riesenteleskopen übermittelten Daten entgegengehalten. Diese lassen kaum Zweifel an der Gültigkeit der Expansionstheorie aufkommen. Sie ermöglichen es, die Raumkrümmung zu visualisieren, die Flucht der Galaxien und die Evolution der Gestirne hervorzuheben, und sind jetzt in der Lage, die Zeit bis zum Big Bang zurückzuverfolgen.

Die Galaxis, eine Insel im All

■ Die Milchstraße scheint sich rings über das gesamte Himmelsgewölbe zu spannen. Tatsächlich ist es die Galaxis, in die unsere Sonne – ein Stern unter mehreren Hundertmilliarden anderen Sternen – eingehüllt ist. Links im Bild erkennt man am Rand der Sternbilder Schütze, Skorpion und Ophiuchus die zentrale Verdichtung – den dichtesten und dicksten Bereich – der Milchstraße. Die beiden Magellanschen Wolken erscheinen direkt über dem Horizont.

■ Das galaktische Zentrum, das sich in etwa 26 000 Lichtjahren von der Erde entfernt befindet, ist von dichten Gasnebeln und interstellaren Staubwolken verdeckt, die sich in der Scheibe der Milchstraße sammeln.

Ein Sommerabend auf der Nordhalbkugel. Die Dunkelheit breitet ihren Mantel über den unberührten Himmel der bergigen Wildnis. Fernab vom Licht der Städte, auf den Gipfeln, wo die großen Observatorien sich einnisten, gehen die hellen Sterne des Skorpions am Südosthorizont auf. An diesem schwarzen und von Sternen gespickten Himmel erscheint, nachdem die letzten Lichtstrahlen der untergehenden Sonne endlich erloschen sind, die Milchstraße. Sie ist zunächst ein kaum wahrnehmbarer Schimmer, der sich bei zunehmender Dunkelheit durchsetzt. Wie eine weite, silberne Schärpe breitet sie sich dann von einem Horizont zum anderen aus, vom Schützen bis zum Perseus. Sie wölbt sich über den gesamten Himmel und erhellt die Sternbilder Adler, Schwan und Leier. Weiter südlich, jenseits des Äquators, glitzert die Milchstraße aber auch am Winterhimmel der Südhalbkugel. Dort wird sie von einigen ihrer schönsten Sterne begleitet: von Sirius, Rigel, Canopus, Achernar und Regil Kent oder von den funkelnden Diamanten im Kreuz des Südens.

Die Milchstraße scheint unseren gesamten Himmel zu umspannen. Mangels Bezugspunkten projiziert das menschliche Gehirn alle Gestirne auf ein imaginäres Himmelsgewölbe, von dessen Existenz die Alten überzeugt waren, weil es so greifbar erscheint. In diesem silbrigen Bogen, der sich über den Himmel spannt, müssen wir jedoch die Galaxis erkennen, eine weite Scheibe aus Sternen, die wir aus der Ferne wahrnehmen, und in die wir eingehüllt sind.

Die Milchstraße stellt die Seitenansicht dieser Scheibe dar. Darin sind die Sterne so zahlreich und ihre Entfernungen so groß, daß sie scheinbar in einem glitzernden Nebel miteinander verschmelzen. Es ist möglich, sich von diesem blaß schimmernden Schauspiel, das das Himmelsgewölbe durchquert, herauszudenken und eine aus Sternen bestehende Scheibe zu sehen. Es ist hingegen unmöglich, sich ihr Ausmaß vorzustellen. Die Galaxis könnte ebensogut das ganze Universum sein. Dies glaubten auch die Astronomen bis Anfang des 20. Jahrhunderts, bevor weitere Galaxien entdeckt wurden. Denn tatsächlich bevölkern unzählige, gleichartige Inseln die Tiefen des Kosmos, soweit die Astronomen blicken können.

Die Galaxis ist eine rotierende Sternenscheibe mit einer Verdickung in ihrem Zentrum. Sie hat einen Durchmesser von mehr als 80 000 Lichtjahren. Im Kernbereich ist sie 16 000 Lichtjahre dick. In der Nähe der Sonne, die sich 26 000 Lichtjahre vom

■ Die spiralförmige Scheibe der Milchstraße besteht hauptsächlich aus Sternen. In der galaktischen Ebene, in der sich die dichtesten und jüngsten Regionen befinden, kondensieren Gasnebel, wie hier der Omega-Nebel M 17 im Sternbild Schütze. Seine Rosa-Färbung ist charakteristisch für das Gas, aus dem er besteht – nämlich Wasserstoff, der vom Licht der Nachbarsterne erwärmt wird.

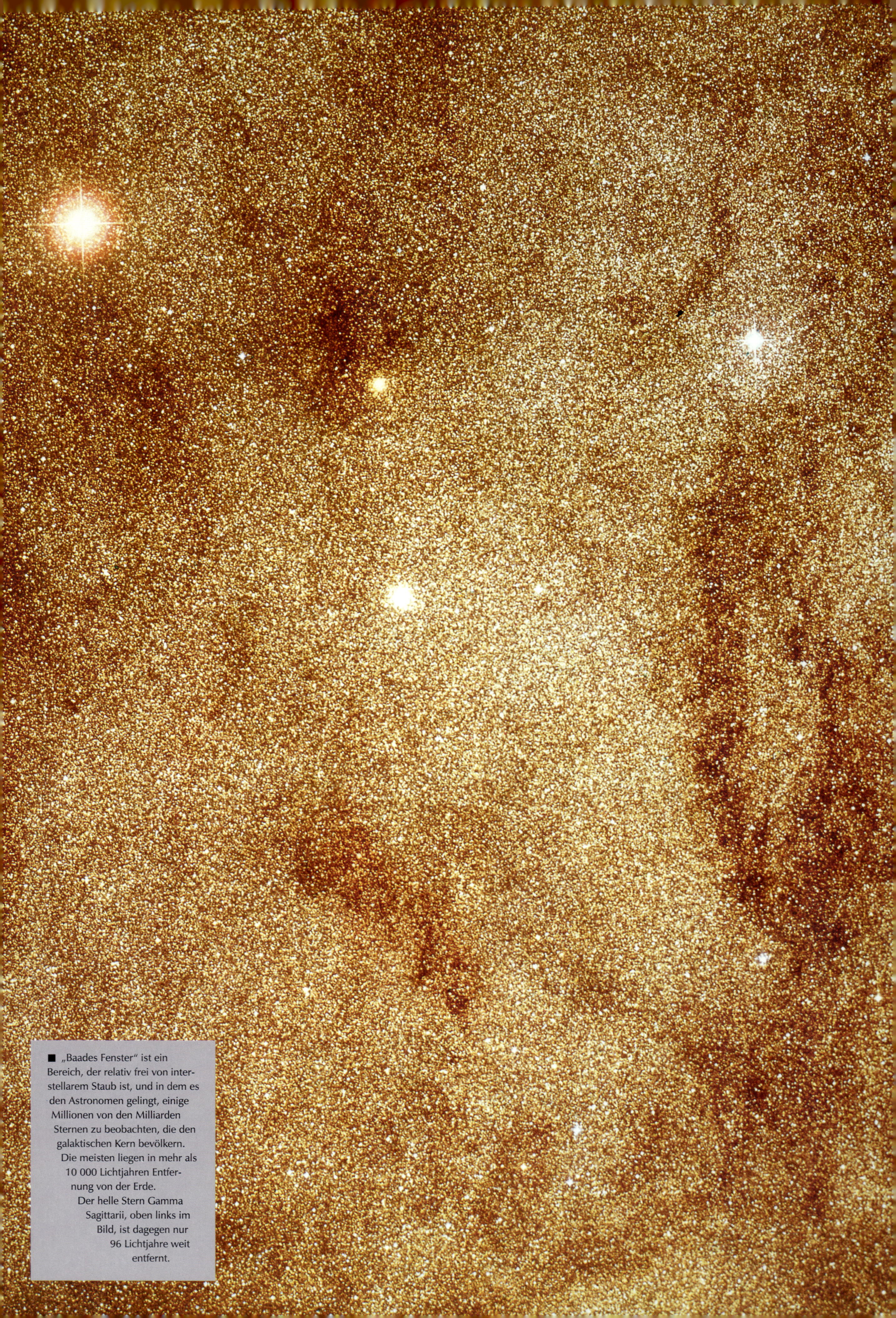

■ „Baades Fenster" ist ein Bereich, der relativ frei von interstellarem Staub ist, und in dem es den Astronomen gelingt, einige Millionen von den Milliarden Sternen zu beobachten, die den galaktischen Kern bevölkern. Die meisten liegen in mehr als 10 000 Lichtjahren Entfernung von der Erde. Der helle Stern Gamma Sagittarii, oben links im Bild, ist dagegen nur 96 Lichtjahre weit entfernt.

■ Mit einem großen Teleskop fotografiert, erinnert die Milchstraße an einen Nebel aus Sternen. Der Schein trügt: mehrere Lichtjahre, das heißt mehrere Tausendmilliarden Kilometer, trennen die einzelnen Sonnen untereinander.

galaktischen Kern entfernt befindet, also ziemlich weit am Rand, ist die Scheibe 1 200 Lichtjahre dick. Im Zentrum ist möglicherweise ein extrem massives Objekt, allerdings noch unbekannter Natur. Die galaktische Scheibe befindet sich im Zentrum einer unsichtbaren, sphärischen Hülle, des sogenannten Halos, dessen genaue Ausdehnung noch unbekannt ist. Er hat auf jeden Fall einen Durchmesser von mehr als 100 000 Lichtjahren. In diesem Halo bewegen sich über hundert Kugelsternhaufen. Das sind nahezu sphärische Sternenzusammenballungen, die jeweils mehrere hunderttausend dicht gedrängte Sterne umfassen.

Die Geographie der Milchstrasse

Die außergewöhnliche Dichte der Milchstraße, in der die Sterne aneinander zu kleben scheinen, ist ein Trugbild, das durch die gewaltige Entfernung entsteht. In Wirklichkeit ist die Milchstraße überwiegend leer. Die durchschnittliche Entfernung zwischen den Sternen, ist etwa hundert Millionen mal größer als deren Durchmesser. Man könnte also fast sagen, daß eine Kollision zwischen den Dutzenden, ja Hunderten Milliarden Sternen, die ihre Kreise um das galaktische Zentrum ziehen, nahezu ausgeschlossen ist. Der nächstgelegene Stern von unserer Sonne, Proxima Centauri, liegt in 4,2 Lichtjahren Entfernung. Der zweitnächste, Barnards Pfeilstern, liegt 5,8 Lichtjahre weit weg; der drittnächste, Wolf 359, gar 7,5 Lichtjahre. Dazwischen gibt es nur interstellare Leere. Um sich diese Distanzen, und vor allem die Leere des Alls, besser vorstellen zu können, ist es hilfreich, die Sonne auf die Größe einer Apfelsine zu reduzieren, die man mitten in Paris aufstellen würde. In diesem Maßstab wäre Proxima eine zweite Apfelsine im 4 000 km entfernten Abidjan. Barnards Pfeilstern würde in New York, 6 000 km von Paris entfernt, als eine kleine Klementine auftreten, und Wolf 359 würde pflaumengroß in New Delhi, 7 500 km von Paris, zu sehen sein. In diesem wirklich stark reduzierten Maßstab wäre die gesamte Galaxis eine riesige Scheibe, die von mehreren Dutzend Milliarden Grapefruits, Apfelsinen und Klementinen bevölkert wäre und einen Durchmesser von mehr als 100 Millionen Kilometern hätte.

Von unserem irdischen Balkon aus – von dem wir eine durch die Entfernung verfälschte Perspektive haben – ist die globale Form der Galaxis jedoch erkennbar, wenn man sich die Milchstraße von einem Horizont zum anderen anschaut. Der sehr feine Rand der Scheibe durchquert den gesamten Himmel. Im

Sternbild des Schützen, der die Richtung zum galaktischen Zentrum angibt, steigen Dichte und Helligkeit der Milchstraße merklich an und weisen damit auf das Vorhandensein des zentralen Kerns hin. Wenn sich die anderen Galaxien von der Seite präsentieren und man sie durch ein Teleskop beobachtet, weisen sie das gleiche Profil auf. Indem sie das Erscheinungsbild Tausender von Galaxien verglichen haben, waren die Astronomen überhaupt erst in der Lage, ein Phantombild unserer eigenen Galaxie anzufertigen. Wahrscheinlich werden wir jedoch nie den Anblick unserer Galaxis von außen genießen können. Die Strecke, die zurückgelegt werden müßte, um sie aus der Ferne zu bewundern, wird für uns womöglich immer unüberwindbar bleiben. Bei der Geschwindigkeit, die die schnellsten Raketen heute erreichen, müßte ein kühner, neugieriger und vor allem sehr geduldiger Abenteurer etwa 10 Millionen Jahre unterwegs sein, bevor er weit genug von der galaktischen Scheibe entfernt ist, um sie endlich in ihrer Gesamtheit bewundern zu können.

Wie die meisten kosmische Objekte dreht sich auch die Galaxis um sich selbst, wobei sie unzählige Sterne in einem weiten Umlauf um ihren Kern mit sich zieht. In der Umgebung der Sonne legen die Sterne beinahe 1 Million Kilometer in einer Stunde zurück. Mit dieser Geschwindigkeit braucht die Sonne etwas weniger als 250 Millionen Jahre, um die Galaxis einmal komplett zu umrunden. Während dieser Wanderung durchquert sie mehr oder minder reiche galaktische Regionen und kreuzt den Weg Millionen anderer Sterne, die jeweils verschiedene Flugbahnen aufweisen. Langsam verändert sich der Himmel über der Erde. Die Sternbilder, die uns unveränderlich und ewig während erscheinen, waren nicht immer vorhanden. Unmerklich gehen ihre vertrauten Muster auseinander. In der Geburtsstunde der Zivilisation sahen die Menschen andere Figuren am Himmel. Eines Tages werden der Große Bär und das Kreuz des Südens – von den Strömungen des Alls mitgerissen – verschwinden. Seit ihrer Geburt vor etwa 4,6 Milliarden Jahren hat die Sonne etwa zwanzig galaktische Runden gedreht, doch es war niemand auf der Erde, der die großartigen Sterne, denen sie zweifelsohne von Zeit zu Zeit begegnet ist, hätte bewundern können: Glühende Nebel, die ihre morgendlichen Schleier ausbreiten; Blaue Überriesen, die die Nacht mit ihrem flackernden Schimmer erleuchten und gespensterhafte Schatten auf die Landschaft werfen; Supernovae mit ihrem gleißenden Glanz und mit ihrer tödlichen Strahlung sowie blutrote Cepheiden mit ihrem stechenden Pulsschlag ... Doch das galaktische Leben spielt sich nicht im selben Maßstab wie das der Sterne oder der bei ihnen entstandenen Zivilisation ab. Als die Sonne ihren letzten galaktischen Rundflug vor etwa 250 Millionen Jahren antrat, beherbergte die Erde Rieseninsekten und Reptilien, aus denen sich kurz darauf die Dinosaurier entwickelten. Bei der vorletzten Umrundung waren die Kontinente Wüsten. Allein das Meer war mit Arthropoden bevölkert. Von unseren Vorfahren, den Fischen, war noch lange nichts zu sehen. Und während der drittletzten Umrundung standen die sich im Wasser tummelnden Quallen, Korallen und Einzeller den himmlischen Schönheiten wahrscheinlich völlig gleichgültig gegenüber.

■ Die Milchstraße, wie sie vom amerikanischen Satelliten Cobe mit Hilfe einer Infrarotkamera fotografiert wurde. Diese Weitwinkelaufnahme gelang 1992: Das Himmelsgewölbe wurde komplett abgetastet und die Bilder per Computer wieder zusammengesetzt. Das Bild zeigt deutlich die galaktische Scheibe mit ihrem Kern.

Die galaktische Population

Während man mittlerweile die Dimensionen der Galaxis, abgesehen von denen des Halos, relativ sicher – das heißt mit einer Ungenauigkeit von nur einigen 100 Lichtjahren – ermittelt hat, weiß hingegen niemand, wieviele Sterne sich in dieser riesigen galaktischen Scheibe befinden. Mit bloßem Auge kann ein Mensch in einer klaren Nacht etwa 3 000 zählen. Es handelt sich um einige sehr helle Sterne, die sich in unserer Nähe befinden. Die Mehrheit der mit bloßem Auge sichtbaren Sterne liegt in einer Kugel von einigen 100 Lichtjahren Durchmesser. Im Sternennebel der Milchstraße, den die Astronomen mancherorts bis in 20 000 Lichtjahre Tiefe durchdringen konnten, registrieren die Teleskope mehrere Milliarden weiterer Sterne. Doch überschreitet die galaktische Population diese Zahl bei weitem.

Es ist möglich, die Anzahl der Sterne der Galaxis grob zu schätzen, indem man einfach die gesamte Helligkeit der Milchstraße mit derjenigen der Sonne vergleicht, die als typischer Stern angesehen wird. Diese Schätzung ergibt eine galaktische Population von mehr als 100 Milliarden Sternen. Kann man sich eine solche Zahl wirklich vorstellen? Versuchte man, alle Sterne der Galaxis zu katalogisieren, indem man sie im Rhythmus von einem Stern pro Sekunde aufzählen würde, benötigte man mehr als 3 000 Jahre, um dieses unglaubliche galaktische Kataster aufzustellen.

Dabei ist es heute noch unmöglich, diese Sterne wirklich alle zu sehen. Einerseits weisen die kleinsten unter ihnen, die sehr zahlreich sind, nur eine geringe Helligkeit auf, die 100 000mal schwächer sein kann als die unseres eigenen Sterns. Keiner von diesen Zwergen ist mit bloßem Auge sichtbar, und selbst die leistungsstärksten Teleskope

■ Der Rosettennebel im Sternbild Einhorn. Hier sind vor einigen Millionen Jahren Gaswolken zu Sternen kondensiert. Die Gruppe von jungen, blauen Sternen, die diesen Nebel noch erhellt, wird langsam im All auseinander driften.

verlieren ihre Spur, wenn sie mehr als etwa 1 000 Lichtjahren entfernt liegen. Andererseits ist die galaktische Scheibe nicht durchsichtig. Große Wolken aus Gas und interstellarem Staub, die aus der Verbrennung der Sterne entstehen, absorbieren das Licht der Sterne, die sich dahinter befinden. Mancherorts ist die Milchstraße sogar vollkommen lichtundurchlässig. Am Himmel zeigen sich dann sehr dunkle Zonen auf, die mit bloßem Auge sichtbar sind und von den Astronomen als Dunkelwolken bezeichnet werden. Die geschätzte Zahl von 100 Milliarden Sonnen entspricht also der Zahl der Sterne, die von den Astronomen beobachtet werden könnten, wären die Teleskope überhaupt stark genug, um alle aufzuspüren, und würden keine interstellare Wolken sie zum Teil verdecken.

Die Gesamtmasse der Galaxis

Die oben genannte, bereits beachtliche Zahl berücksichtigt die Gesamtmasse unserer Galaxis jedoch nicht. Diese kann aber anhand einer noch genaueren Methode ermittelt werden als durch die einfache Beobachtung der Sterne, indem man das Gravitationsfeld des Milchstraßensystems mißt. Diese Methode bringt den nicht zu verachtenden Vorteil mit sich, daß alle Sterne – ob mit dem Teleskop sichtbar oder nicht – in die Berechnung einfließen. Die Gravitationsgesetze besagen, daß je größer die Masse des anziehenden Körpers ist, um so größer auch die Geschwindigkeit eines sich in seiner Umlaufbahn befindlichen Körpers ist. Außerdem nimmt die Anziehungskraft mit zunehmender Entfernung ab. Entsprechend kreisen im Sonnensystem die näheren Planeten, die von der zentralen Masse der Sonne stark angezogen werden, besonders schnell, um deren unabwendbarer Anziehung entgegenzuwirken. Die entfernteren Planeten hingegen, die weniger stark von der Sonne angezogen werden, kreisen fast zehnmal langsamer um diese herum. Die Astronomen hatten dasselbe Verhalten auch bei den Sternen der Galaxis erwartet. Es kam allerdings anders. Zu ihrer Verblüffung entdeckten die Forscher statt dessen, daß bei zunehmender Entfernung der Sterne vom galaktischen Zentrum sich ihre Geschwindigkeit vergrößert! Dieses Phänomen, das seit mehreren Jahrzehnten durch Messungen immer wieder bestätigt wurde, läßt nur einen Schluß zu: Die Gesamtmasse der Milchstraße muß in Wirklichkeit weitaus größer sein, als man es vermutet hatte. Die sichtbaren Sterne stellen nur „die oberste Spitze des galaktischen Eisbergs" dar. Die Masse der Galaxis wird heute auf mindestens 200 Milliarden Sonnenmassen geschätzt, und dies, wenn man hierbei von einem willkürlich gewählten Durchmesser von 100 000 Lichtjahren ausgeht. Allerdings scheinen die neusten Beobachtungen zu beweisen, daß der galaktische Halo sich erheblich weiter erstreckt als bisher angenommen, und daß er möglicherweise einen Durchmesser von 500 000 – ja sogar einer Million – Lichtjahren haben könnte. Wie aber läßt sich erklären, daß einzig und allein 10 % der Masse unserer Galaxis sichtbar sind?

■ Diese Sternengruppe befindet sich an der Grenze der Sternbilder Skorpion und Ophiuchus. Lichtundurchlässige Nebel aus interstellarem Staub verdecken im Hintergrund gelegene Sterne. Einige Überriesen, die kürzlich erschienen sind, beleuchten die um sie schwebenden Staubwolken. Diese Nebel sind deshalb bläulich gefärbt, weil sie das Licht der Sterne in ähnlichem Maße streuen, wie die irdische Atmosphäre das Sonnenlicht streut.

Bisher haben die Astronomen keine Antwort auf diese Frage. Sie haben mit allen verfügbaren Mitteln versucht, diese „fehlende Masse" nachzuweisen, die auch als dunkle Materie bezeichnet wird. Herauszufinden, was hinter dieser riesigen Menge an unbekannter Materie steckt, das stellt mittlerweile die große Herausforderung für die Astrophysik im ausgehenden 20. Jahrhundert dar (siehe hierzu auch Kapitel 11). In der Tat weisen alle Galaxien – wie die Milchstraße – eine Gravitationsmasse auf, die höher ist als ihre sichtbare Masse. Man weiß nur, daß die fehlende Masse nicht aus Sternen besteht, da man diese sonst sehen könnte. Diese Materie ist nicht nur – selbst in den größten Teleskopen – unsichtbar, sie läßt sich auch nicht in anderer Strahlung des elektromagnetischen Spektrums nachweisen. Sie macht sich nur durch ihre Masse bemerkbar. Alles, was man heute weiß, ist, daß diese unsichtbare Materie gleichmäßig im galaktischen Halo verteilt ist. Ihre enorme Masse verleiht der Sternenscheibe der Milchstraße Schwung.

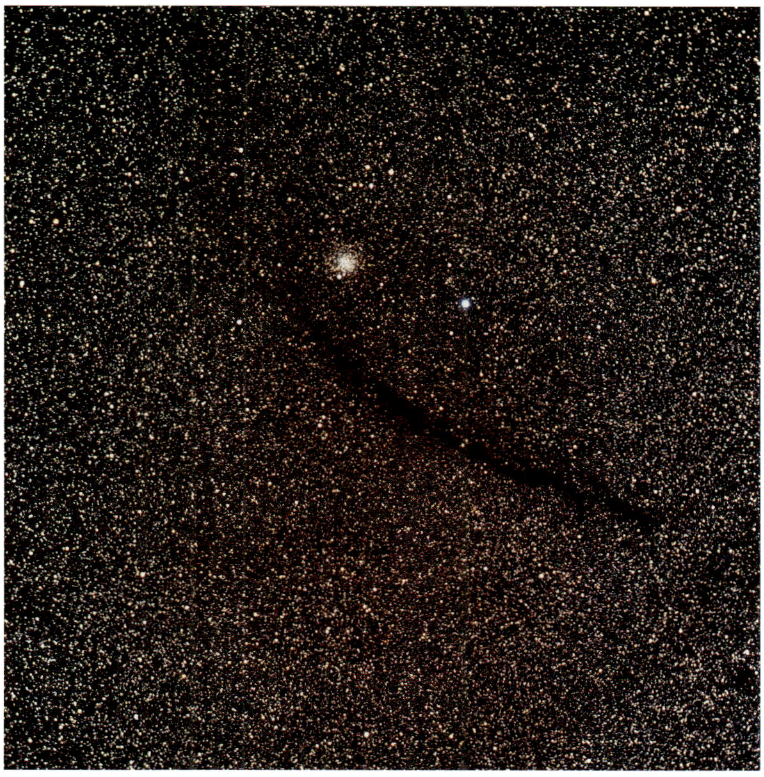

■ Die Milchstraße im Sternbild Fliege. Eine breite Wolke aus interstellarem Staub verdeckt die Sterne, die sich dahinter befinden. In einer Entfernung von 15 000 Lichtjahren zieht der Kugelsternhaufen NGC 4372, eine sphärische Ansammlung von mehreren hunderttausend Sternen, langsam durch die galaktische Ebene.

Unsere Galaxis ist eine wahre Sternenproduktionsanlage. Entstanden ist sie wahrscheinlich vor etwa 12 Milliarden Jahren unter Bedingungen, die die Kosmologen immer noch herauszufinden versuchen. Ursprünglich wird sie wohl vornehmlich aus Gas bestanden haben: aus jenem berühmten und äußerst wichtigen Wasserstoff, der seit dem Urknall da war. Heute bestehen 90 % ihrer Masse – sprich ihrer sichtbaren Masse – aus Sternen. Die übrigen 10 % bilden ausgedehnte Kondensationen aus Gas und interstellarem Staub, jene Nebel, die zum Teil so groß und so hell sind, daß man sie sogar mit bloßem Auge wahrnehmen kann. Das Durchmischen dieses Gases führt nach wie vor zur Geburt neuer Sterne. Dieser Prozeß wird von den Sternen selbst aufrechterhalten. Die massereichsten unter ihnen geben dem Weltraum einen Teil des Gases, aus dem sie geboren wurden, wieder zurück, wenn sie am Ende ihres kurzen Lebens explodieren. Die Milchstraße ist somit eine wahre Sternengeburtsstätte, in deren spiralartig angelegten Armen sich die jüngsten Sterne konzentrieren.

■ Im Sternbild Schütze befinden sich der Lagunennebel (unten im Bild) und der Trifidnebel (oben im Bild) in etwa 5 000 Lichtjahren Entfernung von der Erde. Es existieren einige Dutzende ebenso heller Nebel in der galaktischen Scheibe. Ihre Masse entspricht mehreren Tausend Sonnenmassen.

Eine spiralförmige Galaxis

Von ihrem zentralen Kern ausgehend erstrecken sich mehrere lange Spiralarme, die sich anmutig auf der Scheibe winden und an den Luftwirbel eines irdischen Taifuns erinnern. Diese Spiralarme haben keine physikalische Wirklichkeit. Sie sind die Abbildung einer Dichtewelle, die durch die Galaxis läuft. Wenn diese Welle auftaucht, wird das interstellare Gas komprimiert und erwärmt. Entlang der galaktischen Spiralarme bilden sich die Nebel. Diese ihrerseits lassen Tausende von Sternen entstehen. Die hellsten unter ihnen, die eine Lebenserwartung von nur einigen Millionen Jahren haben, erhellen kurz die Spiralarme und erlöschen, sobald die Spiralwelle vorübergezogen ist. Diese Dichtewelle kreist in einem einzigen Block um die Galaxis, und zwar nimmt sie dieselbe Laufrichtung wie der allgemeine Strom der Sterne ein, wobei sie viel langsamer ist als dieser. Während die meisten Sterne der Scheibe etwa 200 Millionen Jahre brauchen, um die Strecke zurückzulegen, braucht die Spiralwelle ihrerseits 400 Millionen Jahre für eine Runde um die Galaxis. Tatsächlich holen die Sterne und das Gas der Milchstraße die langsamere Welle ein. Sie werden beim Durchqueren der Welle gebremst und anschließend wie-

■ Im Sternbild Einhorn erhellt der strahlende Stern S Monocerotis die Wasserstoffschleier des Nebels

der beschleunigt, wenn sie diese verlassen. Der Ursprung der Spiralwelle der Galaxis ist noch nicht geklärt. Soll darin eine Gravitationsstörung in der stellaren Scheibe gesehen werden, die auf eine frühere Begegnung der Milchstraße mit einer anderen Galaxie zurückzuführen ist? Handelt es sich um ein ähnliches Phänomen wie ein Strudel an der Wasseroberfläche, wenn auch im galaktischen Maßstab? Neben dem unklaren Ursprung suchen die Astronomen vornehmlich nach dem physikalischen Prozeß, der es der Spiralstruktur erlaubt, Milliarden von Jahren zu überdauern.

Wären wir in der Lage, unsere Milchstraße von weitem, beispielsweise von einem der entferntesten Sterne des Halos aus, zu bewundern und die Zeit zu beschleunigen, so daß man das Kreisen der Galaxis wahrnehmen könnte, würden wir einen riesigen, mit Tentakeln versehenen Organismus zu Gesicht bekommen. Die 100 Milliarden Lichtpunkte der Sterne, die vom großen galaktischen Wirbel mitgerissen werden, würden im Rhythmus der stellaren Evolution glitzern. Hier und dort würden sich wunderschöne Smaragdblasen – jene Gashüllen, die von alten pulsie-

NGC 2264. S Monocerotis leuchtet als Blauer Überriese etwa 10 000mal heller als die Sonne.

renden Sternen ausgestoßen wurden – für einen kurzen Augenblick wie Blüten öffnen, bevor sie zusammenfallen, wie von den Strömungen des Weltalls weggefegt. Währenddessen würde sich die langsamere Spiralwelle scheinbar entgegen dem allgemeinen Strom der Sterne bewegen. Vor der Wellenfront würden sich lange, dunkle Wolken häufen – unruhig und finster wie Gewitterwolken. Entlang dieser stellaren Wolken würden Hunderte Funken entstehender Sterne knistern und die Wasserstoffwolken beleuchten. Im rötlichen Schimmer der Nebel würde von Zeit zu Zeit ein Überriese aufleuchten, der in einem Augenblick entsteht, um im nächsten zu erlöschen, die gesamte Galaxis in einen gleißenden Blitz tauchend. Wie sollte man unsere blasse, brave Sonne in diesem Lichterfestival wiederfinden?

Unsichtbar, jedoch allgegenwärtig würde sich der rätselhafte Halo in der Bewegung bemerkbar machen, die er der gesamten, wie in einem unsichtbaren Kleister erstarrten und von einer verborgenen, unvorstellbar starken Hand herumgeschleuderten Galaxis aufdrängt.

Tausend Sterngenerationen

■ Mitten in der Milchstraße, im Sternbild des Orions, strahlt der Stern Alnitak. Dieser blaue Überriese, der mit bloßem Auge gut sichtbar ist, leuchtet 10 000mal heller als die Sonne und befindet sich in 800 Lichtjahren Entfernung. Alnitaks gewaltige ultraviolette Strahlung regt den Wasserstoff der Nebel NGC 2024 und IC 434 in seiner Nähe zum Leuchten an. Der schöne Pferdekopfnebel, auch Barnard 33 genannt, ist eine kalte und dunkle Wolke von Gas und interstellarem Staub.

■ Die vier Überriesen des Trapez im Orionnebel bringen das interstellare Gas in einem Umkreis von mehreren Dutzend Lichtjahren zum Leuchten. Dieses Gas besteht hauptsächlich aus Wasserstoff, Helium und Sauerstoff.

Stellt die Milchstraße – ebenso wie die mehreren Milliarden Galaxien, die das Himmelsgewölbe bevölkern – eine Zelle des Universums dar, so sind die Sterne ihre Atome. In diesen Objekten, die im Maßstab des vorwiegend leeren Weltalls winzig sind, konzentriert sich die Materie des Universums. Sie strahlen seine Energie ab und beleuchten die kosmischen Landschaften. Die Sterne sind jedoch nicht nur funkelnde Lichtpunkte in den einsamen Weiten des Kosmos. Vielmehr sind sie es, die das Universum verändern. Als wahre Alchimisten schaffen sie aus Wasserstoff und Helium – jenen elementaren Uratomen, die in den glühenden Schmieden des Urknalls entstanden – immer schwerere und komplexere Elemente. Sie liefern jenes Silizium und Eisen, aus denen seinerzeit die Erde und ihre Schwestern entstanden; sie hauchen den Sauerstoff und den Stickstoff aus, den wir einatmen, und verwehen verschwenderisch Reichtümer aus Platin, Silber und Gold.

Unsere eigene Sonne, die in der langsam rotierenden, galaktischen Scheibe, zwischen den Spiralarmen des Orions und des Schwans wie verloren scheint, läßt sich inmitten der Myriaden von Sternen, die sie umgeben, kaum ausmachen. Mit ihrem Alter, ihrem Durchmesser, ihrer Helligkeit und ihrer chemischen Zusammensetzung stellt die Sonne einen typischen Stern der galaktischen Population dar: Die physikalischen Prozesse, die im Herzen und an der Oberfläche unseres Sterns entdeckt wurden, sind allgemeingültig. Wenn die Astronomen die Eigenschaften der Sterne schildern, vergleichen sie diese immer mit den verschiedenen Eigenschaften der Sonne.

Unser Stern ist eine Kugel aus warmem Gas von 1,4 Millionen Kilometern Durchmesser. Seine Masse, die 2 Milliarden Milliarden Milliarden Tonnen ($2 \cdot 10^{27}$ t) beträgt, ist 1 000mal größer als die Masse aller Planeten des Sonnensystems zusammen. Anders ausgedrückt ist die Masse der Sonne 330 000mal größer als die unserer winzigen Erde. Das solare Gas besteht – wie bei allen durchschnittlichen Sternen – aus etwa 70 % Wasserstoff, 28 % Helium und 2 % schweren Elementen wie Kohlenstoff, Stickstoff, Sauerstoff, Neon usw. Da sie hauptsächlich aus sehr leichten Elementen besteht, weist die Sonne – wie alle Sterne – eine geringe Dichte auf: Ihre mittlere Dichte beträgt 1,4 g/cm^3 und ist somit kaum höher als die des Wassers, welche 1 g/cm^3 beträgt. Die Temperatur der blendenden Oberfläche erreicht fast 5 500 °C. Mit 390 Millionen Milliarden Milliarden Watt ($3{,}9 \cdot 10^{26}$ W) strahlt der ganze Stern in jeder Sekunde eine riesige Energie aus. Woher

■ M 42 ist zweifelsohne der schönste Nebel des Himmels. Seine Gasschwaden werden von den vier Überriesen des Trapez angestrahlt, erwärmt und verweht. Die Überriesen entstanden vor einigen hunderttausend Jahren. Der Nebel befindet sich im Sternbild Orion in 1 500 Lichtjahren Entfernung und ist eine wahre Sternengeburtsstätte. Er stellt möglicherweise die fruchtbarste Region der gesamten Galaxis dar.

■ M 20, der Trifidnebel im Sternbild Schütze, ist 15 Lichtjahre groß und enthält etwa 200 Sonnenmassen an Gas. Das Gas dieses Nebels ist außergewöhnlich dünn: im Zentrum enthält nämlich 1 Kubikzentimeter nur 100 Atome Wasserstoff. Zum Vergleich: 1 Kubikzentimeter Luft in der Erdatmosphäre enthält 100 Milliarden Milliarden Atome.

aber stammt diese Energie? Die gewaltige Masse der Sonne tendiert – wegen ihrer eigenen Gravitationsanziehung – naturgemäß dazu, in sich zusammenzusacken. Im Zentrum des Sterns wird die Materie durch den enormen Druck zusammengepreßt. In diesen Zentralregionen beträgt die Temperatur fast 15 Millionen Grad. In diesem Gas, das einen Druck aushält, der 100 Milliarden mal höher ist als derjenige der irdischen Atmosphäre, ist die thermische Bewegung so groß, daß die Wasserstoffkerne, die aufeinander stoßen, manchmal miteinander verschmelzen. Die Fusion von vier Wasserstoff-Atomkernen ergibt einen Heliumkern. Diese unscheinbare Kernumwandlung wird von einer gewaltigen Freisetzung an Energie begleitet. Im Laufe dieses Vorgangs wird nämlich ein winziger Teil der Sternmaterie gemäß der Einsteinschen Gleichung $E = mc^2$ in eine gewaltige Strahlung umgewandelt. Die Herzen der Sterne sind thermonukleare Reaktoren.

In jeder Sekunde wandelt die Sonne vier Millionen Tonnen Materie in reine Energie um. Zusammen mit dem Gasdruck neigt diese phantastische Strahlung dazu, die Sonnenmaterie nach außen zu stoßen, ähnlich wie der Dampf den Deckel eines Kochtopfes hochhebt. Jedoch wird der Strahlungsdruck von der Gravitationsanziehung, die in entgegengesetzter Richtung wirkt, genau wettgemacht: Die Sonne befindet sich in einem hydrostatischen Gleichgewicht. Wie im Falle der meisten Sterne ist für die Sonne der Massenverlust während der Kernfusion – immerhin 100 000 Milliarden Tonnen pro Jahr! – im Vergleich zu ihrer Gesamtmasse unerheblich. Im Prinzip kann unser Stern seinen Wasserstoff viele Milliarden Jahre lang verbrennen. Das Licht, das uns von der Sonne gespendet wird, stammt nicht direkt von seinem Kern. Die meisten Partikel, die während der Fusionsreaktionen freigesetzt werden, sind Gamma-Photonen, die die energiereichste Strahlung überhaupt darstellen. Diese Photonen werden von den Gasatomen in der Sonne unzählige Male absorbiert und wieder freigesetzt und wandern langsam zur Oberfläche. Es dauert beinahe 1 Million Jahre, bis ein Photon aus dem Herzen des Sterns an der Oberfläche auftaucht, hauptsächlich als sichtbares Licht, aber auch in Form von Röntgen-, Ultraviolett-, Infrarot- und Radiostrahlung.

■ Die Plejaden sind ein Sternhaufen, der vor etwa 70 Millionen Jahren in einem Nebel geboren wurde. Diese bemerkenswert reiche Gruppe, die von fünf blauen Überriesen beherrscht wird, zählt mehrere hundert Gestirne und befindet sich in 360 Lichtjahren Entfernung von der Erde.

Sternengeburt in den Nebeln

Jedes Jahr erscheinen in unserer Galaxis etwa zwanzig neue Sterne. Diese Ereignisse bleiben leider unsichtbar, denn die Sterne entstehen verborgen in der gedämpften Atmosphäre der Nebel, die die Scheibe der Milchstraße mit ihren funkelnden Windungen bevölkern. Die Nebel sind ausgedehnte Gaskondensationen und bestehen – wie die von ihnen erzeugten Sterne – hauptsächlich aus Wasserstoff, Helium, Sauerstoff sowie aus interstellarem Staub. Dieser Staub ist eine Art extrem feiner Sand aus winzigen Silikat- und Graphitpartikeln, deren Durchmesser bei nur 1/10 000 mm liegt. Die Nebel, die vom galaktischen Wirbel langsam mitgezogen werden, erstrecken sich über mehrere Dutzend Lichtjahre. Mal sind es kalte, lichtundurchlässige und dunkle Bereiche, die ihr Vorhandensein in der Milchstraße durch unheimliche, finstere sternenarme Zonen offenbaren. Mal sind es warme, glimmende, wunderschön durchscheinende Schleier, die sich als märchenhafte Schmetterlinge mit purpurnen oder türkisfarbenen Flügeln, als blasse, aschfarbene Nachtfalter, oder als herrliche, smaragdgrüne Schwammkorallen am Himmel präsentieren.

Die schönsten unter ihnen befinden sich in den Sternbildern Orion, Einhorn, Ophiuchus oder Schütze. Sie werden von Dutzenden sehr junger Sterne angestrahlt, die vor nur einigen hunderttausend Jahren geboren wurden. Die extreme Leuchtkraft dieser Gestirne ist in der Lage, das Weltall in einem Umkreis von mehreren Dutzend Lichtjahren in Glut zu tauchen. Ist die Strahlung des Sternes intensiv genug, um das Gas anzuregen – das heißt, um ihm Elektronen zu entreißen – leuchten die Gaswolken wie Nordlichter auf. Die Wasserstoffwolken hüllen sich in einen charakteristischen, rosafarbenen Schimmer, während die Sauerstoffschleier eine tiefseegrüne Strahlung

■ 1994 mit dem Weltraumteleskop beobachtet: Die unruhige Geburt eines Sterns im Nebel HH 47 in 1 500 Lichtjahren Entfernung. Der Stern selbst liegt

aussenden. Diese phantastischen interstellaren Wolken können eine enorme Masse erreichen, die oft 1 000 Milliarden Milliarden Milliarden Tonnen übersteigt. Daraus könnten leicht Hunderte von Sonnen produziert werden. Wie der Raum, den sie zu füllen scheinen, sind diese Nebel jedoch vorwiegend leer. Im Durchschnitt weist ein Nebel allerhöchstens einige tausend Atome pro Kubikzentimeter auf. Im Vergleich dazu sind in einer Wolke der Erdatmosphäre mehr als 100 Milliarden Milliarden Atome pro Kubikzentimeter vorhanden.

Diese weitausgedehnten interstellaren Wolken sind manchmal Störungen ausgesetzt. Die etwa alle 400 Millionen Jahre vorbeiziehende Dichtewelle, die durch die galaktische Scheibe läuft, oder die Explosion eines alten, massereichen Sterns verursachen eine Stoßwelle, die das Gas örtlich komprimiert und die Nebelschwaden, die sich wie Gewitterwolken aufbauen, durcheinanderwirbelt. Von Zeit zu Zeit bilden sich bei zunehmender Dichte des Nebels massereichere Kondensationen, die ihrerseits aufgrund der Gravitationskraft in sich selbst zusammenfallen können.

Die winzigen Knoten oder Globulen aus Gas und aus Staub, die in den Nebeln verstreut liegen, erscheinen als dunkle Schatten vor einem hellleuchtenden Hintergrund. Ihr Durchmesser erreicht gerade einige Lichttage, und sie sind lichtundurchlässig. Die Materie, die vom Kern der Globulen angezogen wird, ist bereits so dicht, daß das Licht sie nicht durchdringen kann. In den meisten Fällen läßt sich die Existenz der Globulen durch ihre Infrarotstrahlung nachweisen, das heißt durch die Wärme, die sie ausstrahlen. Diese kleinen, länglichen und eierförmigen Globulen platten sich unter der Wirkung der einsetzenden Rotation des Gases und des Staubes, aus denen sie bestehen, ab. Im Herzen der Globulen entsteht eine immer dichtere und wärmere Gaskugel, der Embryo eines Sternes. Zunächst zieht die Gaskugel die Materie an. Dann beginnt sie, diese auszustoßen, um ihren Lebensweg als Stern zu beginnen.

Mehrere hundert von diesen schlafenden Dornröschen, die in den galaktischen Kinderstuben entstehen, werden aufmerksam von den Astronomen im großen Orionnebel, in 1 500 Lichtjahren Entfernung, beobachtet. Sie warten darauf, eines Tages den ersten Lichtstrahl zu registrieren, der durch die verstreuten Gasschleier dringen wird.

Einer dieser zukünftigen Sterne, HH 30, befindet sich noch näher an der Erde, nämlich nur rund 450 Lichtjahre entfernt, im Sternbild Stier. Obwohl er nach wie vor unsichtbar ist, teilt er uns seine Anwesenheit bereits in spektakulärer Weise mit, indem er einen Teil der Gasscheibe, aus der er entstanden ist, ins Weltall herausspuckt. 1994 konnten die Astronomen mit dem Hubble-Weltraumteleskop zum ersten Mal Details der Materiescheibe des entstehenden Sterns wahrnehmen. Sie beobachteten Jets aus warmem Gas, die unter größter Geschwindigkeit herauskatapultiert werden. Durch eine weitere Auf-

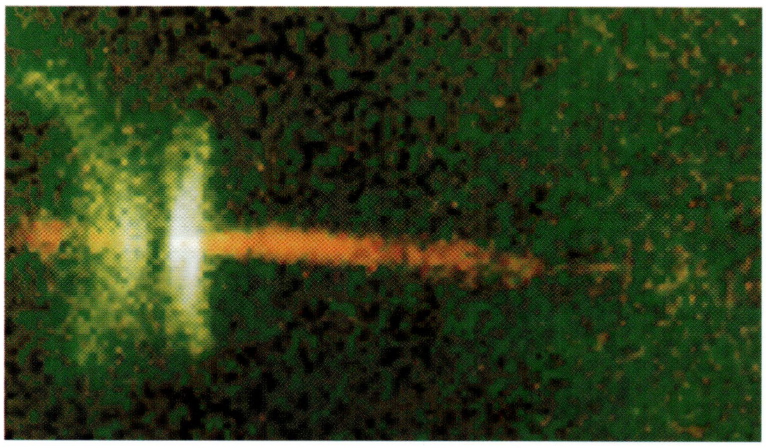

■ Die Gas- und Staubscheibe um den entstehenden Stern HH 30 erscheint auf diesem Falschfarben-Foto des Hubble-Weltraumteleskops grün, der entlang der Rotationsachse ausgestoßene Gasjet rot; der Stern selbst bleibt hinter der dunkelsten Region der Scheibe verborgen.

noch in den Gasschwaden verborgen, signalisiert jedoch sein Dasein durch das Ausspeien von zwei gewaltigen Gasjets.

nahme von HH 30 ein Jahr später gelang es den Forschern sogar, die vollkommen gerade Bewegung dieses etwa eine Lichtwoche langen Jets aufzunehmen, der mit 800 000 km/h aus dem entstehenden Stern ausströmt. In einer protostellaren Scheibe erhöht sich die Masse und die Temperatur der Materie, die vom entstehenden Stern angezogen wird. Damit wird ihr Kollaps beschleunigt, der die Kernreaktionen in Gang setzt und die offizielle Geburtsstunde des Sterns einläutet. Gleichzeitig stößt der Stern – vielleicht unter dem Einfluß eines intensiven Magnetfeldes – einen Teil seiner Masse über die beiden Pole aus.

Die Nebel entpuppen sich also als wahre Geburtsstätten für Sterne. Sie sind in der Lage, mehrere hundert hiervon zeitgleich in einem Umkreis von einigen Dutzend Lichtjahren entstehen zu lassen. In den dichteren Regionen der Milchstraße bilden sich sogar ganze Sternhaufen. Es ist nicht schwer, sie am Himmel zu lokalisieren: Diese Haufen befinden sich genau in der Milchstraßenebene, jener fruchtbarsten Region der Galaxis. Sie bestehen allesamt aus jungen, hellen Sternen, und ihre chemische Zusammensetzung zeigt, daß diese Sterne tatsächlich alle gleich alt sind. Es sind etwa 1 000 dieser Haufen in unserer Galaxis bekannt. Sie enthalten jeweils zwischen einem Dutzend und mehreren Hunderten Sterne. Sie lösen sich auf natürlichem Wege nach einigen Dutzend Millionen Jahren auf, wenn die Sterne in verschiedene Richtungen der Galaxis auseinandertreiben. Auch die Sonne ist vermutlich zeitgleich mit Dutzenden anderer Sterne entstanden. Doch hat unser Stern seit seiner Geburt vor etwa 5 Milliarden Jahren eine Strecke durch den großen galaktischen Wirbel von nahezu 4 Millionen Lichtjahren zurückgelegt … Wir werden nie erfahren, was aus den Schwestern der Sonne geworden ist.

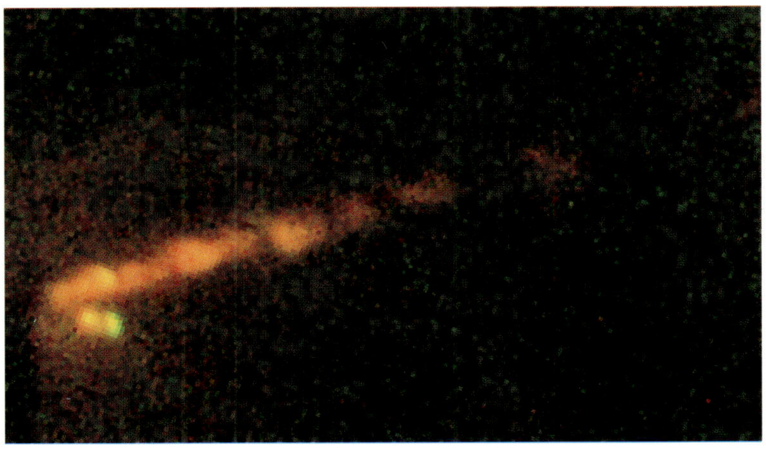

■ HH 34 befindet sich im Sternbild Orion in 1 500 Lichtjahren Entfernung. Der entstehende Stern, links im Bild, stößt in regelmäßigen Abständen Gaswolken mit 800 000 km/h aus. In einigen hunderttausend Jahren wird dieser Prozeß schwächer, und der Jet verstreut sich im All.

Das ruhige Leben der Zwergsterne

Wenn ein Stern geboren wurde, hängt sein zukünftiges Leben nur von seiner ursprünglichen Masse ab. Man könnte sich einfach vorstellen, daß die größten Sterne die längste Lebenserwartung haben und daß die kleinsten am schnellsten erlöschen. Tatsächlich geschieht genau das Gegenteil. Mit zunehmender Masse vergrößert sich auch die Schwerkraft des Sterns, und somit auch sein Gasdruck und seine Temperatur. Beträgt die Temperatur der Materie im Kern der Sonne 15 Millionen Grad, so erreicht sie den doppelten Wert in einem Stern, der zehnmal größer ist als die Sonne, und ist hundertmal höher im Herzen eines roten Überriesen. Unter diesen Bedingungen sind die thermonuklearen Reaktionen noch zahlreicher und effizienter, womit sich auch der thermonukleare Brennstoff schneller erschöpft.

Die kleinsten bekannten Sterne, die Roten Zwerge, weisen eine Masse auf, die etwa zwölfmal geringer ist als die der Sonne. Die Astronomen hatten große Mühe, diese Mini-Sterne am Himmel auszumachen. Denn ihre

■ Der Überriese NGC 2264 IRS befindet sich im Sternbild Einhorn. Dieser Stern, der 2000mal heller ist als die Sonne, wirbelt das interstellare Gas um sich herum und hat die Geburt von fünf kleinen, sonnenähnlichen Sternen beschleunigt.
Dieses Bild wurde im Juni 1997 mit der neuen Infrarotkamera NICMOS an Bord des Hubble-Weltraumteleskops aufgenommen.

Leuchtkraft ist sehr gering: Die kleinsten – LHS 2924, Gliese 623 B, Wolf 359 oder Ross 614 – haben eine absolute Leuchtkraft, die 10- bis 100 000mal schwächer ist als die der Sonne! Anders ausgedrückt: Würde man einen von diesen Roten Zwergen an die Stelle unseres Sterns setzen, würde seine Leuchtkraft auf unserem Planeten etwa der des Vollmondes entsprechen. Diese Sterne verdanken ihren Namen der intensiv roten Farbe, die von ihrer relativ niedrigen Oberflächentemperatur von 2 000 bis 3 500 °C herrührt.

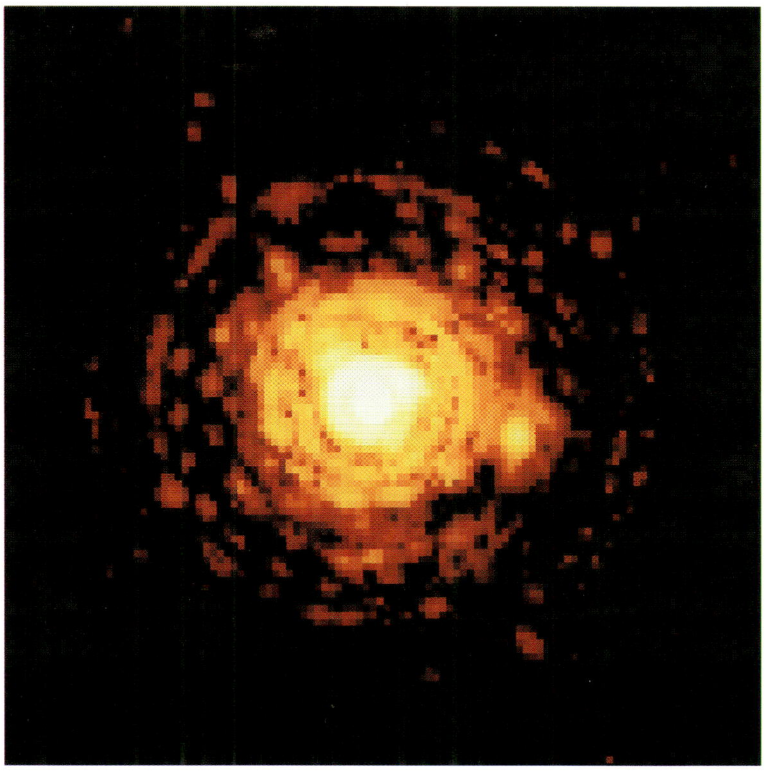

■ In der Galaxis bilden die Hälfte der Sterne Paare. Gliese 623 und sein Lebensgefährte Gliese 623 B sind nur 300 Millionen Kilometer voneinander getrennt. Dieses Sternnpaar von Roten Zwergen befindet sich in 25 Lichtjahren Entfernung. Gliese 623 B, rechts im Bild, ist 10mal masseärmer als die Sonne.

Der blasseste, bekannte Stern, ESO 207–61, wurde 1991 entdeckt. Er liegt nur 65 Lichtjahre entfernt im Sternbild Hinterdeck, das ein Teil des früheren Sternbildes Argo Navis ist. Dieser sehr schwache Rote Zwerg ist fast eine Million mal weniger hell als die Sonne, so daß die Astronomen sich die Frage stellen, ob es sich überhaupt noch um einen Stern handelt.

Gestirne, deren Masse weniger als 8 % der Sonnenmasse beträgt, werden nämlich nicht mehr als Sterne angesehen, denn ihr Motor wird nicht nuklear betrieben: Temperatur und Druck in ihrem Kern reichen nicht aus, um die Fusion der Atomkerne in Gang zu setzen. Sie sind aber auch keine Planeten, denn diese winzigen, kalten Himmelskörper, die kein eigenes Licht aussenden, bilden sich aus der Materie, die von den neu entstandenen Sternen in den Gasscheiben hinterlassen wurde. Eine neue Kategorie von Himmelskörpern wurde also in den achtziger Jahren für diese Sondersterne eingerichtet: Die Klasse der Braunen Zwerge.

Diese Objekte blieben lange Zeit eine Theorie, denn ihre sehr geringe absolute Leuchtkraft macht sie nahezu unsichtbar, selbst mit Hilfe der stärksten Teleskope. In den Jahren 1993 bis 1996 wurden jedoch mehrere mögliche Kandidaten auf die Ernennung zum Braunen Zwerg vorgeschlagen. Es sind beispielsweise PPI 15, Teide 1 oder Gliese 229 B. Letzterer wurde Ende 1995 in 18 Lichtjahren Entfernung im Sternbild Hase entdeckt. Wie ein Roter Zwerg sendet Gliese 229 B eine schwache, vornehmlich infrarote Strahlung als Folge des erwärmten Gases aus, welches im Inneren des Gestirns unter extrem hohem Druck steht. Seine Masse soll zwischen 0,02 und 0,05 Sonnenmassen liegen. Es könnte sich also um eine Kugel aus warmem Gas handeln, die 20 bis 50mal massereicher wäre als Jupiter, der größte Planet des Sonnensystems, der selbst nur ein Tausendstel Sonnenmasse hat. Die Oberflächentemperatur dieses Gestirns, das den gleichen Durchmesser aufweist wie Jupiter, soll nicht mehr als 900 °C betragen.

Von der Vorstellung ausgehend, daß Sterne um so seltener sind, je massereicher sie sind, haben die Astronomen lange Zeit geglaubt, daß Braune und Rote Zwerge die größte Population der Galaxis, oder gar den meisten Anteil ihrer unsichtbaren Masse stellten. Die 1994 mit dem Hubble-Weltraumteleskop und dem Keck-10-m-Teleskop auf Hawaii erhaltenen Ergebnisse der Erforschung des Weltalls haben es ermöglicht, die stellaren Statistiken zu verfeinern, so daß die Schätzungen bezüglich der Mini-Sterne heute eine sinkende Tendenz zeigen. Wenn auch diese winzigen und kalten Gestirne sich zu Hundertmilliarden in der Galaxis zählen lassen, scheint heute ihr Anteil an der Gesamtmasse der Galaxis belanglos zu sein. Außerdem scheinen sich – aus noch ungeklärten Gründen – kaum noch Sterne mit weniger als 0,2 Sonnenmassen zu bilden.

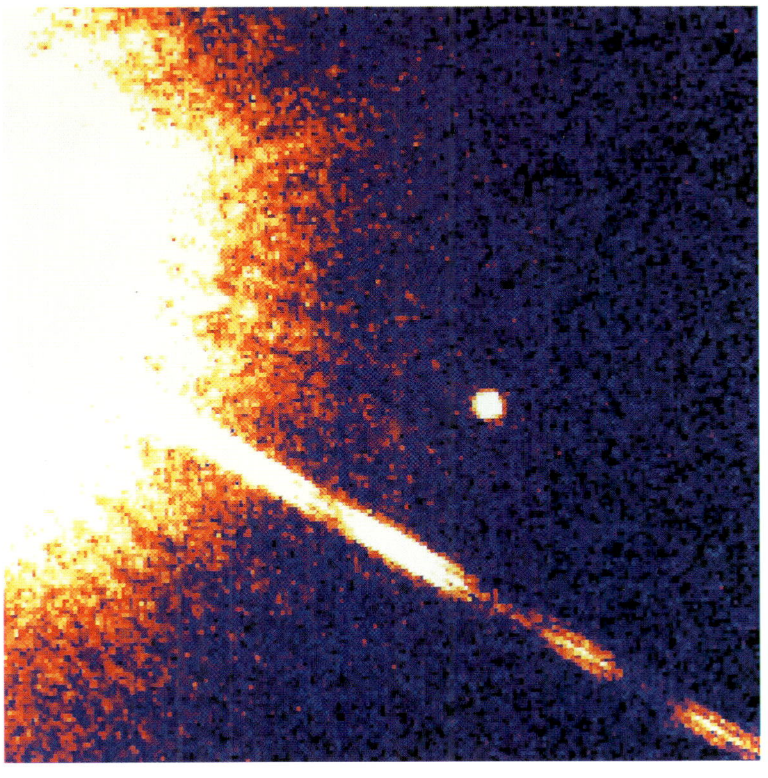

■ 1995 photographierte das Hubble-Weltraumteleskop einen Braunen Zwerg, Gliese 229 B. Dieses winzige Gestirn – 20 bis 50mal masseärmer als die Sonne – ist in der Mitte des Bildes zu sehen. Links davon sieht man den Stern Gliese 229 mit einem Beugungsmuster, wie es durch die Hubble-Optik erscheint.

■ Der schöne Planetarische Nebel Shapley 1 wurde vor einigen tausend Jahren von einem Roten Riesen abgestoßen. Nachdem die verschiedenen äußeren Hüllen des Sterns weggeblasen sind, verbleibt nur noch ein winziger Weißer Zwergstern, der hier im Zentrum des expandierenden Nebels gut zu erkennen ist.

Zusammen gesehen stellen Rote und Braune Zwerge möglicherweise nicht mehr als 15 % der Gesamtmasse der Milchstraße dar.

Die häufigsten Sterne der Galaxis sind etwa fünfmal massearmer und 100- bis 1 000mal leuchtschwächer als die Sonne. Unsere Galaxis beinhaltet mehrere Dutzend Milliarden von diesen Sternen, die ihren Wasserstoff langsam verbrennen und von einer außergewöhnlichen Langlebigkeit profitieren, wobei manche von ihnen über hundert Milliarden Jahre alt und somit zwanzig mal älter als unsere Sonne werden. Die Astronomen werden also so schnell keinen von diesen kleinen Sternen am Ende seiner Laufbahn erleben: Sie vermuten nur, daß diese Sterne in sich kollabieren, wenn sie ihren gesamten Wasserstoffvorrat verbrannt haben, und langsam erkalten, bis sie vollkommen unsichtbar sind.

Das Schicksal der Roten Riesen

Das Leben der massereicheren Sterne, wie beispielsweise der Sonne und der Milliarden sonnenähnlicher Sterne, verläuft wesentlich unruhiger, ist aber auch kürzer. Sterne, die etwas masseärmer sind als die Sonne (Sterne mit etwa 0,8 Sonnenmassen), verbrennen ihren zentralen Wasserstoffvorrat während eines Zeitraums von etwa 20 Milliarden Jahren. Bei sonnenähnlichen Sternen dauert die Verbrennung dann nur noch zehn Milliarden Jahre. Sterne, die doppelt so massereich sind wie die Sonne, haben eine Lebenserwartung von weniger als einer Milliarde Jahre. In unserer Galaxis ist zur Zeit bei 90 % der Sterne die Umwandlung von Wasserstoff in Helium in vollem Gange. Die Astronomen sagen dazu, daß solche Sterne sich auf der Hauptreihe des Hertzsprung-Russell-Diagramms befinden, das die Beziehung zwischen der Oberflächentemperatur der Sterne und ihrer absoluten Helligkeit darstellt (siehe Anhang). Doch erfolgt im Herzen eines sonnenähnlichen Sterns die Kernfusion mit einer beängstigenden Effizienz, so daß irgendwann unweigerlich der Zeitpunkt kommt, an dem der Wasserstoffvorrat nicht mehr ausreicht, um diese Fusion aufrechtzuerhalten. Im Zentrum eines Sterns, das anfänglich aus 70 % Wasserstoff gegenüber nur 28 % Helium besteht, senkt sich die Waagschale langsam zugunsten des Heliums. Nach 5 Milliarden Jahren hat sich die Zusammensetzung des Sternenzentrums umgewandelt: Im Herzen des Gestirns sind nur noch 36 % Wasserstoff gegenüber 62 % Helium. Das Wasserstoffbrennen kann dann noch etwa 4 Milliarden Jahre andauern und hört langsam aus Mangel an Wasserstoff auf. Das Herz des Sterns, das sich bis zu diesem Zeitpunkt in einem Zustand des vollkommenen Gleichgewichtes befand, da der enormen Gravitationsanziehung ein gleich starker Strahlungsdruck entgegengesetzt wurde, kann dann jedoch sein eigenes Gewicht ohne ausreichenden Gasdruck nicht mehr tragen. Der Sternenkern sackt langsam in sich zusammen, wobei die Fusionsreaktionen des Wasserstoffs in eine dünne Schale wandern, die den Kern umhüllt. Während das leblose, jedoch immer dichtere und wärmere Herz kontrahiert, dehnt sich die immer dünnere Hülle des Sterns aus. Der Stern wird zu einem Roten Riesen, zu einem gigantischen Gestirn, das 100mal größer und 1 000mal heller ist als zuvor. Wenn die Sonne in 4 oder 5 Milliarden Jahren zu einem Roten Riesen geworden ist, wird ihre äußere At-

■ Der Nebel M 27 im Sternbild Füchschen befindet sich in 1 000 Lichtjahren Entfernung. Seine äußere Hülle, die einen Durchmesser von 4 Lichtjahren hat, expandiert mit 20 km/s. Der Weiße Zwerg im Zentrum ist etwa so groß wie die Erde. Seine Oberflächentemperatur beträgt mehrere zehntausend Grad.

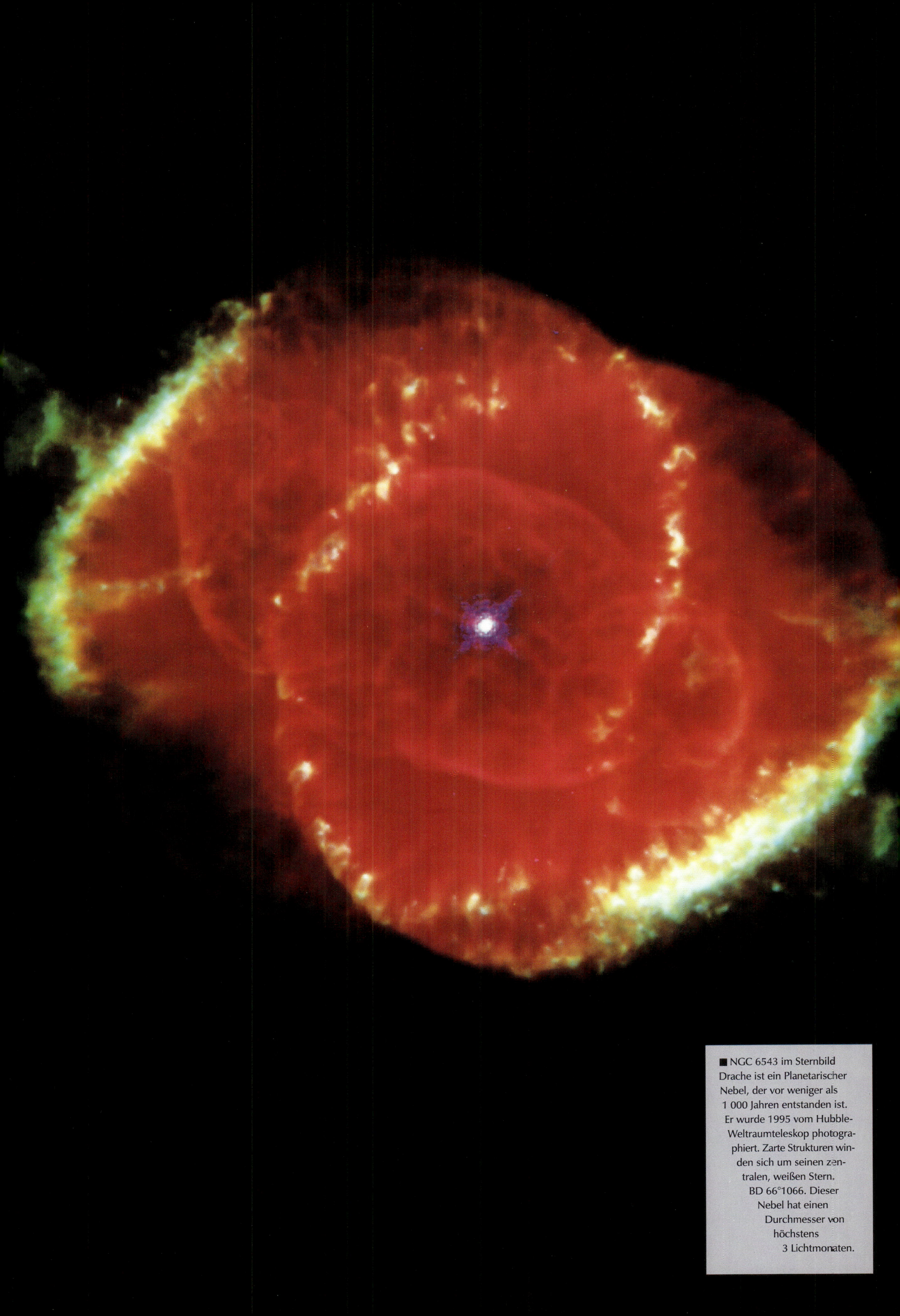

■ NGC 6543 im Sternbild Drache ist ein Planetarischer Nebel, der vor weniger als 1 000 Jahren entstanden ist. Er wurde 1995 vom Hubble-Weltraumteleskop photographiert. Zarte Strukturen winden sich um seinen zentralen, weißen Stern, BD 66°1066. Dieser Nebel hat einen Durchmesser von höchstens 3 Lichtmonaten.

■ Der Helixnebel wurde 1996 vom Hubble-Weltraumteleskop photographiert. Auf dieser Vergrößerung ist nur ein kleiner Teil des Nebels zu sehen, der einen Durchmesser von fast 2 Lichtjahren hat. Gasfasern, die vor etwa 10 000 Jahren ausgestoßen wurden, erscheinen zu Hunderten auf diesem außergewöhnlich scharfen Bild. Jede einzelne dieser kometenförmigen Strukturen ist mehr als 100 Milliarden Kilometer lang.

mosphäre, die dann mehr als 100 Millionen Kilometer Durchmesser erreicht, die Planeten Merkur und Venus geschluckt, die irdische Atmosphäre verweht und die Erdoberfläche verkohlt haben.

In unserer Nähe haben bereits mehrere Sterne, die früher sonnenähnlich waren, dieses Stadium des Roten Riesen erreicht. Sie sind mit bloßem Auge dank ihrer großen Helligkeit sichtbar und wegen ihrer rötlichen Färbung gut zu erkennen, wie etwa Arktur im Sternbild Bootes, oder Aldebaran im Stier.

Der Todeskampf der pulsierenden Riesen

Der sich weiter zusammenziehende Kern eines Roten Riesen erreicht nunmehr die Temperatur von 100 Millionen Grad und damit ein kritisches Stadium, das die Ingangsetzung einer neuen thermonuklearen Reaktion, des Heliumbrennens, erlaubt. Hier verschmelzen mehrere Heliumkerne, um Kohlenstoff- und Sauerstoffkerne zu bilden. Der Stern hat nunmehr große Schwierigkeiten, sich den schnellen Veränderungen anzupassen. Das Stadium als Roter Riese dauert weniger als 10 % der Zeit, die er zur Verbrennung seines Wasserstoffes benötigt hatte. Für einen Stern von etwa Sonnenmasse hält die Phase als roter Riese somit etwa eine Milliarde Jahre an. Im Zentrum des Sterns nehmen die Kernreaktionen ab, da Sauerstoff und Kohlenstoff, die durch das Heliumbrennen entstanden sind, wegen zu niedriger Temperatur nicht fusionieren können. Um den fast leblosen Kern verbrennt eine erste Schale das Helium, und eine zweite Schale den Wasserstoff. Von diesen unterschiedlichen Prozessen aus dem Gleichgewicht gebracht, fängt der unstabil gewordene Stern an zu oszillieren. Die Kontraktions- und Expansionszyklen, in denen Durchmesser und Temperatur des Sterns variieren, wechseln sich ab. Das Phänomen kann spektakuläre Ausmaße annehmen, da diese Riesenveränderlichen, die von den Astronomen insbesondere unter den Namen Cepheiden, RR Lyrae- und W Virginis-Sterne katalogisiert wurden, Helligkeitsschwankungen um das 2-, 10- oder 100fache innerhalb von Perioden aufweisen, die – je nach Typ – von einigen Stunden bis zu einigen Dutzend Tagen andauern.

Der spektakulärste Riesenveränderliche ist zweifelsohne Mira Ceti, der der Klasse der Mira-Sterne seinen Namen gegeben hat. In dieser Klasse sind heute mehr als 5 000 Sterne aufgelistet. Mira Ceti erfährt während seiner unregelmäßigen Perioden, die im Mittel etwa elf Monate betragen, einen Lichtwechsel um das 10 000fache. Dieser Stern befindet sich in 400 Lichtjahren Entfernung von der Erde und ist als recht heller Stern mit bloßem Auge sichtbar, wenn er seine maximale Helligkeit erreicht. Hingegen ist er zum Zeitpunkt seiner minimalen Helligkeit nur mit einem kleinen Teleskop beobachtbar. Mira Ceti hat einen Durchmesser von mehr als 800 Millionen Kilometern und ist somit 500mal größer als die Sonne. Bei jeder Pulsation verändert sich der Durchmesser seiner Gashülle um nahezu 100 Millionen Kilometer. Die Astronomen vermuten, daß Mira-Sterne das späteste Evolutionsstadium eines Roten Riesen darstellen.

Die sehr dünne Hülle eines Mira-Sterns – das Gas ist 100 Millionen mal weniger dicht als Wasser – wird von immer größer werdenden, periodischen Bewegungen belebt. Unter dem Strahlungsdruck und den bei jedem Herzschlag des Sterns entstandenen Gaswellen beginnt die Materie zu entweichen. Später überschlagen sich die Prozesse: Die Pulsationen des Sterns werden immer gewaltiger und unregelmäßiger. Bei jeder Pulsation werden Milliarden und Abermilliarden Tonnen Materie mit einer Geschwindigkeit von 10 km/s fortgeschleudert. Der stellare Wind weht in Sturmböen. In einigen Jahrhunderten oder Jahrtausenden bildet sich um den Stern wie eine Seifenblase eine bunte Hülle aus farbigem Gas, die einen großen Teil der Sternmasse aufnimmt. Diese von den Roten Riesen abgestoßenen Hüllen wurden zum Zeitpunkt ihrer Entdeckung im 18. Jahrhundert ungenauerweise Planetarische Nebel genannt. Sie haben einen Durchmesser von etwa 2 bis 4 Lichtjahren und lösen sich innerhalb von einigen zehntausend Jahren im interstellaren Raum auf.

■ Der Helixnebel befindet sich 450 Lichtjahre entfernt im Sternbild Wassermann und ist der uns nächstgelegene Planetarische Nebel. Sein zentraler Stern, ein sehr warmer Weißer Zwerg, ionisiert eine erste Hülle aus Sauerstoff, die grün erscheint, und eine weiter entfernte, rosafarbene Schicht aus Wasserstoff.

■ In etwa 8 000 Lichtjahren Entfernung von der Erde zeigt der Nebel MyCn 18 eine doppelte Gasschicht, die sich in schneller Expansion befindet. Auf diesem

Der Rote Riese ist mittlerweile verschwunden. Er hat in seiner expandierenden Hülle ein Viertel bis die Hälfte seiner Masse eingebüßt. Übrig bleibt allein im Zentrum des Nebels, den er anstrahlt, sein winziges, kompaktes heißes Herz.

Von den Roten Riesen zu den Weissen Zwergen

Der dahinsiechende Stern verwandelt sich innerhalb von nur einigen hundert Jahren von einem Roten Riesen in einen Weißen Zwerg. Das Gestirn ist in etwa so groß wie die Erde, seine extrem heiße Oberfläche weist jedoch eine Temperatur von 10 000 bis 100 000 °C auf. Die Weißen Zwerge – jene nackten Sternenherzen – haben eine Masse, die zum Teil nur einige Zehntel, zum Teil aber auch das 1,4fache der Sonnenmasse beträgt. Sie bestehen aus sogenannter degenerierter Materie. Diese ist nicht zu Kernreaktionen fähig, sie ist fest und erinnert an einen gigantischen, leblosen Kristall von gewaltiger Dichte. Wäre es möglich, 1 cm^3 Materie aus einem Weißen Zwerg zu entnehmen und auf die Erde zu bringen, so würde dieser Fingerhut voll Materie eine Tonne wiegen!

In der Galaxis gibt es wahrscheinlich mehr als 10 Milliarden Weißer Zwerge. Jedesmal wenn ein Roter Riese erlischt, verlängert sich die Liste dieser seltsamen Sterne. Obwohl die Weißen Zwerge heiß und hell sind, wenn sie anstelle des Roten Riesen erscheinen, ist es sehr schwierig, sie durch das Teleskop ausfindig zu machen, da sie als Winzlinge im Endeffekt nur wenig

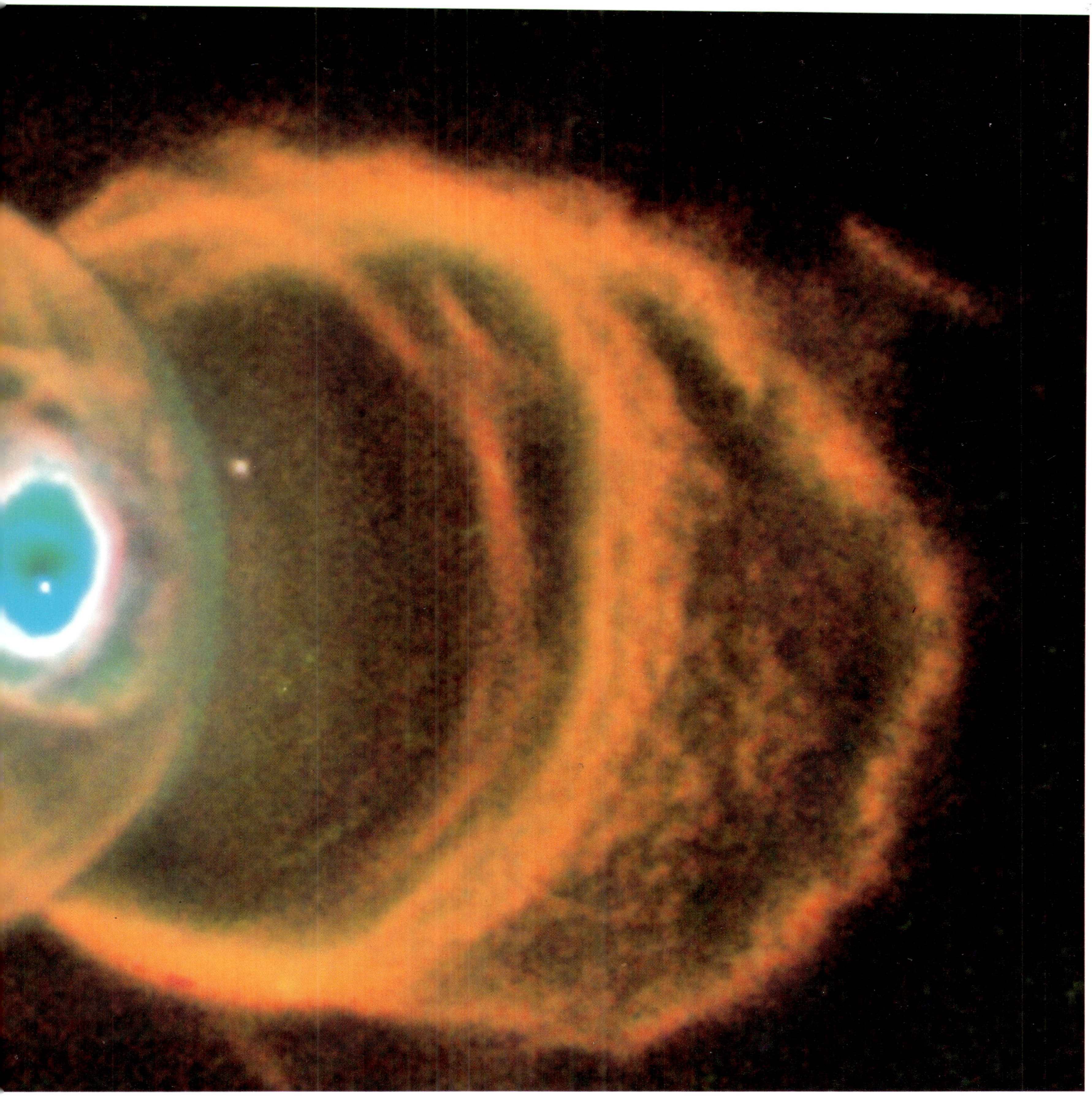

Bild, das von Hubble 1996 aufgenommen wurde, erscheint der Weiße Zwerg gegenüber dem dynamischen Zentrum des Nebels seltsam verschoben.

Energie freisetzen. Beim Verlust seiner Gashülle und dem Übergang zum Weißen Zwerg schrumpft der Durchmesser des Roten Riesen von 100 Millionen auf nur noch 10 000 Kilometer. Die Astronomen haben bereits mehrere Tausend meist junger Weißer Zwerge in der Milchstraße gefunden. Sie sind leichter zu lokalisieren, wenn sie noch die farbigen Hüllen der Planetarischen Nebel anstrahlen. Im Laufe der Zeit erkalten die Weißen Zwerge. Sie leuchten immer weniger, bis sie sich in der Finsternis des Weltalls verlieren.

Selbst wenn die Sterne ihren Lebensabend im langsamen Erlöschen der Weißen Zwerge finden, so hat ihnen die glühende und dramatische Evolution der Roten Riesen zunächst erlaubt, ihre Nachkommenschaft zu sichern, oder wenigstens der Galaxis die Hoffnung auf eine neue stellare Ernte zu geben. Während der kurzen Phase ihrer Instabilität stoßen die Schwestern der Sonne nämlich einen bedeutenden Teil ihrer Masse in Form von Wasserstoff und schwereren Elemente wie Helium, Kohlenstoff oder Sauerstoff, die sie selbst gebildet haben, ab. Diese Atome, die in den blauen und roten Kronen der expandierenden stellaren Hüllen entweichen, kehren in den interstellaren Raum zurück, wo sie sich wie Samen in die Nebel setzen. Die mit Atomen aus toten Sternen bereicherten Nebel brüten sodann neue Sternengelege aus, die anläßlich einer Turbulenz, die von der gewaltigen Spiralwelle der galaktischen Scheibe im interstellaren Raum, oder durch die Stoßwelle der verheerenden Explosion einer Supernova verursacht wurde, schlüpfen werden.

Die nächste Supernova

■ Am 24. Februar 1987 explodierte in der Großen Magellanschen Wolke, eine Nachbargalaxie der Milchstraße, ein Überriese. Obwohl dieses Drama sich in 170 000 Lichtjahren Entfernung abspielte, leuchtete die Supernova so hell, daß sie mehrere Wochen lang mit bloßem Auge zu bewundern war. Als sie ihr Helligkeitsmaximum erreichte, war sie um mehrere hundert Millionen mal heller als die Sonne. Ein solches, absolut seltenes Phänomen ist in unserer Galaxis seit 1604 nicht mehr beobachtet worden.

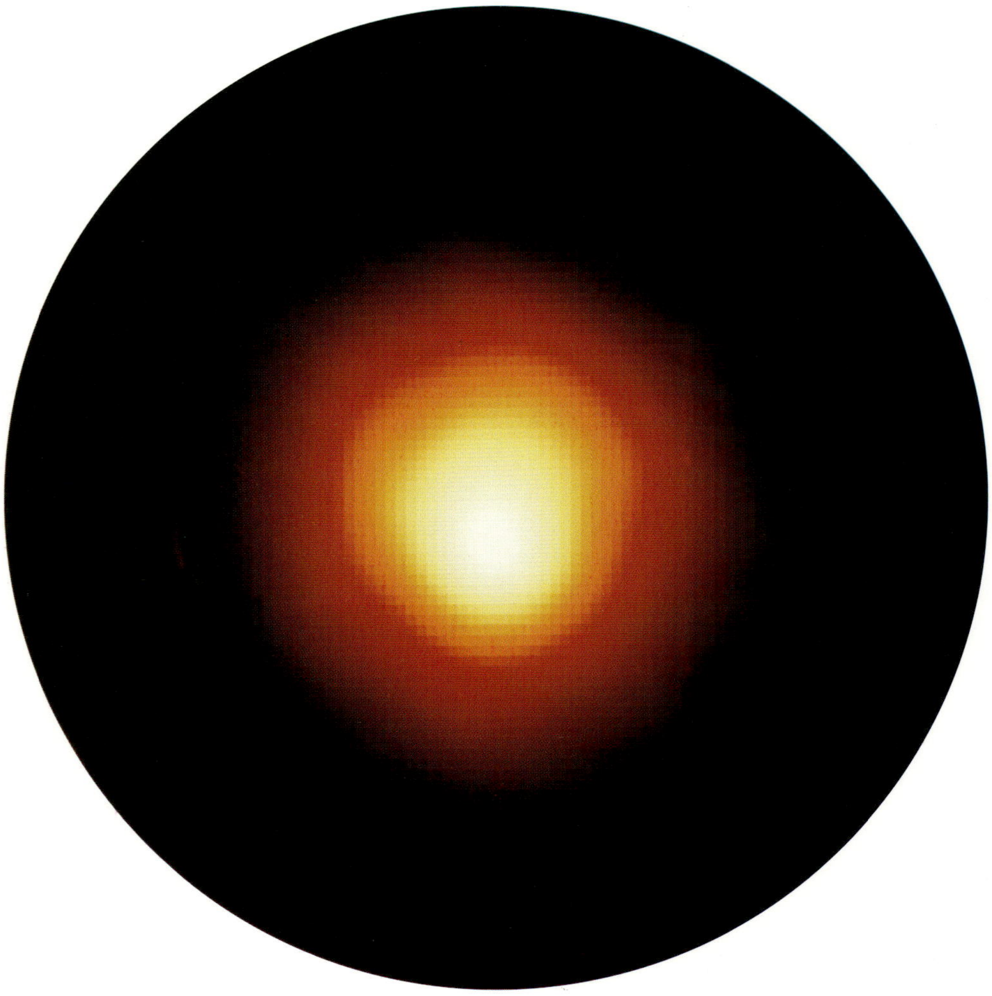

■ Die wirkliche Scheibe des Sternes Beteigeuze, wie sie durch das Hubble-Weltraumteleskop sichtbar ist. Dieser Rote Überriese hat einen Durchmesser von mehr als 500 Millionen Kilometern und könnte somit das Sonnensystem fast bis zur Jupiter-Umlaufbahn umfassen.

Wenn mitten in den Wintermonaten auf der Nordhalbkugel die Dunkelheit anbricht, kulminiert über dem Südhorizont das Sternbild Orion, das vom Kleinen und vom Großen Hund, vom Stier, vom Fuhrmann und von den Zwillingen umrahmt wird. Diese Himmelsregion enthält acht der hellsten Sterne, die als wahre Juwelen unter den weit verstreuten Sternen des „Orion-Armes" gelten. Jener aschfahle Streifen stellt den sonnenabgewandten Außenbereich unserer galaktischen Scheibe dar: Hier ist die Milchstraße längst nicht so hell wie in den Regionen um den Skorpion, den Schützen oder den Schwan am Sommerhimmel ist. Orion ist jedoch zweifelsohne das schönste Sternbild am Himmel. In unseren Breiten läutet sein Erscheinen während der Morgendämmerung im September die Rückkehr der kalten Jahreszeit ein. Vier sehr helle Sterne bilden ein weites Viereck, das den Torso des mythologischen Riesen darstellt, der die Plejaden verfolgte. Drei gleich helle, bläuliche Sterne – Alnitak, Alnilam und Mintaka – liegen auf einer Linie eng beieinander und bilden den Orion-Gürtel. Beteigeuze und Bellatrix sind die Schultern, Rigel und Saiph die Füße des himmlischen Jägers. In einer kalten, klaren Nacht erkennt man schon mit bloßem Auge das rubinrote Glitzern von Beteigeuze, während das unstete Funkeln von Rigel eher an einen Saphir erinnert. Diese in ihren Farben so ungleichen Sterne haben jedoch eines gemeinsam: Es sind zwei außergewöhnlich helle Sterne, sogenannte Überriesen. Ihre bemerkenswerte Leuchtkraft, die sie so nah erscheinen läßt, ist irreführend. Tatsächlich liegt Beteigeuze in einer Entfernung von mehr als 400, Rigel sogar von mehr als 800 Lichtjahren.

Obwohl unsere Galaxis mehrere Hundertmilliarden Sterne zählt, können sich weniger als tausend von ihnen mit der Leuchtkraft der zwei hellsten Orionsterne messen. Tatsächlich verdanken Deneb im Schwan, Antares im Skorpion, Eta Carinae und auch Wray 977 ihre außergewöhnliche Leuchtkraft ihrer enormen Anfangsmasse, die 20-, 50-, ja sogar 100mal höher ist als die der Sonne. Es sind ungeheuerlich große Sterne, denen ein kurzes, dafür aber umso glänzenderes und dramatischeres Schicksal beschieden ist. Die Seltenheit solcher Überriesen in der Galaxis läßt sich durch ihre erstaunliche Kurzlebigkeit erklären: Mit einer Lebenserwartung, die 2 000- bis 10 000mal kürzer ist als die der Sonne, werden sie höchstens 1 bis 5 Millionen Jahre alt. Somit sind die hellsten Sterne also wahre Eintagsfliegen. Dabei machen die Überriesen bei ihrer Geburt die gleiche Entwicklung durch

■ Die Sterne des Sternbilds Orion zählen zu den hellsten der Galaxis. Beteigeuze befindet sich oben links im Sternbild, während der blaue Überriese Rigel unten rechts zu sehen ist. Die genaue Entfernung dieser zwei ungeheuerlich großen Riesensterne von der Erde wurde erstmalig 1997 vom europäischen Satelliten Hipparcos ermittelt: Beteigeuze liegt 400 Lichtjahre, Rigel 800 Lichtjahre weit entfernt.

wie sonnenähnliche Sterne. 90 % von ihnen führen während ihres kurzen Daseins das Leben eines normalen Sterns: Zunächst setzt das Brennen des zentralen Wasserstoffs, dann des Heliums ein. Ein Stern mit einer Masse von weniger als etwa acht Sonnenmassen ist nicht in der Lage, die Kernfusion der schweren Elemente – über Kohlenstoff und Sauerstoff hinaus – fortzuführen. Danach wird er sehr schnell zu einem pulsierenden Veränderlichen – wir auf der Erde sehen, daß seine Helligkeit schwankt. Er stößt sodann einen Teil seiner Masse in den Weltraum ab und erlischt allmählich als Weißer Zwerg.

Bei den massereichsten Sternen wird jedoch der Kern einem viel höheren Gravitationsdruck ausgesetzt. Wenn sie das Stadium als Roter Überriese erreichen, kontrahiert ihr Kern weiter, was eine Erhöhung der Temperatur und des Gasdrucks zur Folge hat. Sodann werden neue Kernreaktionen in immer tieferen Schichten des Sterns in Gang gesetzt. Nach außen zeigt ein Roter Überriese nur eine Hülle, deren Oberfläche fast zwei mal kälter ist als die der Sonne, deren Durchmesser dafür gigantische Ausmaße annimmt. Beteigeuze hat einen Durchmesser von einer Milliarde Kilometern, und seine Leuchtkraft ist um das 10 000fache höher als die der Sonne.

Unter dieser kalten Gashülle wird in einer ersten Schale der Wasserstoffvorrat bei einer Temperatur von 10 Millionen Grad verbrannt, wodurch Helium entsteht. In einer darunter liegenden Heliumschale wird anschließend bei einer weiter ansteigenden Temperatur von über 500 Millionen Grad Helium in Sauerstoff umgewandelt. Dann sind Kohlenstoff und schließlich Stickstoff an der Reihe. Noch näher zum Zentrum werden in einem Höllenfeuer – bei einer Temperatur von mehr als 1 Milliarde Grad – Natrium, Neon, Magnesium, Schwefel, Kalzium, Silber, Nickel und Silizium erzeugt. Im Zentrum selbst bilden sich schließlich aus dem Silizium Eisenkerne. Hat der Stern erst einmal dieses Stadium erreicht, sind seine Tage gezählt.

Eisenatomkerne sind nämlich nicht fusionsfähig. Wenn also das Zentrum des Sterns genügend mit Eisen angereichert ist, hört es auf, die Energie zu erzeugen, die nötig ist, um der Gravitation entgegenzuwirken. Der Stern kontrahiert ein allerletztes Mal. Unbeschreiblich ist die Leuchtkraft des Gases in seinem Herzen. Die Dichte der Materie, die auf eine Temperatur von 10 Milliarden Grad ansteigt, ist nun höher als 10^9 g/cm^3, sprich mehr als 1 000 Tonnen pro Kubikzentimeter! Im Herzen dieser Atome werden nacheinander die letzten natürlichen elektrostatischen Abstoßungsbarrieren überwunden. Die Elektronen werden in die Atomkerne hineingepreßt, wo sie mit den Protonen zu Neutronen verschmelzen. Das Gas im Herzen des Sterns ist nur noch ein Brei aus Partikeln, die fast aneinander kleben. Nirgends im Universum ist es dichter und wärmer als im Herzen eines in sich kollabierenden Überriesen. Die Dichte des Kerns erreicht schließlich 10^{15} g/cm^3, das heißt 1 Milliarde Tonnen pro Kubikzentimeter. Die Temperatur beträgt über 150 Milliarden Grad.

Von den Überriesen zu den Supernovae

Der letzte Zusammenbruch dauert nur einige Sekunden. Plötzlich hört er auf, wenn der Kern des Sterns zu einem kompakten Block aus Neutronen geworden ist. Während dieser kurzen Zeitspanne werden die äußeren Schichten des Sterns von der Leere angezogen, die durch den schnellen Kollaps des Herzens entstanden ist, und stürzen mit einer Geschwindigkeit von 30 000 km/s zu ihm hin. Die enorme Masse des Sterns kollidiert mit seinem Herzen und prallt mit einer gewaltigen Explosion zurück. Der Stern verwandelt sich in eine Supernova. Bei der Explosion wird praktisch der gesamte Stern mit einer Geschwindigkeit in den Weltraum herausgeschleudert, die mehr als ein Zehntel der Lichtgeschwindigkeit erreichen kann. Alle massereichen Sterne enden im gleißenden Blitzlicht einer Supernova. Die von der Supernova innerhalb weniger Sekunden freigesetzte Energie ist unglaublich hoch: sie beträgt das mehrere 100fache der Energie, die unsere Sonne in 10 Milliarden Jahren er-

■ Im Herzen der Milchstraße sind die hellen Sterne des Sternbilds Skorpion fast alle Überriesen – wie etwa Antares. Jeder dieser Himmelskörper, deren Leuchtkraft zwischen 1 000 und 10 000 Sonnen liegt, wird sich über kurz oder lang zu einer Supernova entwickeln.

■ Antares ist der hellste Stern im Sternbild Skorpion. Dieser rote Überriese strahlt den Weltraum um sich herum gewaltig an und erhellt die Schleier aus interstellarem Staub, die ihn umgeben. Antares, der sich in 700 Lichtjahren Entfernung von der Erde befindet, hat dieselbe Leuchtkraft wie 10 000 Sonnen. Die Lebenserwartung eines solchen Sterns geht nicht über einige Millionen Jahre hinaus.

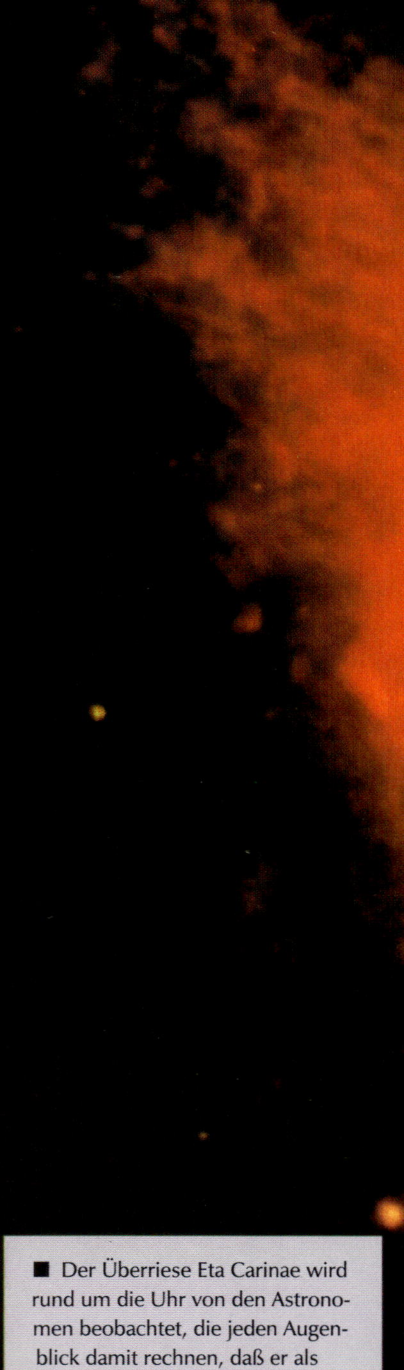

■ Der Überriese Eta Carinae wird rund um die Uhr von den Astronomen beobachtet, die jeden Augenblick damit rechnen, daß er als Supernova explodieren könnte. Dieser ungeheuer große Stern, der 100mal massereicher und 1 Million mal heller ist als die Sonne, zeigt in regelmäßigen Abständen plötzliche Aktivitätsschübe und beginnt, einen Teil seiner Gashülle um sich herum hinauszuschleudern.

■ Diese zwei Überriesen erleuchten den sie umgebenden interstellaren Raum. Wenn sie als Supernova explodieren, schleudern diese Sterne den größten Teil ihrer Masse in den Weltraum. Eine solche Materiezufuhr und die Stoßwelle der Explosion verursachen die Geburt neuer Sterne in den Nebeln.

zeugt. In unserer Galaxis findet die Explosion einer Supernova im Schnitt alle 25 Jahre einmal statt. Dabei sind nur sehr wenige von der Erde aus beobachtbar. Die Überriesen befinden sich nämlich alle in der Ebene unserer galaktischen Scheibe, die reich an Gas und interstellarem Staub ist und wo das regelmäßige Vorbeiziehen der Spiralwelle neue Sternengenerationen erzeugt. Die meisten Supernova-Explosionen bleiben tatsächlich hinter interstellaren Wolken verborgen, die ein sehr leistungsfähiges Filter bilden. Im Laufe der Geschichte der Menschheit konnten jedoch nachweislich ein Dutzend Supernovae beobachtet werden. Die ersten Beschreibungen von „neuen Sternen" am Himmel gehen zurück in die Jahre 185, 386 und 393 unserer Zeitrechnung. Möglicherweise betreffen manche dieser Ereignisse, die extrem sorgfältig in den chinesischen Annalen festgehalten sind, eher Kometen und nicht Supernovae. Die Spuren der ersten wirklich nachgewiesenen Beobachtungen einer Supernova stammen aus chinesischen, arabischen und europäischen Archiven. Sie berichten allesamt vom Erscheinen eines außergewöhnlich hellen Sterns an der Grenze der Sternbilder Wolf und Skorpion im Jahre 1006. Diese Supernova war ein Viertel so hell wie der Vollmond und erreichte wohl eine scheinbare Maximalhelligkeit von -10^{m}: Nie wieder wurde ein Stern mit einer so gleißenden Helligkeit von der Erde aus beobachtet … Weniger als ein halbes Jahrhundert später erschien eine weitere Supernova im Sternbild Stier. Hell wie Venus und sogar am Tageshimmel sichtbar, erreichte die Supernova von 1054 eine Helligkeit von fast -5^{m}. Neun Jahrhunderte später können die Astronomen die Auswirkungen dieser gewaltigen Explosion, die sich in 6 000 Lichtjahren Entfernung von der Erde abspielte, immer noch beobachten. Genau an der Stelle der Explosion, die akribisch von den kaiserlichen chinesischen Astronomen beschrieben wurde, befindet sich nämlich der berühmte Crab-Nebel. Er besteht aus den Überresten des erloschenen Sterns, die weiterhin mit einer Geschwindigkeit von 1 000 km/s im Sternbild Stier expandieren. Die nächste, nicht ganz so auffällige Supernova explodierte 1181. Fast vier Jahrhunderte später hatte der dänische Astronom Tycho Brahe das Glück, die Supernova des Jahres 1572 im Sternbild Cassiopeia zu beobachten. Sie war so hell wie Venus. Schließlich beobachtete Johannes Kepler 1604 mit bloßem Auge die Ophiuchus-Supernova, die so hell war wie Jupiter und es auf eine scheinbare Maximalhelligkeit von etwa $-2^{m}\!.5$ brachte.

■ Hier ist einer der größten Sterne unserer Galaxis – im Sternbild Schütze – zu sehen. Er ist hundertmal massereicher als unsere Sonne und strahlt in 6 Sekunden genauso viel Energie ab wie diese in einem Jahr. Der Überriese hat bereits einen Großteil seiner Masse ins All herausgeschleudert.

Seither … gar nichts mehr. Seltsamerweise konnte in beinahe vier Jahrhunderten – trotz der Entwicklung immer leistungsfähigerer optischer Instrumente seit 1610 – keine weitere Supernova in unserer Galaxis beobachtet werden.

Um nicht die Geduld zu verlieren, erforschen die Astronomen einstweilen diese Art von Sternen in anderen Galaxien. Es wurden fast tausend von diesen Sternexplosionen im gesamten Universum registriert. Die erste extragalaktische Supernova wurde 1885 im Andromedanebel, in 2,5 Millionen Lichtjahren Entfernung, beobachtet. Zu dieser Zeit wußte man jedoch noch nichts von der Natur und der Entfernung der

■ Die Supernova im Februar 1987 kam ohne Vorwarnung. Innerhalb von wenigen Stunden erhöhte sich die Leuchtkraft von Sanduleak –69°202 um das

Galaxien, von der Natur der Kernkraft in den Sternen und vom Ursprung der Supernovae.

Die gewaltige Explosion der Supernovae vom Typ I

Aus diesen tausend Explosionen haben die Astronomen wertvolle Erkenntnisse gewonnen. Insbesondere konnten sie zwei Typen von Supernovae bestimmen. Supernovae vom Typ II stellen das Ende von Überriesen von mehr als acht Sonnenmassen dar. Supernovae vom Typ I, die viel gewaltiger sind, ereignen sich inmitten von massereichen Sternenpaaren. Etwa die Hälfte der Sterne unserer Galaxis lebt in einer Gemeinschaft, das heißt, daß sie durch die Gravitationskraft miteinander verbunden sind, sei es, weil einer um den anderen kreist, oder weil beide um ein gemeinsames Schwerezentrum kreisen. Manche Doppelsterne liegen sehr nah beieinander. Die Distanz zwischen beiden Komponenten beträgt nur einige Dutzend Millionen Kilometer und entspricht somit etwa der Entfernung, die die Sonne vom Planeten Merkur trennt. Besteht ein solcher Doppelstern aus einem Weißen Zwerg und einem Stern, der sich gerade zu einem Roten Riesen entwickelt, kann die expandierende Hülle des letzteren vom Weißen Zwerg angezogen werden, dessen Masse sodann ansteigt. Die thermonuklearen Prozesse, die mangels Treibstoff zum Erliegen gekommen waren, setzen wieder ein und überstürzen sich. Es folgt eine unmittelbare, extrem gewaltige Reaktion: Der Stern explodiert plötzlich und zerstreut sich – manchmal vollständig – in den Weltraum. Die Astronomen kennen im Universum kein gewaltigeres Ereignis als eine Supernova vom Typ I. In einigen Minuten erreicht der explodierende Stern eine scheinbare Maximalhelligkeit von -20^m – sprich die Leuchtkraft von 100 Millionen Sonnen – bevor er innerhalb weniger Monate erlischt und einen schnell expandierenden Nebel hinterläßt. Mit den heutigen Riesenteleskopen können Supernovae in einer Distanz von mehreren Milliarden Lichtjahren registriert werden. Der Rekord wird von einer 1997 entdeckten Supernova gehalten, die sich in einer Galaxie in etwa 7 Milliarden Lichtjahren Entfernung befindet.

In Ermangelung einer galaktischen Supernova hatten die Astronomen wenigstens das Glück, vor etwa zehn Jahren eine stellare Explosion in unserer Nachbargalaxie zu beobachten. Am 24. Februar 1987 erschien in der Großen Magellanschen Wolke, in 170 000 Lichtjahren Entfernung, ein neuer, mit bloßem Auge sehr gut erkennbarer Stern. Mit allen auf der Südhalbkugel verfügbaren Teleskopen wurde die Explosion von den Astronomen beobachtet. Sie registrierten sofort Ausstoßgeschwindigkeiten von 30 000 km/s im Spektrum der expandierenden Gashülle. Zum ersten Mal in der Geschichte der Astronomie war es den Wissenschaftlern möglich, die Explosion vollständig und live zu verfolgen. Die Helligkeit des Sterns erhöhte sich um mehr als das 100 000 fache innerhalb von wenigen Stunden! Anhand früherer Aufzeichnungen konnten sie den Stern ermitteln, der unmittelbar

100 000fache. Auf dem Bild links sieht man Sanduleak –69°202 vor der Explosion. Rechts die Supernova zum Zeitpunkt ihrer maximalen Helligkeit.

vor der Explosion erloschen war. Auf den photographischen Platten der Großen Magellanschen Wolke war es nicht schwierig, den verurteilten Stern auszumachen: Es handelte sich um Sanduleak –69°202, einen Blauen Überriesen von etwa zwanzig Sonnenmassen, der 100 000mal heller war als die Sonne und einen Durchmesser von ungefähr 60 Millionen Kilometern hatte. Seit dieser Zeit haben die Astronomen die Supernova 1987 A nicht mehr aus den Augen gelassen: Im Laufe der Jahre konnten sie die Abschwächung ihrer Helligkeit, die Widerspiegelung ihrer bemerkenswerten Leuchtkraft in der interstellaren Umgebung und die schnelle Expansion der ausgestoßenen Gashülle beobachten.

Neutronensterne oder Pulsare

Was aber bleibt von den Sternen übrig, die als Supernovae explodiert sind? In manchen Fällen ist die kosmische Katastrophe so gewaltig, daß der Stern vollständig zerstört wird.

Die anderen Supernovae lassen das Herz der ehemaligen Überriesen zurück. Der Kern dieser Überriesen, der sehr massereich ist, wird noch stärker komprimiert und erreicht eine höhere Dichte als die der Weißen Zwerge (10^6 g/cm^3), die das Ende der sonnenähnlichen Sterne darstellen. Die Überreste der Supernovae sind also noch seltsamere Sterne als die Weißen Zwerge: Beträgt ihre Masse zwischen 1,4 und 3 Sonnenmassen, haben sie einen Durchmesser von weniger als 10 km! Die entsprechende Dichte ist mit 10^{15} g/cm^3 kaum vorstellbar. Wie sieht ein Kubikzentimeter Materie aus, der 1 Milliarde Tonnen wiegt? Diese hyperdichten Sterne, die fast vollständig aus einem Neutronenbrei bestehen, werden Neutronensterne genannt. Solche Sterne haben eine weitere, spektakuläre Eigenschaft: ihre Rotationsgeschwindigkeit. Wie bei einer Eiskunstläuferin, deren Pirouetten sich beschleunigen, wenn sie die Arme eng am Körper anlegt, erhöht sich – während sein Durchmesser abnimmt – die Rotationsgeschwindigkeit eines kollabierenden Überriesen, der sich ursprünglich in einem Monat um die eigene Achse drehte. Die Rotation der Neutronensterne beträgt zwischen einer Viertel und 660 Umdrehungen pro Sekunde! Im Laufe ihres irrsinnigen Tanzes verhalten sich die Herzen der toten Sterne wie Riesendynamos. Sie schleudern Gamma-, Röntgen- und Radiostrahlung entlang der Achse ihrer Magnetfelder heraus. Die Entdeckung der Neutronensterne, die selbst viel zu winzig sind, als daß man sie mit traditionellen optischen Geräten wahrnehmen könnte, ist auf eben diese unsichtbaren Strahlungen zurückzuführen. Durch Zufall entdeckten 1967 die Radioastronomen des Cambridge-Observatoriums in Großbritannien am Himmel den ersten Pulsar, eine leistungsstarke Radioquelle, die in regelmäßigen Abständen von 1,33 Sekunden Pulse zeigte. Die Pulsare, jene bizarren Sterne, wurden am Tatort früherer Supernova-Explosionen entdeckt und schnell als Neutronensterne identifiziert. Ihre Radiopulse entsprechen dem schmalen Strahlungskegel, der sich in der Magnetfeldachse des Sterns befindet und den Weltraum wie

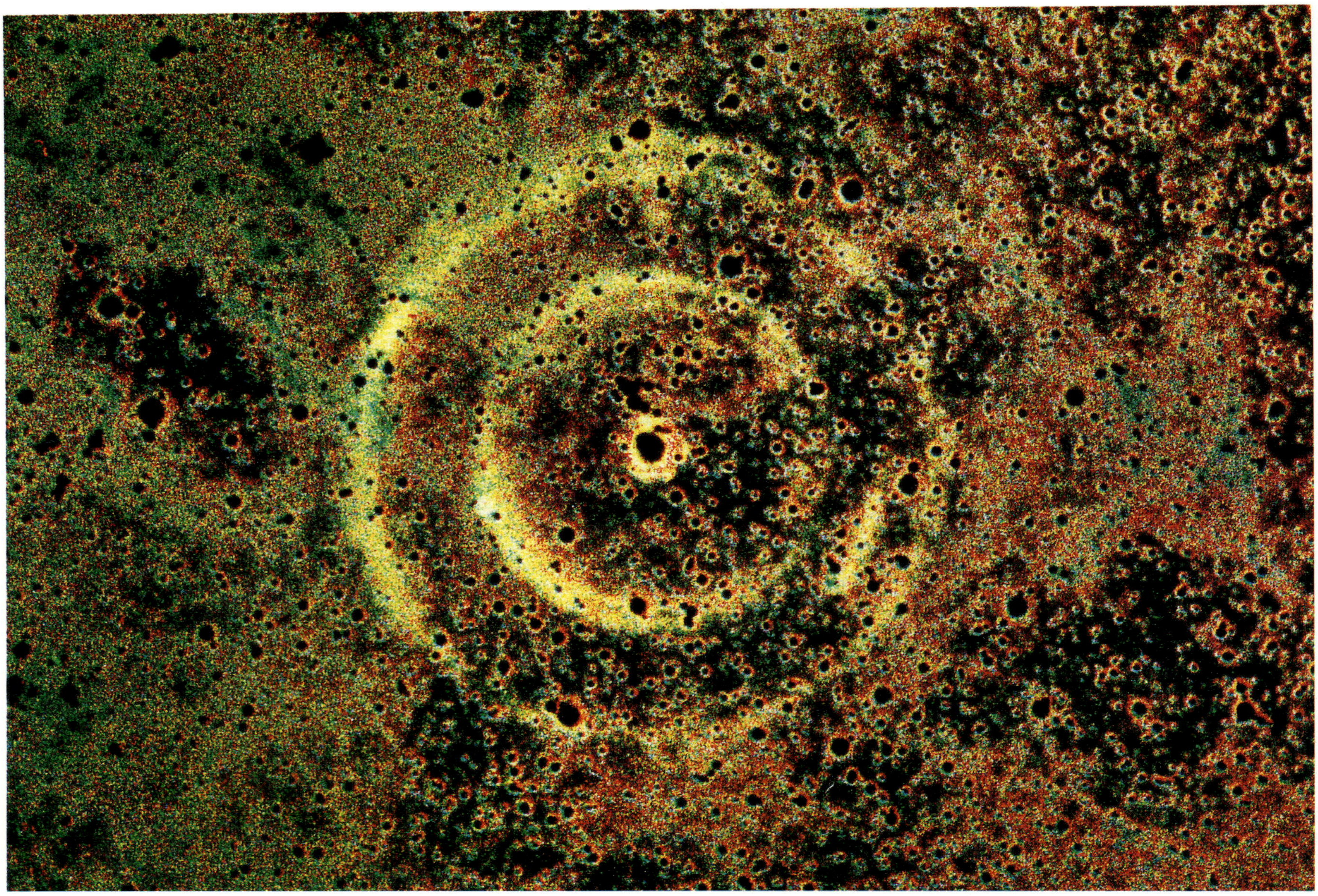

■ Zwei Jahre nach der Supernova-Explosion des Sternes Sanduleak –69°202 in der Großen Magellanschen Wolke ist er nahezu erloschen. Aber der Widerschein der Explosion, der sich mit Lichtgeschwindigkeit ausbreitet, erleuchtet nach wie vor den interstellaren Raum.

ein Leuchtturm erhellt. Um diese Vermutung zu untermauern, richteten die Radioastronomen bereits 1968 die Antennen ihrer Geräte auf den Crab-Nebel und seine unruhigen, zickzackförmigen Fasern, die mit 1 000 km/s durch den Weltraum sausen. Im Zentrum des Nebels wurde tatsächlich ein Neutronenstern an der Stelle entdeckt, an der die Supernova 1054 explodiert war. Dieser Neutronenstern dreht sich dreißigmal pro Sekunde um sich selbst. Nach Meinung der Physiker können sich Neutronensterne nur aus stellaren Kernen bilden, die eine Masse von 1,4 bis 3 Sonnenmassen zurückbehalten. Unterhalb der Grenzmasse von 1,4 Sonnenmassen, die 1931 von Chandrasekhar errechnet wurde, beendet der sterbende Stern sein Dasein als Weißer Zwerg und erkaltet allmählich. Was aber geschieht oberhalb der Grenzmasse von 3 Sonnenmassen? Gibt es einen Materiezustand, der

■ Die Supernova aus dem Jahr 1054 im Sternbild Stier wurde von chinesischen Astronomen beobachtet und in ihren Annalen beschrieben. Anstelle des heute verschwundenen Überriesen ist der spektakuläre, sich schnell ausdehnende Crab-Nebel zu sehen.

dichter ist als der eines Neutronensterns, in dem die Partikel praktisch unzertrennlich aneinander kleben, ohne den geringsten Zwischenraum zu lassen? Wenn nun ein Stern von 50 oder 100 Sonnenmassen plötzlich als Supernova explodiert, kann sein Herz – so vermuten es die Astrophysiker – die kritische Masse von 3 Sonnenmassen sehr wohl übersteigen, wie es 1939 erstmalig von Oppenheimer und Volkoff vorhergesagt wurde. Im Zentrum des winzigen Himmelskörpers, der nur einige Kilometer Durchmesser aufweist, ist keine Kraft mehr in der Lage, den Gravitationskollaps in ein immer geringeres Volumen und zu einer immer höheren Dichte zu verhindern. Was sich dann abspielt, das übersteigt jegliches Vorstellungsvermögen: Die Materie dieses toten Sterns stürzt – innerhalb des Bruchteils einer Sekunde – ins unendlich Kleine zusammen! Diese kosmische Verirrung, die gemäß den Gleichungen der Allgemeinen Relativitätstheorie zugleich die Dimension Null und eine unendlich hohe Dichte aufweisen muß, ist natürlich unsichtbar. Ihr Schwerefeld ist so stark, daß nichts – nicht einmal ein Lichtteilchen – daraus entweichen kann.

Im Herzen des toten Sterns: Ein Schwarzes Loch

Was bedeutet dies? Gemäß der Allgemeinen Relativitätstheorie krümmt die Materie das Netz der Raumzeit. Je größer die Krümmung ist, desto stärker ist die Schwerkraft. So kann sich zum Beispiel eine Rakete, die sich mit einer Geschwindigkeit von 11,2 km/s (40 000 km/h) fortbewegt, leicht von der Erdanziehung lösen. Um sich von der Sonnenoberfläche zu befreien, müßte sie eine Geschwindigkeit von mehr als 600 km/s erreichen. Und um sich von der Oberfläche eines Weißen Zwergs zu entfernen, müßte sie gar mit etwa 5 000 km/s fliegen. Das Gravitationsfeld eines Neutronensterns, das die Raumzeit buchstäblich „aushöhlt", ist enorm: Sich davon zu befreien erfordert eine gewaltige Energie und eine Geschwindigkeit von 200 000 km/s. Im allerletzten Fall eines Schwarzen Lochs beträgt die Entweichgeschwindigkeit 300 000 km/s: Es ist die Lichtgeschwindigkeit. Keine Information, im weitesten Sinne des Wortes, ist in der Lage, ein Schwarzes Loch zu verlassen. Dieser Himmelskörper ist von einem „Ereignishorizont" begrenzt.

Sein Radius, der von Karl Schwarzschild errechnet wurde, beträgt 3 km im Falle eines Schwarzen Lochs von einer Sonnenmasse. Dieser Ereignishorizont birgt in sich die Seele des Schwarzen Lochs, die von den Physikern als seine Singularität bezeichnet wird. Gemäß den Gleichungen der Allgemeinen Relativitätstheorie ist der komplette tote Stern darin eingeschlossen und kollabiert endlos in einem Raum der Dimension Null.

Wie aber kann man eine Realität akzeptieren, die einem so absurden Konzept entspricht? Das haben die Physiker bis heute nicht herausgefunden. Sie möchten gern aus der Falle des Schwarzen Lochs entkommen und die Einsteinschen Gleichungen überbrücken. Sie möchten aber auch die unendlichen Quantitäten vermeiden, die unweigerlich mit der Singularität aus der Allgemeinen Relativitätstheorie auftreten. Sie wollen somit die Raumzeit quantifizieren, die von Einstein als ein Kontinuum erachtet wurde. In einem extrem reduzierten Maßstab, der um das 100 Milliarden Milliardenfache kleiner wäre als ein Atomkern, könnte die Raumzeit strukturiert sein, und, warum nicht, aus einer Art verschwommener Partikel bestehen. Das unregelmäßige und fließende Netz einer gerasterten Raumzeit würde der Singularität des Schwarzen Lochs die Unendlichkeit verbieten. Diese Theorie der sogenannten Quantengravitation, mit der Einstein sich bereits, wenn auch erfolglos, befaßt hatte, muß noch erarbeitet werden. Bis zum hypothetischen Durchbruch dieser neuen Physik werden die Schwarzen Löcher Himmelskörper bleiben, deren Eigenschaften bestenfalls unbekannt, schlimmstenfalls aber unbegreiflich sind.

Trotz dieser Sackgasse in der Theorie, an der die Physiker seit Jahrzehnten scheitern, bezweifeln heute die Astronomen die tatsächliche Existenz dieser raumzeitlichen Abgründe nicht mehr. Die Jagd auf Schwarze Löcher hat bereits begonnen. Das erste Schwarze Loch wurde 1971 in einigen tausend Lichtjahren Entfernung im Sternbild Schwan in der Nähe des Sterns HD 226868 entdeckt. Dieser Blaue Überriese, der etwa 30 Sonnenmassen aufweist, wird in nur 30 Millionen Kilometern Entfernung von einem unsichtbaren Himmelskörper begleitet, der ihn in etwas weniger als einer Woche umläuft. Dieser seltsame Begleiter, der Cygnus X-1 getauft wurde, sendet ab und zu gewaltige und vornehmlich aus Röntgenstrahlung bestehende Energiestöße aus. Nach Meinung der Fachwelt saugt der Begleiter des Überriesen die Atmosphäre seines Nachbarn auf. Die Materie des Überriesen soll es sein, die diese gewaltige Röntgenstrahlung sen-det, während sie beim Sturz in den Stern fast auf Lichtgeschwindigkeit beschleunigt wird. Nur zwei Himmelskörper sind zu einer solchen Energieverschwendung

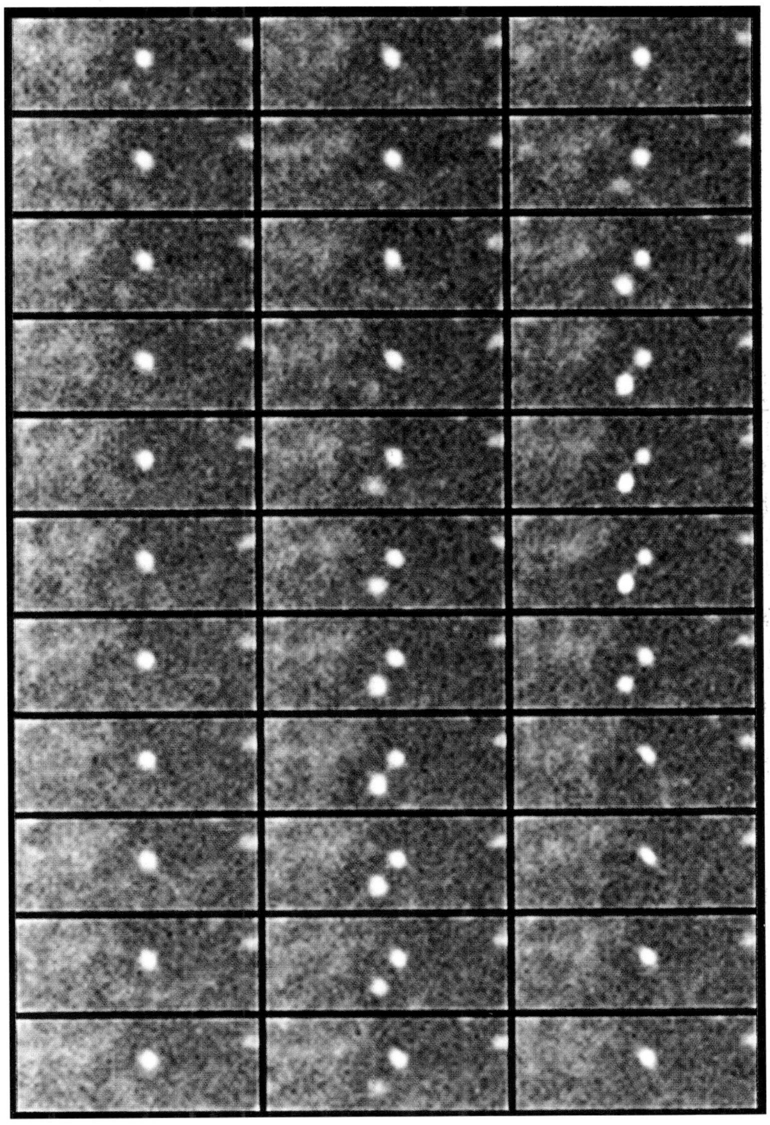

■ Dieses einzigartige Dokument zeigt die Helligkeitsschwankungen des Pulsars im Crab-Nebel, der mit dem 3,9-m-Teleskop, in Kitt Peak, Arizona, aufgenommen wurde. Wie ein wahres interstellares Leuchtfeuer dreht sich dieser Neutronenstern 30mal pro Sekunde um die eigene Achse.

■ Supernovae haben eine große Bedeutung für die Entwicklung der Galaxis. Die gewaltige Druckwelle schleudert mehrere Dutzend Lichtjahre weit eine Materiemenge heraus, die mehreren Dutzend Sonnenmassen entspricht. Das Gas reichert die Milchstraße mit schweren Elementen an, so etwa mit Sauerstoff, Stickstoff, Kohlenstoff und Eisen. Die Atome, aus denen die Erde besteht, wurden größtenteils in Überriesen erzeugt.

in der Lage: Neutronensterne und Schwarze Löcher. Nach erfolgter Berechnung haben die Astronomen schnell festgestellt, daß der Begleiter von HD 226868 mit seiner Masse die kritische obere Grenze zur Bildung eines Neutronensterns übertraf: Es muß sich also tatsächlich um ein Schwarzes Loch handeln. 1980 wurde ein weiteres Schwarzes Loch, AO620–00, in unserer Galaxis entdeckt. Dieser Himmelskörper befindet sich im Sternbild Einhorn, in 3 200 Lichtjahren Entfernung. Auch hier beobachteten die Astronomen ein doppeltes Sternsystem. Hinter einem gewöhnlichen, orange schimmernden Stern mit einer etwas geringeren Masse als die Sonne versteckt sich in 2,2 Millionen Kilometern Entfernung ein winziger, unsichtbarer, aber enorm massereicher Himmelskörper: Dieses Schwarze Loch dürfte beinahe 8 Sonnenmassen aufweisen. Ab und zu werden gewaltige Röntgenstrahlen von AO620–00 ausgesendet. Es handelt sich um das Schwarze Loch, das den Stern wie einen Wassertropfen verformt, ihm einen Teil seiner Gasatmosphäre entreißt und zu sich hinzieht. Die glühende Materie, die dem Stern gestohlen wurde, zeigt sich zunächst als eine Scheibe um den Ereignishorizont des Schwarzen Lochs. Dann fällt sie mit einer Geschwindigkeit von mehreren zehntausend Kilometern pro Sekunde in diesen kosmischen Mahlstrom …

Heute sind in der Galaxis etwa zehn unsichtbare Himmelskörper bekannt, die ein Schwarzes Loch sein könnten. Die Astronomen stellen aber auch Vermutungen über ihre tatsächliche Anzahl an. Die Schwarzen Löcher, die entdeckt werden konnten, verrieten ihr Dasein durch den Einfluß, den sie auf ihre stellare Umgebung ausüben. Doch wie viele von diesen schlafenden, schwer auffindbaren Gestirnen verstecken sich noch in den Spiralarmen der Milchstraße? Eine Schätzung ist sehr problematisch. In der Tat beenden nur die größten Überriesen mit einer Masse von 40 bis 100 Sonnenmassen ihr Leben in der Feuersbrunst einer Supernova. Nur sie hinterlassen eine stellare Leiche, die massereich genug ist, um als Schwarzes Loch zu kollabieren. Selbst wenn diese Sterne extrem selten vorkommen – es gibt heute nur einige tausend von ihnen in der Milchstraße –, machen sie eine sehr schnelle Entwicklung durch. Dutzende von Generationen solcher Himmelskörper sind seit der Entstehung unserer Galaxis aufeinandergefolgt. Und selbst wenn die Lebensdauer eines Überriesen nicht über einige Dutzend Millionen Jahre hinausgeht, ist die des überlebenden Schwarzen Lochs seinerseits fast unendlich. Die Wissenschaftler schätzen also die Zahl der Schwarzen Löcher, die in der Scheibe der Galaxis spuken, auf 10 bis 100 Millionen.

Wo und wann wird aber die nächste Supernova explodieren? Das Beispiel der Explosion von Sanduleak –69°202 im Jahre 1987 hat gezeigt, daß diese Ereignisse unvorhersehbar sind. Wenn das Herz eines Sterns zu kollabieren beginnt und somit die baldige Explosion ankündigt, zeigt die Oberfläche des Sterns, die sich in Millionen Kilometern Entfernung vom Zentrum befindet, keinerlei Anzeichen für

■ Der Cirrus-Nebel im Sternbild Schwan. Die Astronomen vermuten, daß sich in unserer Galaxis alle fünfundzwanzig Jahre eine Supernova ereignet. Die meisten dieser gigantischen Explosionen verlaufen jedoch von der Erde aus unsichtbar, da sie von dichten interstellaren Wolken in der galaktischen Scheibe verdeckt werden.

■ Diese Detailaufnahme einer Region von Nebelschleiern (siehe auch nebenstehende Seite) zeigt die Gasschwaden, die noch 100 000 Jahre nach der Explosion einer Supernova übrigbleiben. Das expandierende, warme Gas zerstreut sich irgendwann im Weltraum.

■ Zehn Jahre nach der Explosion von Sanduleak –69°202 ist die Region der Supernova nicht mehr zu erkennen. Die spektakulären spiralförmigen Struk-

die sich anbahnende Katastrophe … Die Astronomen kennen zahlreiche, relativ nahe Sterne, die möglicherweise in Kürze – was im astronomischen Maßstab morgen oder in tausend Jahren heißt – explodieren könnten. Eta Carinae, der ungeheuerlichste Stern der Galaxis, zeigt seit mehr als einem Jahrhundert deutliche Zeichen von Instabilität und wird täglich von den Astronomen beobachtet. Ein weiterer Blauer Überriese, Wray 977, fängt an, Sturmwinde auszuspeien. Er stößt seine Gashülle ab und gibt seine tieferen Schichten preis. Er ist so hell wie 1 Million Sonnen, hat eine Masse von fast 50 Sonnenmassen und einen Durchmesser von 100 Millionen Kilometern.

Seit der Entstehung unserer Galaxis vor etwa 12 Milliarden Jahren sind zwischen 100 Millionen und 1 Milliarde Überriesen explodiert und haben in den dunklen Schwaden der Nebel Edelmetalle verstreut, die in ihren heißen Herzen synthetisiert wur-

turen wurden wahrscheinlich vor der Explosion herausgeschleudert, als der Überriese einen großen Teil seiner Atmosphäre abgestoßen hat.

den. Die Sonne selbst ist viel zu jung, zu klein und zu massearm, um selbst in der Lage gewesen zu sein, diese schweren Atome zu synthetisieren. Ihre Geburt vor 5 Milliarden Jahren wurde vermutlich durch die Explosion einer Supernova verursacht oder zumindest beschleunigt. Die Supernova hat ihre Spur in der Sonne, aber auch in den sie umgebenden Planeten hinterlassen. Supernovae sind es gewesen, die das eiserne Herz der Erde, ihren Silikatmantel und einen großen Teil der schützenden Hülle aus Stickstoff, Kohlenstoff und Sauerstoff, die ihre Oberfläche umgibt, erzeugt haben. Ohne die kurzlebigen Überriesen, ohne die dramatischen Explosionen der Supernovae würden diese schweren Atome, die in der Lage sind, sich zu verbinden und komplexe Moleküle zu bilden, nicht existieren. Es hätte weder auf der Erde, noch sonst wo im Universum, Leben gegeben. Wir Menschen sind auch die Kinder der Sterne.

Milliarden von Planeten?

■ Das Zentrum des Orionnebels, vom Hubble-Weltraumteleskop photographiert. Das Bild deckt einen Bereich von 2 Lichtjahren ab. Die kleinsten, sichtbaren Details haben einen Durchmesser von etwa 6 Milliarden Kilometern. Mehr als 700 Sterne wurden innerhalb der letzten Million Jahre im Orionnebel geboren. Unser eigenes Sonnensystem entstand vor 4,5 Milliarden Jahren in einem ähnlichen Nebel. Die Schwestern der Sonne sind längst auseinandergedriftet und haben sich über die gesamte Galaxis zerstreut.

■ Im Jahr 1994 entdeckten amerikanische Astronomen im Orionnebel etwa 150 Globulen aus Gas und Staub, die Proplyds (Protoplanetary Disks) genannt werden. Einige sind auf dieser Hubble-Aufnahme zu sehen.

Von der Ferne aus gesehen wirkt unser Stern, der wie Abermilliarden ähnlicher Sterne im großen, galaktischen Mahlstrom mitgerissen wird, recht banal. Weder besonders blaß, noch außergewöhnlich hell, umkreist er zwischen dem Orion- und dem Cygnus-Arm brav und anonym das etwa 26 000 Lichtjahre entfernte galaktische Zentrum. Seine physikalischen Eigenschaften machen aus ihm einen gewöhnlichen Stern, auch wenn er immerhin zu den 5 % Sternen der Galaxis gehört, die am hellsten leuchten. Die meisten Sterne der Milchstraße gehören zwar zur Gruppe der Roten Zwerge, doch befinden sich in der Galaxis trotzdem mehr als 10 Milliarden Sterne, deren Eigenschaften denjenigen der Sonne in allen Punkten entsprechen. Unter dieser Vielzahl von Lichtquellen, mit denen die Spiralarme der Galaxis übersät sind, nimmt die Sonne einen Sonderstatus ein: Sie ist im gesamten Universum der einzige bekannte Himmelskörper mit einem Planetensystem, das einen bewohnten Planeten beherbergt.

Ein Stern und neun Planeten: So könnte die knappe Objektbeschreibung des Sonnensystems in einem fiktiven Kataster der Galaxis lauten. Die Sonne beansprucht allein 99,9 % der Masse des gesamten Sonnensystems. Jupiter, der größte Planet, besitzt nur ein Tausendstel der Sonnenmasse, die Erde hat gar nur den 330 000. Teil. Beginnt man die Aufzählung bei der Sonne, so trifft man in der Reihenfolge auf Merkur, Venus, die Erde, Mars, Jupiter, Saturn, Uranus, Neptun und Pluto. Außer Pluto laufen sie alle auf kreisrunden oder leicht elliptischen Bahnen, die nahezu in einer gemeinsamen Ebene liegen. Merkur ist nur etwa 50 Millionen Kilometer von der Sonne entfernt und ihrer Strahlung intensiv ausgesetzt. Durch die Sonnennähe wird seine felsige Oberfläche auf eine Temperatur von mehr als 430 °C erhitzt. Plutos Umlaufbahn in 5 Millliarden Kilometern Entfernung von der Sonne stellt die Außengrenze unseres Planetensystems dar. Hier ist die Sonnenglut geringer: Plutos Oberflächentemperatur beträgt weniger als –220 °C. Dieses klassische, vereinfachte Bild des Sonnensystems ist jedoch unvollständig: Um sieben von den neun Planeten kreisen zusammen über 60 Monde. Manche von ihnen können sogar selbst als vollwertige Planeten angesehen werden. So sind Titan, mit seiner dichten Atmosphäre, Io mit seinem ausgeprägten Vulkanismus, und Ganymed mit seiner komplexen Geologie, Himmelskörper, deren Massen und Durchmesser mit denjenigen von Merkur oder Pluto vergleichbar sind. Jenseits von Pluto ist das Sonnensystem wahrscheinlich noch viel

■ 1997 haben die Astronomen des Instituts für Radioastronomie im Millimeterbereich (IRAM) die Masse der Proplyds im Orionnebel mit dem Interferometer des Plateau de Bure in den Alpen geschätzt. Sie bestätigten, daß manche Proplyds – hier in einer Detailaufnahme des Weltraumteleskops zu sehen – wahrscheinlich in einigen Millionen Jahren zu richtigen Planetensystemen kondensieren werden.

■ Dieser märchenhafte Nebel erinnert an ein Tiefseeungeheuer. Er befindet sich in Sternbild Schlange. Das Gas und der Staub, aus denen er besteht, stammen von den Millionen Supernova-Explosionen, die sich seit der Entstehung unserer Galaxis ereignet haben. Der Nebel im Sternbild Schlange bereitet die Materie jener verschwundenen Himmelskörper wieder auf, um neue Generationen von Sternen zu erzeugen.

weiter ausgedehnt: Die Astronomen vermuten die Existenz einer weiten, torusförmigen Zone, die von Milliarden Kometen und winziger Planetoiden aus Eis bevölkert sein und einen Durchmesser von etwa einem Lichtjahr haben dürfte.

Die Geschichte unseres Sonnensystems

Planeten, Monde und Kometen bildeten sich vor 4,5 Milliarden Jahren in der Scheibe aus Gas und Staub, welche auch die Sonne hervorbrachte. Ein Teil des Gases wurde von ihr während ihrer turbulenten Entstehung fortgeblasen. Die Silikatpartikel, die in der Scheibe zunächst gleichmäßig verteilt waren, begannen, sich zusammenzuballen. Nach und nach wuchsen die gebildeten festen Teilchenbrocken zu sogenannten Planetesimalen von nur einigen hundert Metern Durchmesser, indem sie durch den Weltraum zogen und mit ihrer wachsenden Masse immer mehr Staub zu sich anzogen. In der die Sonne umgebenden Materiescheibe gab es allmählich Milliarden solcher Planetesimale, die ständig miteinander kollidierten. Dabei wurden die kleineren von den größeren einverleibt. Nach einigen Dutzend Millionen Jahren kamen auf diese Weise die Planeten zustande. Die vier Riesenplaneten fingen neben dem Staub auch das Gas auf, das von der entstehenden Sonne abgestoßen wurde. Eine weitere Milliarde Jahre lang wurden die Planeten ohne Unterlaß von Abermilliarden Kleinstplaneten, die in dem jungen Sonnensystem umherirrten, bombardiert. Die Gasplaneten und die geologisch aktiven Planeten wie Venus, die Erde, Io oder Triton sahen ihre Narben allmählich verblassen. Auf den meisten Kleinplaneten – wie Merkur, dem Mond, Mars, Kallisto oder Rhea – sind die Spuren der Einschläge jedoch in Form von Milliarden Krater in allen Größen noch zu sehen.

Wie viele Sonnensysteme mag es in unserer Galaxis geben? Über diese Frage streiten sich die Gelehrten seit Epikur, der 300 v. Chr. das Problem in seinem *Brief an Herodot* erwähnte. Seit jener Zeit haben sich alle Philosophen für diese Frage begeistert. Die Geschichte unseres Systems sei einzigartig, glauben die einen; der Werdegang des Sonnensystems sei universell, behaupten die anderen. Hinter dieser Frage astronomischer Natur verbirgt sich ein Diskurs von immenser, metaphysischer Tragweite: Steht die Menschheit allein im Universum da? Oder existieren irgendwo noch andere intelligente Wesen, andere Zivilisationen?

Ist das Sonnensystem einzigartig?

Nur eines ist sicher: Leben ist nur auf den Planeten möglich. Die anderen Umgebungen, ob Stern oder Nebel, sind entweder zu dicht und zu heiß, oder zu leer und zu kalt, um die chemische Weiterentwicklung bis hin zu komplexen Molekülen, die den Grundstein des Lebens darstellen, zu ermöglichen. Die Suche nach fremden Planeten war also immer mit der Suche nach einem hypothetischen, außerirdischen Leben verbunden.

Bis heute sind die Astronomen nicht in der Lage gewesen, die Frage nach der Existenz weiterer Planeten zu beantworten. Unser Sonnensystem, das mit Teleskopen aufs Genaueste erforscht und von Weltraumsonden in allen Richtungen durchquert wurde, blieb das einzige Beispiel eines Planetengefolges, das im gesamten Universum entdeckt werden konnte. Abermilliarden Sterne konnten von den Riesenteleskopen photographiert werden, aber keinerlei Planeten. Der Grund für die Unmöglichkeit, fremde Planeten zu entdecken, ist einfach. Sterne sind Gaskugeln großen Ausmaßes, die selbst leuchten. Im Vergleich hierzu sind Planeten winzig und spiegeln nur schwach das Licht der Sterne wider, um die sie kreisen. Stellen wir uns einen Riesenplaneten von der Größe Jupiters vor, der um eine andere Sonne kreisen würde, die sich in nur rund 30 Lichtjahren Entfernung von der Erde befände. Der Stern, der eine Helligkeit von 5^m aufweisen würde, wäre mit bloßem Auge sichtbar. Der Planet aber hätte eine Helligkeit von nur 28^m. Verloren im Halo des Sterns und milliardenfach lichtschwächer als dieser bliebe der Planet vollkommen unsichtbar.

■ Eine andere Region des Nebels M 16 im Sternbild Schlange, in 7 000 Lichtjahren Entfernung von der Erde. Dieses Gebiet der Milchstraße ist reich an interstellarem Staub. Manche Sterne, die sich darin gebildet haben, werden sich wahrscheinlich mit Planeten umgeben.

Das Beispiel von Beta Pictoris

Planeten konnten sie zwar nicht ausfindig machen. Doch entdeckten die Astronomen bereits 1984 wenigstens die ersten Hinweise auf die Existenz weiterer Planetensysteme. In jenem Jahr fanden die amerikanischen Astronomen Bradford Smith und Richard Terrile eine Gas- und Staubscheibe um den Stern Beta Pictoris. Dieser Stern, 62 Lichtjahre entfernt im Sternbild Maler, ist etwas wärmer und massereicher, vor allem aber erheblich jünger als die Sonne. Beta Pictoris ist nicht älter als 100 Millionen Jahre. Die Scheibe, die ihn umgibt und bei der wir fast genau auf die Kante gucken, hat einen Durchmesser von mehr als 200 Milliarden Kilometern. Die Forscher halten sie für eine protoplanetarische Scheibe ähnlich jener, die unser Sonnensystem hervorbrachte. Zahlreiche, in dieselbe Richtung weisende Indizien untermauern diese Vermutung. Zunächst sind die Staubkörner, die hier einige Zehntel Millimeter Durchmesser erreichen, den Staubpartikeln aus dem interplanetaren Raum zum Verwechseln ähnlich. Interstellare Staubpartikel sind hingegen – wie Rauchpartikel – mikroskopisch klein. Das Spektrum des Sterns selbst zeigt von Zeit zu Zeit die Handschrift von gewaltigen und kurzlebigen Phänomenen. Für Anne-Marie Lagrange, eine französische Astronomin, handelt es sich um den Sturz von Kometen auf Beta Pictoris. Selbst wenn sich solche Stürze in unserem Sonnensystem relativ selten ereignen, kommen sie zweifelsohne sehr häufig in Planetensystemen vor, die sich gerade in der Entstehungsphase befinden. Schließlich scheint die Entdeckung einer Ungleichmäßigkeit der Staubverteilung um Beta Pictoris zu zeigen, daß Planeten vielleicht bereits begonnen haben, sich zu bilden und die Scheibe zu durchqueren …

Die Entdeckung der Scheibe von Beta Pictoris, dessen Erdnähe zu der Annahme führt, daß solche Systeme in der Galaxis zuhauf vorhanden sein müßten, fachte die Suche nach weiteren Staubscheiben gleicher Art an. Nach zehn Jahren akribischer Suche stellt Beta Pictoris nicht mehr das einzige bekannte Beispiel einer protoplanetaren Scheibe dar. Dank des europäischen Infrarot-Weltraumteleskop ISO haben die Astronomen eine zweite Scheibe um den Stern Wega entdeckt. Doch ist diese sehr schwer zu beobachten, weil sie sich – im Gegensatz zu derjenigen von Beta Pictoris – von oben, statt von der Seite, präsentiert.

Schließlich wurden 1994 im Sternbild Orion möglicherweise weitere entstehende Planetensysteme entdeckt. Das Hubble-Weltraumteleskop machte es möglich, inmitten der Schwaden des großen Nebels M 42 fast 150 Gas- und Staubglobulen auszumachen, Proplyds genannt (Protoplanetary Disk). Manche von ihnen sehen Beta Pictoris täuschend ähnlich. Im Zentrum einer undurchsichtigen Scheibe erscheint ein Stern, der erst vor einigen hunderttausend Jahren geboren wurde. Offenbar erleben die Astronomen die simultane Geburt von mehreren Dutzend Sonnensystemen.

Auf der Suche nach fremden Planeten

Auch die Astronomen haben ihren Heiligen Gral. Hoffnungsvoll suchen sie nach fremden Planeten. Da eine direkte Beobachtung bislang als unmöglich galt, entwickelten sie Methoden, um fremde Planeten auf indirektem Wege aufzuspüren. Mit der ersten von diesen Techniken wird bereits seit etwa fünfzig Jahren experimentiert. Es geht darum, die scheinbare Bahn der Sterne am Himmel genau zu messen. Wenn diese Sterne isoliert stehen, zeichnen sie am Himmelsgewölbe innerhalb von einigen Jahren eine gerade Linie von einigen Bogensekunden Länge. Wenn hingegen einer dieser Sterne von einem Planeten begleitet wird, verursacht die Gravitationsanziehung des Planeten eine leichte Schwankung des Sterns um seine durchschnittliche Position. Er schwingt, und seine Bahn wird sinusförmig. Diese Wirkung ist jedoch so gering, daß alle Versuche, einen fremden Planeten mit der sogenannten astrometrischen Methode zu entdecken, bis heute gescheitert sind.

Die zweite Technik besteht darin, mit Hilfe von extrem lichtempflindlichen Photometern die Helligkeit der Sterne, von denen man vermutet, daß sie von Planeten umgeben sind, genau zu beobachten. Wenn nämlich die Helligkeit eines Sterns zunächst leicht abnimmt und dann wieder normal wird, so könnte dies darauf zurückzuführen sein, daß der Stern teilweise von einem Planeten verfinstert wurde … Eine solche Sternfinsternis kommt – statistisch gesehen – äußerst selten vor, und wenn, nimmt die Helligkeit nur um ein Zehntausendstel bis ein Hundertstel ab.

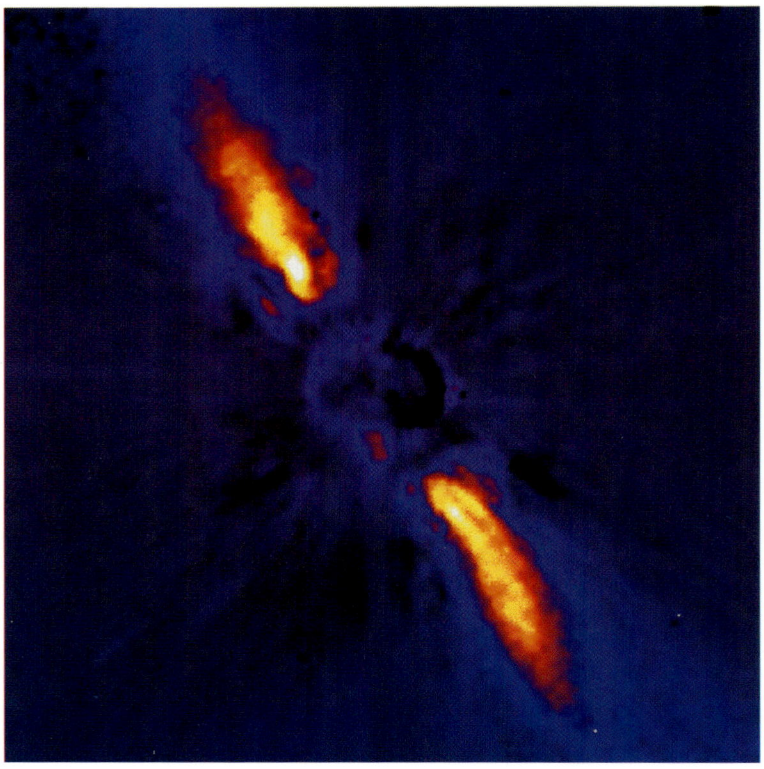

■ Die Staubscheibe, die den Stern Beta Pictoris umgibt, wurde mit dem 3,6-m-Teleskop des La Silla-Observatoriums in Chile photographiert. Der sehr helle Stern wurde mit einer Fokalblende verdeckt. Kometen, vielleicht auch Planeten, haben sich bereits in der Scheibe von Beta Pictoris gebildet.

Diese neue Methode kann natürlich nur auf Planetensysteme angewandt werden, die sich – von der Erde aus gesehen – genau von der Seite präsentieren. Anders ausgedrückt: um die kleinste Aussicht auf Erfolg zu haben, muß mit dieser Methode eine sehr große Anzahl von Sternen untersucht werden, was mehrere Jahre, möglicherweise Jahrzehnte, Geduld seitens der Astronomen in Anspruch nehmen wird. Fruchtbar war sie jedoch bereits: 1995 entdeckte der französische Astronom Alain Lecavelier auf einer photometrischen Aufnahme von Beta Pictoris aus dem Jahr 1981 eine Helligkeitsabschwächung dieses Sterns von 3 %. Es könnte ein Hinweis auf einen Riesenplaneten sein, der etwas größer als Jupiter wäre und in 10 bis 20 Jahren um den Stern kreisen würde. Damit diese außergewöhnliche Entdeckung endgültig bestätigt werden kann, müßte der Planet natürlich noch einmal vor Beta Pictoris vorbeiziehen. Es erforderte also eine ständige Beobachtung von Beta Pictoris über einen Zeitraum von zehn bis zwanzig Jahren …

Die dritte Methode stützt sich, wie die astrometrische Methode, auf den vom Planeten auf den Stern ausgeübten Gravitationseinfluß. Die leichten zyklischen Bahnschwankungen des Sterns werden hier durch einen Spektrographen ermittelt, der in der Lage ist, Geschwindigkeitsschwankungen des Sterns im Verhältnis zur Erde zu messen. Die hierfür erforderliche Meßgenauigkeit von 15 m/s wurde von mehreren Teams aus Europa und den Vereinigten Staaten seit dem Ende der siebziger Jahre erreicht.

Diese spektrographische Methode war es, die zur Entdeckung des ersten extrasolaren Planeten führte. Im Haute-Provence-Observatorium beobachteten zwei Astronomen aus der Schweiz, Michel Mayor und Didier Queloz, mehrere Jahre lang 142 helle Sterne, die sich alle in Erdnähe befinden und der Sonne physikalisch sehr ähnlich sind. Im Oktober 1995 wurde ein Planet von gleicher Masse wie Jupiter in der Nähe von 51 Pegasi (abgekürzt 51 Peg) ausfindig gemacht. 51 Peg ist ein Stern, der etwa 8 Milliarden Jahre alt ist, die gleiche Masse und die gleiche Helligkeit wie die Sonne aufweist und sich in nur 45 Lichtjahren Entfernung im Sternbild Pegasus befindet. Der Planet, der 51 Peg B genannt wurde, umkreist seinen Stern in etwas mehr als vier Tagen und in 7,5 Millionen Kilometern Entfernung. Eine solche Nähe stellt eine Überraschung dar: Merkur, der nächste Planet zur Sonne, kommt dieser nie näher als 46 Millionen Kilometer. Dabei handelt es sich bei Merkur um einen felsigen Planeten.

Die Astronomen wissen jedoch bis heute nicht, wie ein Riesenplanet, der wahrscheinlich größtenteils aus Gas besteht, sich so nah an einem Stern bilden könnte. In dieser geringen Entfernung beträgt die Temperatur von 51 Peg B beinahe 1 000 °C. Die Theoretiker stellen nichtsdestotrotz Vermutungen an, um die seltsame Bahn von 51 Peg B zu erklären. Der Planet könnte sich vor 8 Milliarden Jahren viel weiter weg von seinem Stern gebildet haben. Der entstehende Himmelskörper wäre sodann durch die Reibung mit der Staubscheibe um den Stern gebremst worden, was dazu geführt haben könnte, daß die Entfernung abnahm.

Anfang des Jahres 1996 überstürzten sich die Ereignisse. Das amerikanische Team um Geoffrey Marcy, das im Lick-Observatorium in Kalifornien dieselbe Technik wie Michel Mayor verwendete, meldete die Entdeckung zweier neuer Riesenplaneten um die nahen Sterne 70 Virginis und 47 Ursae Maioris. Diese beiden Sterne sind, wie 51 Peg, mit bloßem Auge sichtbar, und ihre physikalischen Eigenschaften sind denjenigen der Sonne ähnlich. 70 Vir befindet sich im Sternbild Jungfrau, in 75 Lichtjahren Entfernung. Der bei ihm entdeckte Planet dürfte etwa um das 6fache massereicher sein als Jupiter und würde den Stern auf einer elliptischen Bahn in etwa 75 Millionen Kilometern Entfernung und in fast vier Monaten umkreisen. Der Stern 47 UMa befindet sich im Sternbild Großer Bär in etwa 45 Lichtjahren Entfernung. 47 UMa B könnte ein Planet von ungefähr drei Jupitermassen sein, sich auf einer kreisförmigen Bahn in 315 Millionen Kilometern Entfernung von seinem Stern befinden und ihn in etwas mehr als drei Jahren umkreisen. Die Eigenschaften der Bahnen dieser beiden Planeten ähneln denjenigen der Planeten im Sonnensystem sehr. 70 Vir B befindet sich in etwa der gleichen Entfernung von seinem Stern wie Merkur von der Sonne. 47 UMa B befindet sich dagegen in seinem Planetensystem so weit draußen wie Mars in unserem.

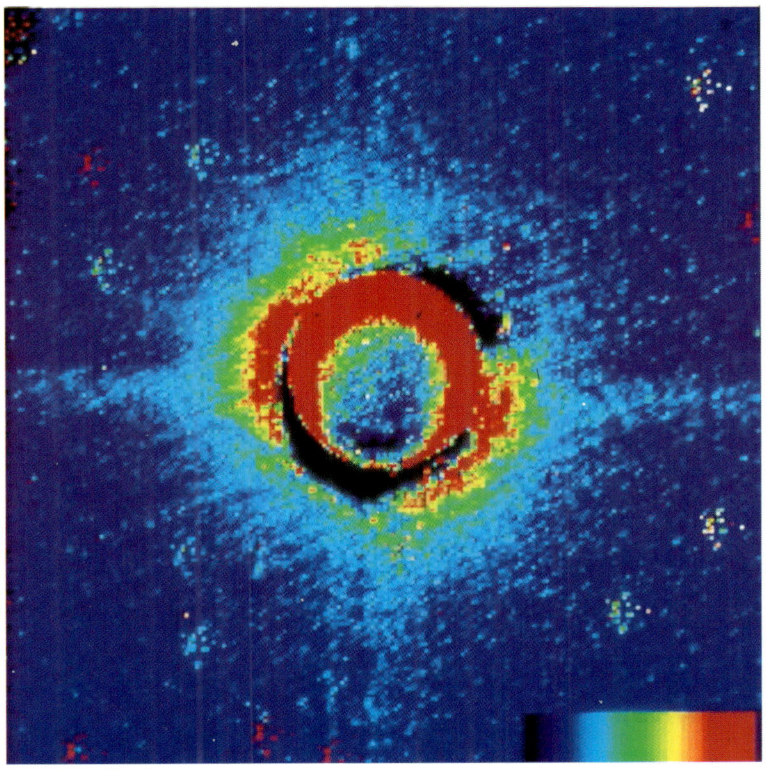

■ Die den Stern 55 Cancri (Sternbild Krebs) umgebende Staubscheibe, aufgenommen mit einem Lyot-Koronographen am 3-m-Infrarotteleskop der NASA (Observatorium Hawaii). Deutlich sieht man die rötliche Scheibe von links oben nach rechts unten verlaufen.

Am Ende dieses Jahrtausends gehen die Entdeckungen weiter. Im Durchschnitt wird etwa alle zwei Monate ein neuer Planet entdeckt. Bis zur Mitte des Jahres 1999 haben die Astronomen schon eine

■ Der Lagunennebel im Sternbild Schütze befindet sich in 5 000 Lichtjahren Entfernung von der Erde. 1997 haben die Astronomen des European Southern Observatory (ESO), das in La Silla – Chile – steht, in diesem Nebel einen Stern entdeckt, der von einer protoplanetaren Scheibe umgeben ist.

Liste mit 20 extrasolaren Planeten zusammengestellt. In der Tat war die von Mayor und Queloz am Observatorium Haute-Provence eingeleitete spektroskopische Suche sehr ergiebig. Bis auf einen Parameter konnten alle wichtigen aus den Beobachtungen abgeleitet werden: die Entfernungen der Planeten von ihren Sonnen, ihre Umlaufzeit und sogar die Bahnexzentrizitäten, jedoch nicht deren Masse. Was den Beobachtern zu dieser Bestimmung fehlt, ist die Neigung der Planetenbahn relativ zu uns. Ohne diesen Wert bleiben die Aussagen über die Masse eines fremden Planeten schwierig und unsicher.

Dennoch sieht es so aus, daß die Astronomen für einen fremden Planeten alle Parameter kennen. Der Planet 55 Cnc B wurde 1997 von Geoffrey Marcy und Paul Butler in rund 41 Lichtjahren Entfernung entdeckt. Nach den Berechnungen besitzt dieser unsichtbare Planet die 0,8 bis 10fache Jupitermasse. 1998 entdeckten dann die amerikanischen Astronomen David Trilling und Robert Brown, daß 55 Cancri neben seinem Planeten auch – wie β Pictoris – von einer ausgedehnten Staubscheibe umgeben ist. Diese ist, im Gegensatz zu dem Planeten, im Infrarotlicht deutlich zu sehen, wenn der helle Stern durch eine Fokalblende abgedeckt wird. Die Scheibe ist in einem Winkel von etwa 25° gegen die Himmelsebene geneigt – die Information, die Marcy und Butler zur genauen Bestimmung der Masse dieses Planeten gefehlt hatte. Daher kennt man jetzt auch die Masse von 55 Cnc B: Er besitzt die zweifache Jupitermasse. Für die Wissenschaftler stellt dies einen großen Fortschritt dar. Zum er-

■ Die Umgebung von Überriesen eignet sich nicht für die Entstehung von Planetensystemen. Hier sind etwa zehn Proplyds zu sehen, die zu nahe bei den vier Sternen des Trapez von Orion stehen und in weniger als 100 000 Jahren verdampfen werden, ohne die Zeit gehabt zu haben, Planetensysteme zu bilden.

sten Mal halten sie alle wichtigen Daten eines fremden Planeten in der Hand: Masse (zwei Jupitermassen), Umlaufzeit (14,65 Tage), große Halbachse der Bahn (etwa 16 Millionen Kilometer) und deren Exzentrizität (0,03).

Der größte Teil der gefundenen extrasolaren Planeten bewegt sich um Sterne, die im Alter sowie in ihrer Masse und Leuchtkraft unserer Sonne sehr ähnlich sind. Trotzdem bedeutet das keineswegs, daß Planeten nur bei sonnenähnlichen Sternen angesiedelt sind. Als Beweis dafür sei die spektakuläre Entdeckung eines extrasolaren Planeten um den nahen Stern Gliese 876 aus dem Jahre 1998 angeführt. Dieser rote Zwergstern befindet sich im Sternbild Schiff und ist nur 15 Lichtjahre von uns entfernt. Seine Masse beträgt nur ein Fünftel der Sonnenmasse und seine Leuchtkraft nur ein Hundertstel Sonnenleuchtkraft. Gliese 876 B bewegt sich in 60 Tagen in einem Abstand von 30 Millionen Kilometer um seinen kleinen roten Stern.

Zu Beginn des neuen Jahrtausends wird es aufgrund neuer Teleskope und derer interferometrischer Nutzung möglich werden, die hellsten dieser extrasolaren Planeten direkt zu beobachten. Der Erfolg dieser Herausforderung mag heute noch utopisch erscheinen, aber die Beharrlichkeit der Astronomen wird das Auffinden weiterer Planeten unvermeidbar machen. Die enorme Anzahl von Entdeckungen in wenigen Jahren legt den Schluß nahe, daß in unserer Galaxis mehrere zehn Millionen Planetensysteme existieren.

Angesichts dieser schwindelerregenden Anzahl potentieller Zielobjekte wird die Suche nach fremden Planeten zu Beginn des 21. Jahrhunderts eine ganz andere Dimension annehmen. Die Astronomen wollen eine Statistik erarbeiten, die sich auf eine Auswahl von bis zu mehreren hunderttausend Sternen stützen wird. 2002 wird das kleine COROT-Weltraumteleskop, das in Frankreich im Nationalen Zentrum für Weltraumforschung entwickelt wurde, ins All starten. Mit ihm soll eine sechsmonatige Rund-um-die-Uhr-Beobachtung von etwa 50 000 Sternen stattfinden. Corot soll versuchen, das Vorüberziehen fremder Planeten vor der Scheibe ihres Sterns zu erfassen. Die Verringerung der Leuchtkraft und die Dauer dieser „Mini-Finsternisse" werden es den Forschern ermöglichen, den Durchmesser des Planeten sowie die Periode seiner Umlaufbahn zu berechnen. Noch ehrgeiziger ist die von den Wissenschaftlern der ESA avisierte zweite Phase des Projekts. Die astrometrische Gaia-Mission, die an Bord einer Ariane-5-Rakete bereits 2010 starten könnte, soll in der Lage sein, nahezu alle Planeten im Umkreis von etwa 1 Million Sternen in einer Sphäre von 100 Lichtjahren zu erfassen, deren Masse mindestens derjenigen von Jupiter entspricht. Längerfristig hoffen Amerikaner und Europäer, mit den Missionen Terrestrial Planets Finder und Darwin alle erdähnliche Planeten in einem Umkreis von 60 Lichtjahren zu entdecken – sofern es sie gibt. Terrestrial Planets Finder und Darwin sind Weltrauminterferometer von etwa 50 m Durchmesser. Sie sollen anschließend detaillierte Untersuchungen dieser Planeten in der Hoffung durchführen, auf ihren Oberflächen Wasser in flüssigem Zustand zu entdecken. Vor allem aber träumen die Astronomen davon, in der Atmosphäre dieser recht hypothetischen Blauen Planeten Sauerstoffvorkommen zu entdecken, die auf eventuell vorhandenes Leben hinweisen könnten.

Mangels anderweitiger Erfahrungswerte gehen die Wissenschaftler nämlich davon aus, daß alle Lebensformen, die möglicherweise im Universum bestehen könnten, in etwa nach demselben Schema aufgebaut sein müssen wie das Leben auf der Erde: Mit Kohlenstoff als Basis der Molekülverbindungen, mit Wasser als Umgebung für die Weiterentwicklung, und mit einem Planeten mit stabiler Bahn als Objektträger. Dieser Planet müßte außerdem von einer schützenden Atmosphäre zur Klimastabilisierung umgeben sein und um einen gleichmäßig leuchtenden Stern kreisen.

■ In 1 500 Lichtjahren Entfernung präsentiert sich diese protoplanetare Scheibe aus dem Orionnebel, die an die Scheibe von Beta Pictoris erinnert, beinahe im Querschnitt. Der junge zentrale Stern wird teilweise von den ihn umkreisenden Gas- und Staubwolken verdeckt.

Insoweit stellt die Erde eine Ausnahme im Sonnensystem dar. Ihre Entfernung von der Sonne, ihre Masse und der atmosphärische Druck weisen genau die Werte auf, die es dem Wasser ermöglichen, dauerhaft in seinem flüssigen Zustand zu verbleiben. Ganz in der Nähe der Erde haben sich Venus und Mars in eine Feuer-, beziehungsweise in eine Eiswüste verwandelt. 1996 versetzte eine spektakuläre Meldung der NASA die Welt in helle Aufregung: In einem in die Antarktis gestürzten Meteorit marsianischer Herkunft sei möglicherweise fossiles Leben entdeckt worden. Es wurde jedoch schnell klar, daß diese angeblichen fossilen Strukturen, die etwa 3,5 Milliarden Jahre alt waren, wahrscheinlich eher von Mineralien herrührten. Die meisten anderen Himmelskörper des Sonnensystems weisen keine Atmosphäre auf. Sie sind dem Vakuum des Weltraums, den Strahlungen der Sonne und Temperaturschwankungen um mehrere hundert Grad ausgesetzt. Ihre Oberfläche ist hoffnungslos unfruchtbar. Titan, der größte Saturnmond, ist von einer Atmosphäre aus Stickstoff geschützt, die der unseren recht ähnlich ist und einen kaum höheren Druck aufweist. Doch liegt seine Oberflächentemperatur zwischen –170 °C und –210 °C. Es ist keinerlei komplexe organische Chemie bei solchen Temperaturen möglich. Es gibt keine andere Lebensform im Sonnensystem, es sei denn, man würde sich Organismen ausdenken, die durch die Wolken der vier Riesenplaneten schweben würden. Diese Hypothese ist jedoch kaum haltbar, wenn man die Schwankungen der Temperatur- und Druckverhältnisse bedenkt, die von verheerenden Stürmen hervorgerufen werden.

Wie sieht es anderswo aus? Wenn – wie auf der Erde – ein hypothetisches, außerirdisches Leben Abermillionen, ja Milliarden Jahre für seine Evolution hin zu komplexen Formen benötigt, dann muß man am Himmel nach Planeten Ausschau halten, die stabile und langlebige Sterne begleiten. Sieht man von den Doppelsternen und den Veränderlichen sowie von den Überriesen, die nach einigen Millionen Jahren explodieren, ab, verbleibt eine größere Anzahl sonnenähnlicher Sterne,

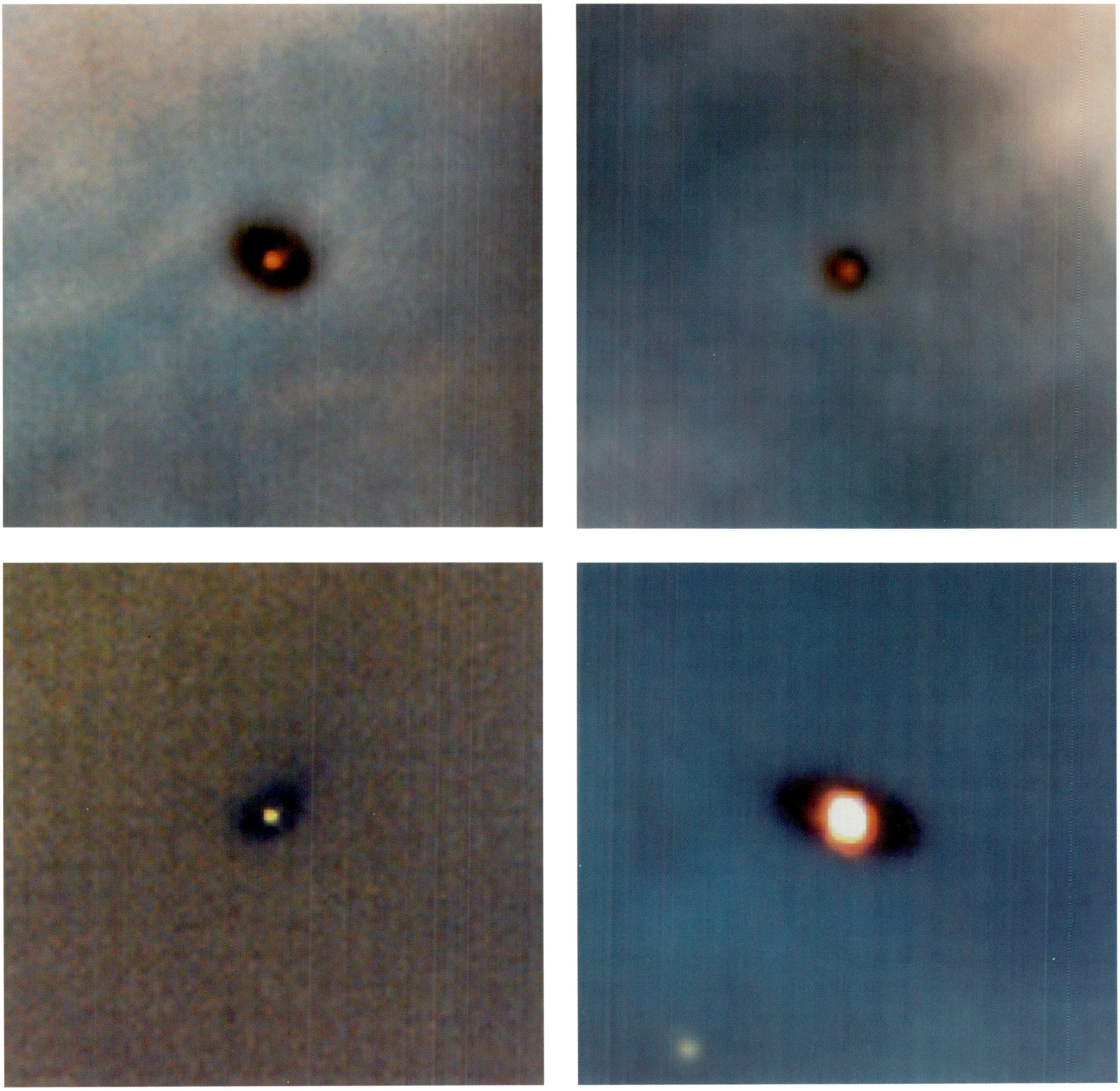

■ Hier sind vier der 150 Proplyds zu sehen, die im Orionnebel entdeckt wurden. Jedes Bild stellt einen Bereich von 250 Milliarden Kilometern Seitenlänge dar. Im Zentrum der jeweiligen Scheiben aus Gas und Staub erscheint ein sehr junger Stern, der eine Helligkeit aufweist, die mit derjenigen der Sonne vergleichbar ist.

die 10 Milliarden Jahre brauchen, um ihren Wasserstoffvorrat zu verbrennen: Zudem Rote Zwerge, die im Prinzip älter als 100 Milliarden Jahre werden können. Hierbei sind sich jedoch die Astronomen und die Biologen einig, daß die Roten Zwerge ausgenommen werden dürften, denn sie sind wahrscheinlich zu kalt und nicht hell genug, um eventuell vorhandene Planeten wirksam zu wärmen. Diese von Eis bedeckten Planeten würden in einer ewigen Dämmerung schlummern. Der Stern würde wie eine glanzlose Lichtquelle erscheinen, deren Helligkeit in den meisten Fällen kaum diejenige unseres Vollmondes übertreffen dürfte. Die geringe Masse der Roten Zwerge verbietet ihnen aber möglicherweise überhaupt, Planeten um sich zu sammeln. Kann man sich vorstellen, daß sich tatsächlich auf manchen der Millionen übrigbleibenden bewohnbaren Planeten irgendwelche Lebewesen entwickelt hätten? Wiederum befinden sich die einzigen Ansätze zu einer Antwort im Sonnensystem. In einem System, das etwa 70 Planeten und Monde zählt, hat es nur ein Planet geschafft, Lebensformen hervorzubringen.

Auf der Erde hat sich praktisch von Anbeginn, vor etwa 3,8 Milliarden Jahren, Leben entwickelt. Dies geschah zunächst sehr langsam, dann schlagartig seit dem Paläozoikum. Lebewesen eroberten alle denkbaren Lebensräume, von den dunklen Meerestiefen, die enormen Druckverhältnissen unterworfen sind, bis zu den hoch gelegenen Wüsten des Himalayas und der Atacama, wo die Luft eisig und sauerstoffarm ist. Was für ein gewaltiger Kontrast zwischen unserem lebensfreudigen Planeten, auf dem sich mindestens 1 Milliarde verschiedener Gattungen

■ Hier sieht man die Sternbilder Großer Bär, Bärenhüter und Jungfrau. Die Sterne 47 UMa und 70 Vir befinden sich in 45 bzw. in 75 Lichtjahren

entwickelt haben, und den anderen, sterilen Himmelskörpern des Sonnensystems.

DIE AUSSERGEWÖHNLICHE LAGE UNSERES PLANETEN

Worin unterschied sich ursprünglich unser Planet von anderen, um das Leben in solchen Maßen hervorbringen zu können? Obwohl die Antwort buchstäblich am Himmel, direkt über ihren Köpfen hing, ließen sich die Astronomen bis zum Beginn der neunziger Jahre Zeit, um sie zu entdecken: Es war ... der Mond. Erde und Mond stellen nämlich, neben Pluto und Charon, den einzigen Doppelplaneten des Sonnensystems dar. Der Mond, der uns so vertraut vorkommt, ist kein gewöhnlicher natürlicher Trabant wie die anderen, sondern eine wahre planetarische Besonderheit.

Im Gegensatz zu den Satelliten um Mars, Jupiter, Saturn, Uranus und Neptun, die um das 500- bis 50 000fache masseärmer sind als die Planeten, die sie umkreisen, ist der Mond nur um das 81fache masseärmer als sein Planet. Darum konnten sich Erde und Mond gegenseitig stabilisieren. Diese Gravitationskopplung,

Entfernung von der Erde. Jeder dieser sonnenähnlichen Sterne könnte einen Planeten als Begleiter besitzen.

so entdeckten es jüngst die Wissenschaftler, war von entscheidender Bedeutung für das Schicksal der Erde: Der Mond stabilisierte die Rotationsachse unseres Planeten und ermöglichte es ihm, eine konstante Sonnenbestrahlung und ein insgesamt relativ stabiles Klima aufrechtzuerhalten. Ohne diese vom Mond verursachte stabile Rotation hätte sich das Leben möglicherweise nie kontinuierlich im Laufe der Zeitalter zu immer komplexeren Formen weiterentwickeln können. Deshalb fangen wir an, den wertvollen Seltenheitscharakter unseres Heimatplaneten zu würdigen. Vielleicht verdanken wir unsere Existenz einer höchst unglaublichen Reihe von Zufällen, einer höchst geringen statistischen Wahrscheinlichkeit, die allein durch die astronomische Anzahl von Sternen in der Galaxis überhaupt erst möglich wurde. Wir wissen heute, daß weitere Planetensysteme im Universum vorhanden sind. Doch ist das unsere möglicherweise einzigartig. Selbst wenn es Millionen oder Milliarden anderer Welten gibt, so sind ihre Landschaften wahrscheinlich genauso leer und still wie die eisigen Ebenen von Enceladus oder Kallisto.

Rätsel im Herzen der Milchstraße

■ Die Milchstraße ist eine Spiralgalaxie. Die Sonne befindet sich in der Ebene dieser großen Scheibe, die aus mehreren hundert Milliarden Sternen besteht, und ist etwa 26 000 Lichtjahre vom galaktischen Zentrum entfernt. Auf dieser Infrarotaufnahme, die vom Cobe-Satelliten übermittelt wurde, ist die zentrale Verdickung zu sehen, in der sich Milliarden alter Sterne drängen.

■ Das galaktische Zentrum befindet sich im Sternbild Schütze, in der Mitte des Bildes. Auf dieser klassischen Aufnahme, die im Bereich des sichtbaren Lichtes gemacht wurde, ist der Kern vollkommen unsichtbar.

Über den Wüsten von Australien, Namibia oder Chile präsentiert sich unsere Galaxis ab Ende Juni in ihrer ganzen Pracht. Dann steht die Milchstraße im Zenit und erstreckt sich über den Himmel von einem Horizont zum anderen. In klaren Nächten funkelt dieser lange, silberne Streifen hell genug, um die Landschaft schwach zu erleuchten. Jedes Jahr zu dieser Zeit machen in den Observatorien der Anden begeisterte Astronomen eine berückende Erfahrung, die in ihnen kosmische Schwindelgefühle erregt. Sie legen sich auf den Boden und versuchen, den ganzen Himmel mit einem Blick zu erfassen. Nach einigen Minuten begreifen sie plötzlich die wahre Perspektive, die sich ihnen bietet, und sehen weit hinter dem wirren Sternmuster nicht mehr nur das durchscheinende Band der Milchstraße, sondern die ganze Tiefe unserer Galaxis im Querschnitt.

Unweigerlich wandert ihr Blick dann zum Zenit, den die Sternbilder Ophiuchus, Skorpion und Schütze langsam durchqueren. Mit bloßem Auge kann man dort den diffusen Kern der Galaxis erkennen, den dunkle Schwaden der Milchstraßenebene in zwei Teile teilen. Die Scheibe selbst ist von Nebeln und Sternhaufen übersät.

Das galaktische Zentrum

An der Grenze zwischen Skorpion und Ophiuchus, am Rande des Sternbilds Schütze versteckt sich das Zentrum unserer Galaxis. Es ist das begehrteste Objekt der gesamten Galaxis, aber auch das geheimnisvollste – denn es ist unsichtbar. Richtet man ein Teleskop auf diese Himmelsregion, sieht man nur einen Nebel aus Sternen. Auf Bildern scheinen sie dicht aneinandergedrängt zu stehen. Tatsächlich ist der Abstand zwischen ihnen in etwa so groß wie die Entfernung der Sonne zu ihren Nachbarn: mehrere Lichtjahre. Die Sichtlinie zum galaktischen Zentrum in 26 000 Lichtjahren Entfernung läuft genau durch die Milchstraßenscheibe. Diese Ebene ist mit Sternen übersät, und zudem absorbieren Wolken aus interstellarem Staub das dahinter liegende Licht. Somit ist die zentrale Region der Milchstraße von einem nahezu perfekten Filter geschützt, das nur ein Tausendstel Milliardstel des ausgesendeten Lichts hindurchläßt! Hier beträgt die interstellare Absorption etwa dreißig Größenklassen.

Dabei wissen die Astronomen schon seit geraumer Zeit von der Existenz dieses einzigartigen Punktes der Galaxis. Denn alle Sterne am Himmel umkreisen ihn! Die Messung der Rotation der

■ Interstellare Gas- und Staubwolken, die sich in der Scheibe der Milchstraße in großen Mengen befinden, verhindern vollständig die Sicht auf den galaktischen Kern. Infrarotaufnahmen ermöglichen es jedoch, durch diesen 26 000 Lichtjahre dicken Schleier hindurchzusehen. In der Mitte des Bildes erkennt man die Millionen Sterne, die sich um den galaktischen Kern drängen und einen großen, hellen Fleck bilden.

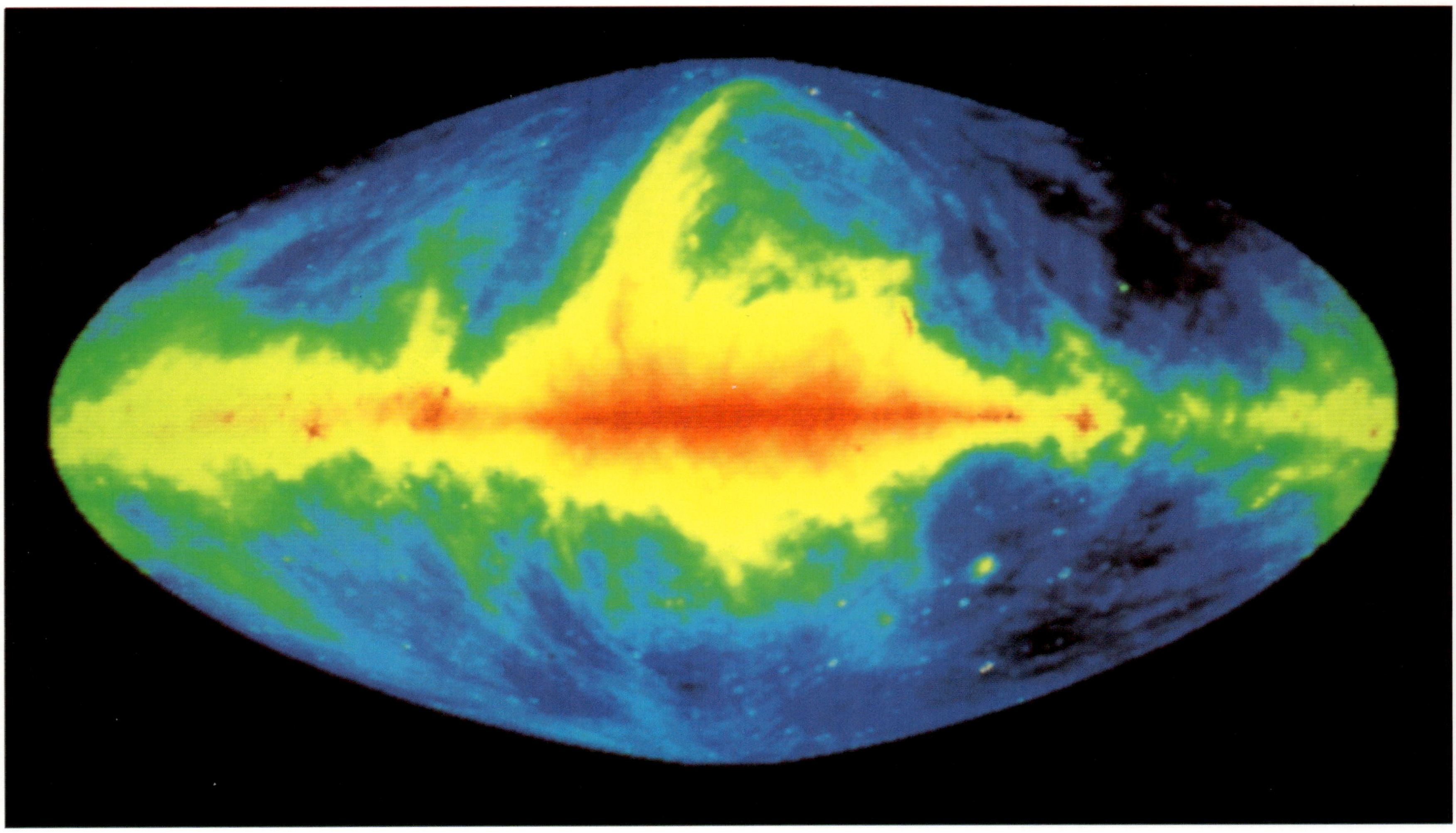

■ Diese Aufnahme im Radiobereich zeigt die gesamte Scheibe der Milchstraße. Der galaktische Kern befindet sich in der Mitte. Im Gegensatz zum sichtbaren Licht kann die Radiostrahlung die Schicht aus interstellarem Gas und Staub vollständig durchqueren.

Sterne in verschiedenen Entfernungen zur Sonne ermöglichte es Anfang des 20. Jahrhunderts, daß zunächst die globale Form der Galaxis, später die Lage ihres Zentrums mit großer Genauigkeit ermittelt werden konnte. Wenn sich die weite Spiralscheibe, in der sich die Sonne befindet, über etwa 80 000 Lichtjahre erstreckt, ist ihr Kern hingegen auf eine Kugel von Sternen begrenzt, die einen Durchmesser von nur 2 000 Lichtjahren aufweist. Bis heute hat niemand das galaktische Zentrum zu Gesicht bekommen. Es ist jedoch nicht besonders schwierig, sich eine grobe Vorstellung seiner Gesamtansicht zu machen: Die großen benachbarten Spiralgalaxien, die sich uns allesamt von oben, oder zumindest stark geneigt, präsentieren, zeigen alle den gleichen, winzigen, kompakten und hellen Kern, der mit der relativen Blässe ihrer weiten Sternenscheibe kontrastiert. Die Masse des geheimnisvollen und faszinierenden galaktischen Zentrums konnte über der Geschwindigkeit der Sterne, die es umkreisen, geschätzt werden. Der Himmelskörper, oder die Gruppe von Gestirnen, die die riesige galaktische Struktur zusammenhalten, ist ein wahres kosmisches Ungeheuer. Die Astronomen schätzen heute die Masse, die sich in einem Radius von 1 000 Lichtjahren um das Zentrum befindet, auf 10 Milliarden Sonnenmassen. Es handelt sich um eine unglaubliche Dichte von Sternen, die mit der Sonnenumgebung nicht zu vergleichen ist. In der Umgebung der Erde findet man etwa zwei Sterne in einem Würfel von 10 Lichtjahren Kantenlänge. Im galaktischen Kern beinhaltet derselbe Würfel wahrscheinlich mehr als 10 000 Sterne! Das Firmament in diesem Bereich dürfte extrem hell sein und sich als einen strahlenden Nebel präsentieren, in dem Tausende Sterne genauso glitzern wie Venus, Jupiter oder Sirius an unserem Himmel. Abgesehen von diesen Sternen ist wahrscheinlich nichts vom äußeren Universum sichtbar.

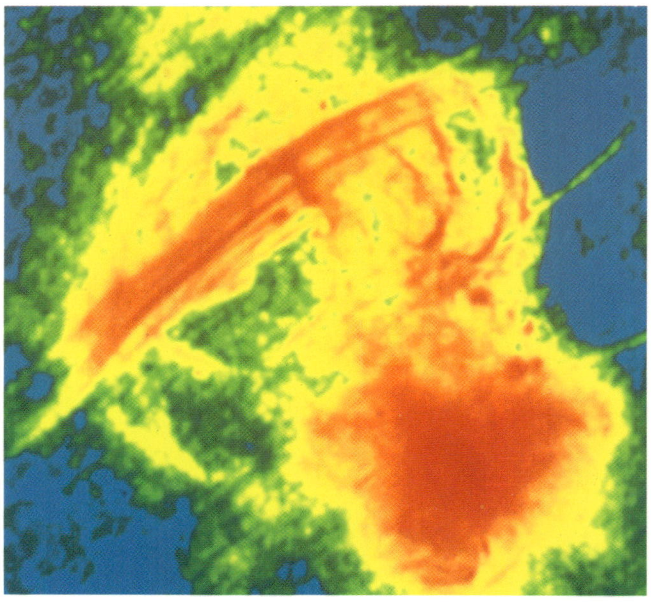

■ Für Radiowellen sind die Abermilliarden Sterne, die sich im galaktischen Kern drängen, unsichtbar. Auf diesem Bild sieht man, wie dichte Gasschwaden mit großer Geschwindigkeit aus der zentralen, sehr chaotischen Region der Galaxis entweichen.

Das galaktische Zentrum im eigentlichen Sinne befindet sich in der Mitte des Kerns. Bei der Erforschung anderer Galaxien haben die Astronomen begriffen, daß das Zentrum selbst noch spektakulärer sein muß. Insbesondere die Sternendichte schien zum Zentrum hin ins Uferlose anzusteigen. Für die Forscher war die Situation recht unbefriedigend: Obwohl sie diesen außergewöhnlichen Himmelskörper praktisch direkt vor Augen hatten, blieb er unsichtbar und erwies sich als genauso schwer zu erforschen wie die Kerne von Galaxien, die sich 100- oder 1 000mal weiter entfernt befinden. Technische Fortschritte halfen den Wissenschaftlern, die Schwierigkeiten zumindest teilweise zu überwinden.

Zunächst schafften Radioteleskope den Zugang zu den zentralen Regionen der Milchstraße. Sterne senden nämlich nur wenig Radiostrahlung aus. Auf 1, 10 oder 20 cm Wellenlänge ist die Galaxis nahezu durchsichtig. In diesen Bereichen des elektromagnetischen Spektrums kann nur das interstellare Gas beobachtet werden. Beim Kartografieren dieser Gaswolken entdeckten die Forscher vor etwa vierzig Jahren die Spiralstruktur der galaktischen Scheibe. Und vor etwa zwanzig Jahren konnten sie endlich durch den galaktischen Kern ins Herz der Galaxis vordringen. Vor kurzem wurden die großen Teleskope mit elektronischen Kameras ausgestattet, die sehr empfindlich auf Infrarotstrahlung reagieren. In dem Spektralbereich zwischen 1 und 100 Mikrometern Wellenlänge ist das Filter, das den galakti-schen Kern verdeckt, erheblich transparenter. Schließlich sind die Weltraumobservatorien, die mit empfindlichen Detektoren für Röntgen- und Gammastrahlung ausgestattet sind, in der Lage, die vom rätselhaften Zentrum ausgesendete Strahlung zu empfangen.

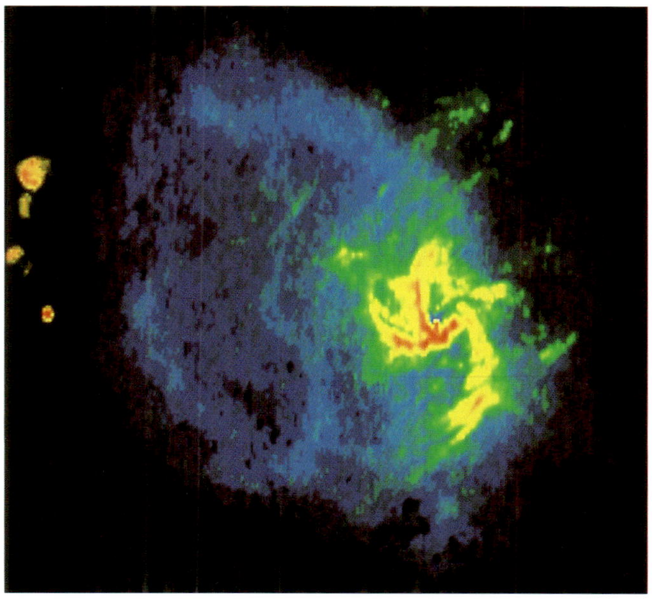

■ Diese Gesamtaufnahme von Sgr A* wurde im 21-cm-Bereich mit dem Netz aus 27 Antennen des VLA, in New Mexico, gewonnen. Das galaktische Zentrum, das in diesem Maßstab unsichtbar bleibt, befindet sich im Herzen des kleinen, spiralförmigen Nebels.

Sgr A*: Der galaktische Kern

Sehr schnell begriffen die Astronomen, daß der Kern, der – verglichen mit der gesamten Milchstraße – sehr klein ist, einen noch viel winzigeren zentralen Himmelskörper mit verwirrenden Eigenschaften verbarg. Obwohl dieses Objekt bekanntlich sehr klein sein konnte, mußten die Astronomen im Laufe der Zeit bei der Beobachtung mit besseren und höher auflösenden Instrumenten im Radio- und Infrarotbereich die angenommenen Maße immer wieder nach unten korrigieren. Bei der Untersuchung der Gasbewegungen im Kern konnten die Forscher zunächst eine Region von etwa 30 Lichtjahren Ausdehnung identifizieren, in der sich mehrere Millionen Sterne drängen, die in einem irrsinnigen Tempo um jenen einzigartigen, scheinbar schwindenden Punkt im Zentrum des galaktischen Raums kreisen. Am Anfang der achtziger Jahre empfingen die 27 Antennen des sehr großen Radiointerferometers VLA, das in New Mexico errichtet wurde, die ersten Bilder des Zentrums in Wellenlängen zwischen 1 und 21 cm. Auf diesen seltsamen Bildern, die erst nach langwierigen Arbeiten mit dem Computer wieder zusammengesetzt werden konnten, erscheint nur ein chaotischer Nebel, der riesige, unruhige und spiralförmige Gasflammen ausspeit. Dieser Nebel von weniger als 10 Lichtjahren Durchmesser scheint sich langsam um eine punktförmige, extrem helle Quelle aufzurollen, die sich genau in seinem Zentrum befindet. Mit der Entdeckung dieser Radioquelle, die von den Wissenschaftlern Sagittarius A, oder Sgr A*, genannt wurde, haben die Astronomen endlich ihr Ziel erreicht: es handelt sich tatsächlich um das galaktische Zentrum.

Kurz danach, in den neunziger Jahren, registrierten die Infrarotteleskope in der Nähe des Zentrums Hunderte von Überriesen. Diese stellen die gewaltigste Sternkonzentration der gesamten Galaxis dar. Sie sind mit Rigel oder Deneb vergleichbar. Obwohl sie auf den Infrarotaufnahmen kaum sichtbar sind, leuchten sie in Wirklichkeit jeweils wie 100 000 Sonnen. In einem Radius von 1,5 Lichtjahren um Sgr A* konnten mehr als 300 von ihnen gezählt werden. Dieser Haufen, IRS 16 genannt, stellt möglicherweise nur den sichtbaren Teil des Ganzen dar. Eine enorme Menge Sterne von schwächerer Leuchtkraft bleibt im Schutz des 26 000 Lichtjahre dicken galaktischen Filters unsichtbar. In dieser Region ist die Sternendichte eine Milliarde mal höher als in der Nähe unserer Sonne. Mit größter Vorsicht äußern die Astronomen Vermutungen zur Erklärung der unglaublichen Anhäufung von Überriesen im galaktischen Zentrum. Sie nehmen an, daß sich die Sterne in dieser Region der Galaxis extrem nah beieinander befinden. Die Entfernungen zwischen ihnen betragen keine 100 Milliarden Kilometer. Alle 10 000 Jahre im Schnitt verursacht diese extreme Enge eine Kollision zweier Sterne. Durch eben diese Fusion entstehen riesige Himmelskörper, die sicherlich die massereichsten Sterne der ganzen Galaxis darstellen.

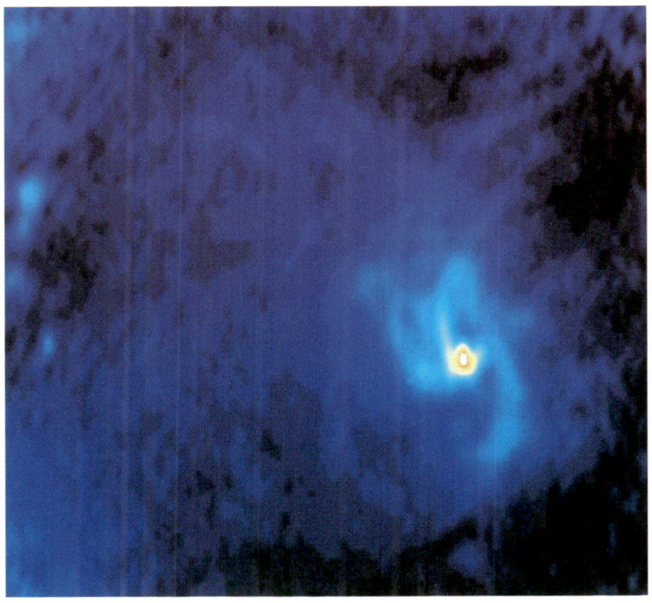

■ Der galaktische Kern im 2-cm-Bereich. Im Zentrum der Spiralstruktur von Sgr A* ist ein winziger, gelber und roter Fleck zu erkennen. Dahinter verbirgt sich möglicherweise ein Schwarzes Loch, dessen Masse bei über einer Million Sonnenmassen liegen dürfte.

Dort dürfte sich der Himmel in eine Feuersbrunst verwandeln und wie ein einziger, blendender Baldachin aussehen, der hier und dort mit einigen hundert Lichtquellen von unerträglicher Leuchtkraft gespickt ist. Jeder dieser ungeheuerlichen Sterne leuchtet wie 10 oder 100 Sonnen! Im gewaltigen Mahlstrom des galaktischen Zentrums, das sie in nur einigen tau-

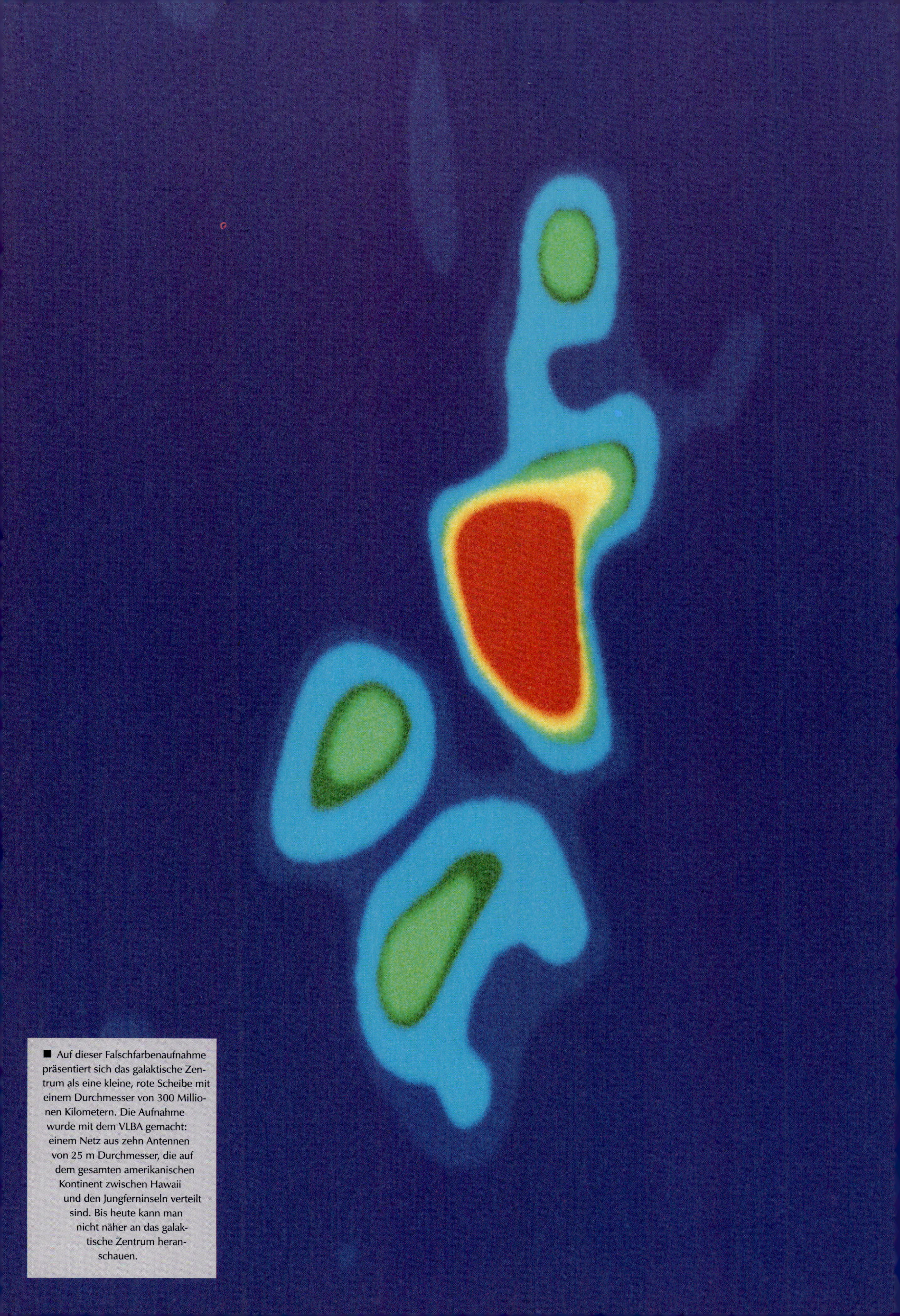

■ Auf dieser Falschfarbenaufnahme präsentiert sich das galaktische Zentrum als eine kleine, rote Scheibe mit einem Durchmesser von 300 Millionen Kilometern. Die Aufnahme wurde mit dem VLBA gemacht: einem Netz aus zehn Antennen von 25 m Durchmesser, die auf dem gesamten amerikanischen Kontinent zwischen Hawaii und den Jungferninseln verteilt sind. Bis heute kann man nicht näher an das galaktische Zentrum heranschauen.

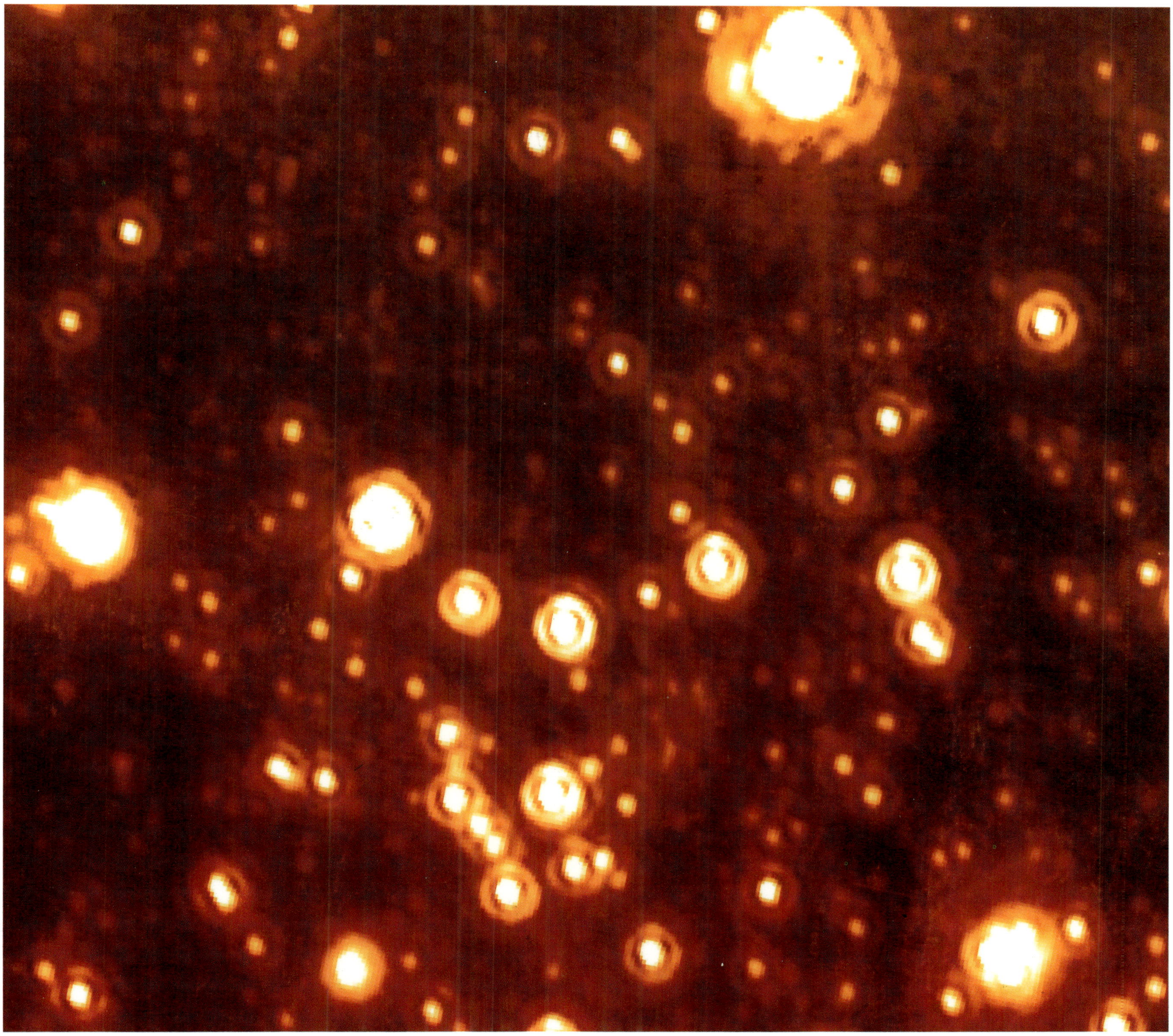

■ Dieses einzigartige Dokument wurde mit dem französisch-kanadischen Teleskop von Hawaii gewonnen. Die Aufnahme, die im 2,2 Mikrometer-Bereich des Infrarotlichtes gemacht wurde, zeigt deutlich den Überriesenhaufen, der sich mit großer Geschwindigkeit um den Kern dreht. Der Kern selbst erscheint als ein sehr kleiner Fleck im Zentrum des Bildes.

send Jahren umkreisen, zeigen diese Sterne kurzlebige, mobile Sternbilder, die sich im Rhythmus ihres schwindelerregenden Tanzes und der Supernova-Explosionen verformen …

Um was für ein Gebilde kreisen denn diese Sterne um die Wette? Sgr A* ist praktisch mit dem Teleskop unsichtbar, und die starke Radioquelle zeigt sich nur als ein unscharfer, sehr blasser Punkt auf den Infrarotaufnahmen. Heutzutage kann man das Objekt nur mit einem Radioteleskop direkt erforschen. Indirekt geschieht dies durch die Messung seines Einflusses auf die Gasschwaden und Tausende von Sternen, die es umgeben. Die Massenbilanz des galaktischen Zentrums stellte die Wissenschaftler lange Zeit vor ein Rätsel: Die Gesamtmasse, die Sgr A* umkreist, entspricht 2 Millionen Sonnenmassen. Doch die Masse des zentralen Punkts selbst könnte 1 Million Sonnenmassen übersteigen. Es blieb also zu klären, wonach diese seltsame Radioquelle aussah. Trotz der immer leistungsfähigeren Instrumente mußte noch ihre wirkliche Ausdehnung ermittelt werden, die sie bis zu der Zeit – im Gegensatz zu ihrem Gewicht – immer noch nicht preisgegeben hatte. 1992 wurde einige Zeit nach seiner Inbetriebnahme das größte Radiointerferometer der Erde, das VLBA, zum ersten Mal auf den zentralen Punkt gerichtet. Dieses VLBA ist ein Netz von zehn Antennen, die über den gesamten nordamerikanischen Kontinent verteilt aufgestellt sind. Dieses sehr leistungsfähige Instrument lieferte ein umwerfendes Bild von Sgr A*. Der Himmelskörper, um den sich die gesamte Galaxis dreht, erwies sich schließlich als ein winziger, ovaler Fleck, der einen Durchmesser von weniger als 300 Millionen Kilometern hat – das entspricht der doppelten Entfernung Erde-Sonne. Es kann sich nicht um einen Stern handeln. Die Sterne mit der größten bekannten Masse, die übrigens äußerst unstabil sind, erreichen nur mühsam 100 Sonnenmassen. Handelt es sich dann um einen sehr dichten Sternhaufen? Dies ist kaum denkbar: Es scheint unmöglich zu sein, mehrere Zehntausende Deneb, Rigel und Beteigeuze in einem so kleinen Raum zu versammeln. Die Gravitationsstörungen würden sehr schnell diese

■ Die Ebene der Milchstraße wurde 1983 vom amerikanischen Satelliten IRAS photographiert, der mit einem Infrarotteleskop ausgestattet war. Auf

Sterne aufeinander stürzen lassen und ein globales Inferno zur Folge haben.

Ein Schwarzes Loch im Herzen der Galaxis

Die Wissenschaftler sind der Meinung, daß nur ein Schwarzes Loch eine so gewaltige Masse bei einer so geringen Ausdehnung haben kann wie Sgr A*. Was sich im zentralen Punkt versteckt hält, ist ein wahres stellares Ungeheuer. Dieser verborgene Himmelskörper bildete sich wahrscheinlich vor Urzeiten nach dem Kollaps eines Überriesen. In der unglaublich dichten Umgebung des galaktischen Zentrums sind Sternenkollisionen – wenigstens im Maßstab der kosmischen Zeit – häufig. Das Schwarze Loch dürfte einen Stern, dann zwei, dann drei … zu sich angezogen haben. Allmählich nahm seine Masse zu – und damit seine Anziehungskraft. Die Allgemeine Relativitätstheorie verbietet es diesen Himmelskörpern nicht, sich unbegrenzt auszudehnen. Nach Meinung der Astrophysiker bilden sich kleine Schwarze Löcher bei den Supernovae am Lebensende der Überriesen. Diese stellaren Schwarzen Löcher weisen eine Masse auf, die zwischen 3 und 10 Sonnenmassen liegt, jedoch in einem Volumen von weniger als 3 km Duchmesser enthalten ist. Dabei ist die Natur ihrer Materie noch unbekannt. Bis heute hat noch keiner die Umgebung eines Schwarzen Lochs sehen können. Die Astronomen haben

diesem Bild, das im 100 Mikrometer-Bereich gemacht wurde, ist nur die Schicht aus interstellarem Gas und Staub sichtbar.

aber im Prinzip bis zu seinem Rand, der Ereignishorizont genannt wird, Zugang. Dieser Horizont begrenzt den Raum, in dem das Gravitationsfeld das Licht nicht entweichen läßt. Kein Physiker weiß, was sich jenseits dieses Horizontes abspielt. Im Falle des galaktischen Zentrums dürfte sich der Einfluß des Schwarzen Lochs, der proportional zu seiner Masse ist, vermutlich bis in 5 Millionen Kilometern Abstand, das heißt bis in 16 Lichtsekunden, auswirken.

Wenn die Teleskope in zehn bis zwanzig Jahren stark genug sind, um es den Wissenschaftlern zu ermöglichen, eine so weit entfernte und so kleine Region zu erforschen, wird man vielleicht die wirkliche Natur von Sgr A* entdecken. Heute vermuten die Astronomen, daß es sich um eine Scheibe aus heißem Gas handelt, die sich um einen unsichtbaren zentralen Punkt dreht, welcher sich auf immer und ewig hinter seinem Horizont versteckt. Ab und an stürzen mehrere Millionen Grad heiße Gasschwaden mit einer Geschwindigkeit von nahezu 300 000 km/s in den Horizont und senden dabei gewaltige Gammastrahlung aus – bis sie dahinter verschwinden. Die Scheibe wird vermutlich durch Gaswolken gespeist, die von Hunderten naher Überriesen herausgeschleudert werden, aber vermutlich auch durch ganze Sterne, die vom gewaltigen Anziehungsfeld des ungeheuerlichen, im Zentrum der Galaxis lauernden Schwarzen Lochs angezogen, zermalmt und verdaut werden.

Im Ozean der Galaxien

■ Die Galaxie M 83 im Sternbild Wasserschlange. Unsere eigene Galaxie, die Milchstraße, ähnelt möglicherweise jener herrlichen Balkenspirale, die sich in etwa 27 Millionen Lichtjahren Entfernung befindet. M 83 besitzt mehr als 100 Milliarden Sterne. Auf diesem Bild in echten Farben erscheint die Scheibe bläulich, weil sie von Millionen sehr junger Sterne bevölkert ist. Hingegen ist der Kern gelblich. Er besteht hauptsächlich aus alten Sternen.

■ M 100 ist eine der massereichsten bekannten Spiralgalaxien. Sie befindet sich in etwas mehr als 50 Millionen Lichtjahren Entfernung, im Sternbild Jungfrau.

Das Universum ist, soweit die leistungsfähigsten Teleskope durch Raum und Zeit dringen, von Galaxien bevölkert. Sie stellen die größten organisierten Strukturen des Kosmos dar. Es existieren keine Anordnungen größeren Maßstabs, die eine andere Klasse von Himmelskörpern erzeugen. Auf Bildern, die von Riesenteleskopen aufgenommen wurden, scheinen sie genauso zahlreich und zerbrechlich wie Schneeflocken im Sturm. Jedoch besteht jede einzelne Flocke aus Sternen. Dutzende, Hunderte, ja zum Teil Tausende Milliarden Sonnen wirbeln durch diese gespenstischen Gebilde, seien es junge, anmutige Spiralen oder alte, massereiche Ellipsen.

Die Galaxien sind wahre Welten für sich. In der Dämmerstunde des Weltalls kondensierten sie aus den beim Urknall entstandenen Elementen Wasserstoff und Helium. Von der universellen Expansion mitgerissen arbeiten sie die Materie endlos wieder auf. Sie modellieren das Gas ihrer Nebel und erleben Geburt, Entwicklung und Tod der Sterne in ihren Spiralarmen. Wieviele Galaxien gibt es aber am Himmel, und bis wohin können wir sie überhaupt wahrnehmen? Vier von ihnen, die Milchstraße inbegriffen, sind mit bloßem Auge gut sichtbar. An der Nordhemisphäre des Himmels befindet sich die beeindruckende Spirale Andromedagalaxie M 31. Durch eine glückliche Perspektive präsentiert sie sich nicht weit von den Cygnus- und Cepheus-Spiralarmen. Dieser blasse, ovale Schimmer erinnert an ein Spiegelbild unserer eigenen Galaxis. Dabei beträgt die Entfernung 2,5 Millionen Lichtjahre. Diese scheinbar enorme Distanz stellt im kosmischen Maßstab nur einen Katzensprung dar. An der Südhemisphäre des Himmels präsentieren sich zwei weitere, mit bloßem Auge sichtbare Galaxien in einer viel spektakuläreren Art und Weise als M 31. Sie sind uns viel näher und erinnern an Wolken oder abgerissene Fetzen der benachbarten Milchstraße. Die Große Magellansche Wolke ist eine kleine Galaxie in etwa 170 000 Lichtjahren Entfernung. Die Kleine Magellansche Wolke hat einen Abstand von 220 000 Lichtjahren.

Jenseits davon sind die Galaxien zu weit entfernt; ihre scheinbare Helligkeit ist zu schwach, als daß man sie mit bloßem Auge wahrnehmen könnte. Eine Zeitlang strebten die Astronomen danach, alle Galaxien zu katalogisieren, so auch Charles Messier (1730–1817), Astronom unter Ludwig XV., entdeckte etwa sechzig Galaxien. Messier hatte seinen berühmten Katalog erstellt, um bei der damals sehr beliebten Suche nach Kometen Ver-

■ Die spektakuläre Balkengalaxie NGC 2442 befindet sich im Sternbild Fliegender Fisch. Diese Aufnahme gelang mit dem 3,9-m-Teleskop des Siding Spring-Observatoriums in Australien. Sie zeigt einen auffallenden Streifen aus interstellarem Staub entlang der galaktischen Arme beim Vorbeiziehen der Spiralwelle. In NGC 2442 entstehen zur Zeit Millionen von Sternen.

■ Mehrere elliptische Riesengalaxien beherrschen den Fornax-Haufen, der etwa 60 Millionen Lichtjahre entfernt ist. Die elliptischen Galaxien sind nahezu frei von Gas und bringen seit Milliarden Jahren keine neuen Generationen von Sternen mehr hervor. In der Bildecke unten rechts ist die Spiralgalaxie NGC 1365 zu sehen.

wechslungen mit den Nebelflecken am Himmel zu vermeiden. Der Däne Johan Dreyer (1852–1926) listete bis Ende des 19. Jahrhunderts, nach drei Jahrzehnte langer Beobachtung, etwa 8 000 davon auf. Zum Zeitpunkt der Jahrhundertwende war den Astronomen die Unmöglichkeit des Vorhabens noch immer nicht bewußt. Damals ahnten sie noch nichts von der wahren Natur der kleinen, undeutlichen Flecken, die sie am Himmel entdeckten.

Zwischen 1950 und 1980 setzten die Astronomen am Mount Palomar-Observatorium, auf der Nordhalbkugel, und in den Observatorien von La Silla und Siding Spring, auf der Südhalbkugel, Schmidt-Spiegel ein. Mit diesen Instrumenten, die erstmals gestochen scharfe Weitwinkelaufnahmen ermöglichten, wollten sie eine komplette Kartographie des Himmels realisieren. Auf den belichteten Platten waren so viele Objekte abgebildet, daß man zur Galaxienzählung Scanner benötigte, die an leistungsstarke, mit einer Formenerkennungssoftware ausgestattete Computer gekoppelt waren. Mehrere Millionen Galaxien waren nämlich auf den Photoplatten festgehalten worden. Seitdem versucht man nicht mehr, die Galaxien zu zählen. Die Wissenschaftler begnügen sich damit, in manchen Regionen des Himmels mit den leistungsstärksten Teleskopen Sondierungsarbeiten durchzuführen und die Meßergebnisse für das gesamte Himmelsgewölbe hochzurechnen. Nach den neuesten Beobachtungen, die mit dem 10-m-Keck-Teleskop von Hawaii und dem Hubble-Weltraumteleskop durchgeführt wurden, gibt es bis zur erreichten Grenzhelligkeit von 30^m mehr als 50 Milliarden Galaxien.

Diese Milliarden Galaxien teilt man in vier Hauptgruppen ein, die bereits am Anfang des Jahrhunderts feststanden: Die Spiralgalaxien, die elliptischen Galaxien, die linsenförmigen Galaxien und die irregulären Galaxien.

Spiralgalaxien

Die spektakulärsten unter den Galaxien sind zweifelsohne die Spiralgalaxien. Die Milchstraße ist der Prototyp einer solchen Galaxie. Alle sind wie die Milchstraße sehr groß und sehr massereich. In den massEärmsten unter ihnen zählt man etwa ein Dutzend Milliarden Sterne. Die Milchstraße stellt mit einem Durchmesser von ungefähr 80 000 Lichtjahren und einer Gesamtmasse von rund 200 Milliarden Sonnen eine recht bedeutende Spiralgalaxie dar. Die größten ihrer Schwestern am Himmel sind jedoch noch viel beeindruckender. Unsere Nachbarin, die Andromedagalaxie M 31, besitzt mindestens doppelt soviel Masse. Die größten, bekannten Spiralgalaxien tragen die Bezeichnungen NGC 6872, NGC 1961 und UGC 2885. Sie sind möglicherweise zehnmal massereicher und größer. Rekordhalter ist zur Zeit NGC 6872 im Sternbild Pfau, in 200 Millionen Lichtjahren Entfernung. Sie hat einen Durchmesser von 800 000 Lichtjahren. Alle Spiralgalaxien weisen ein ähnliches Erscheinungsbild auf. Und doch unterscheiden sie sich im Detail voneinander. Sogar wenn die Astronomen Tausende von diesen Galaxien auf den von den Riesenteleskopen übermittelten Bildern miteinander vergleichen, finden sie immer feinste morphologische Unterschiede oder Eigenschaften, die auf ihre jeweilige Geschichte aus Sterngeburten, Supernova-Explosionen und stürmischen Begegnungen mit anderen Galaxien zurückzuführen sind.

■ Die Riesenbalkengalaxie NGC 1365, in einer Detailaufnahme des australischen Siding Spring-Observatoriums. Diese Galaxie aus dem Fornax-Haufen ist besonders „fruchtbar" und zählt Millionen von jungen, blauen Überriesen. Ihnen verdankt die beeindruckende Spiralstruktur ihre Farbe.

Eine Spiralgalaxie ist eine ausgedehnte Sternenscheibe, die in ihrer Mitte eine Verdickung aufweist. Die zentrale Verdickung, also der Kern einer Galaxie, ist recht klein, hell und extrem massereich. Sie besteht aus Sternen, die eine niedrige oder mittlere Masse aufweisen und mehrere Milliarden Jahre alt sind. In der Scheibe verläuft die majestätische Spiralstruktur, die Millionen sehr heller, junger Sterne beherbert. Die Spiralscheibe sieht immer gleich aus: Sichtbar ist zunächst die weit ausgedehnte Region zwischen den beiden Spiralarmen. Diese Zone ist von älteren, weniger hellen und sonnenähnlichen Sternen bevölkert. Es folgt die Innenseite des Spiralarms, eine Art Antispirale, die oft genauso dunkel ist wie das Schwarz des Weltalls, als hätten dunkle Nebel eine Kohlezeichnung anfertigen wollen. Sodann erscheinen die Ketten ionisierter Nebel, die hauptsächlich aus Wasserstoff bestehen und die galaktischen Arme in ein blasses Rosa färben. Zuletzt kommen die eigentlichen Spiralarme. Diese mehr oder minder schmalen Gebilde wickeln sich ein-, zwei- oder dreimal um die Galaxie. Ihre Helligkeit und die charakteristische, bläuliche Farbe verdanken sie einigen Dutzend Tausend Überriesen. Da die Spiralarme langsamer kreisen als der allgemeine Strom der Sterne, scheint sich die Spiralstruktur in den Augen eines außenstehenden – und sehr geduldigen … – Beobachters in die entgegengesetzte Richtung zu drehen! Eine Wahrnehmung, die dem gesunden Menschenverstand widerspricht, aber von der feinen Struktur der Spiralarme deutlich bewiesen wird: Zunächst ist außen das interstellare, kalte und dunkle Gas, das in den Windungen kondensiert; dann gibt es weiter innen die hellen Nebel und ihr Gefolge von entstehenden, sie erleuchtenden Sternen. Somit betreten die Sterne die Spirale von der Innenseite, durchqueren sie sodann und überholen sie.

Alle ähneln einander – und doch sind sie alle verschieden: Die Spiralgalaxien werden in sechs große Gruppen unterteilt. Diese Klassifikation, die bereits 1925 vom amerikanischen Astronom Edwin Hubble vorgeschlagen wurde, ziehen wir der aktuelleren, jedoch komplexeren und ästhetisch weniger schönen Klassifikation von Gérard de Vaucouleurs vor. In der Hubble-Klassifikation gibt es zunächst die S-Gruppe, mit den Untergruppen Sa, Sb, Sc und Sd, die eine allmähliche Verkleinerung des Kerns gegenüber der Scheibe aufweisen. Sc-Spiralgalaxien beispielsweise haben einen kleinen, unscheinbaren Kern. Dafür erstrecken sich in der Scheibe sehr helle, unregelmäßige und fragmentierte Spiralarme.

Wenn sich die Spiralstruktur aus einem in die Länge gezogenen Kern entwickelt, spricht man von Balkenspiralgalaxien, die mit den Buchstabensymbolen SBa, SBb, SBc und SBd gekennzeichnet werden. Bis heute weiß man nicht, welcher Klasse unsere eigene Galaxis angehört. Manche Wissenschaftler behaupten, sie sei das nahezu identische Spiegelbild der Andromedagalaxie M 31, dieser majestätischen Sb-Spirale, oder aber von NGC 2997. Andere wiederum sind der Meinung, sie sei eher eine Balkengalaxie der Klasse SBb, die eine gewisse Ähnlichkeit mit M 83 im Sternbild Wasserschlange haben könnte. Seit mehreren Jahrzehnten versuchen die Astronomen die Ursache für die Spiralstruktur der Galaxien herauszufinden. Trotz der Regelmäßigkeit und der beinahe mathematischen Schönheit der Spiralgalaxien ist es bislang nicht gelungen, deren Geheimnis zu durchleuchten.

■ Die Galaxie NGC 3992 befindet sich im Sternbild Großer Bär. Ihre wunderbare Spiralstruktur weist eine verblüffende Symmetrie auf. Kleine, bläuliche Nebel sind in den galaktischen Armen zu erkennen. Es sind Regionen, in denen sehr viele Sterne entstehen.

Zu Unrecht glaubten sie lange, daß das gesamte Phänomen der Spiralgalaxien trotz seiner Vielfalt durch einen einzigen, dynamischen Prozeß zu erklären sei. So haben manche Spiralen nur einen oder zwei Arme, die sich mehrfach in der Ebene ihrer galaktischen Scheibe winden. Andere Galaxien, wie möglicherweise die Milchstraße, haben drei oder vier Arme. Ein bedeutendes Indiz zum Verständnis der Spiralstrukturen wurde nach der statistischen Untersuchung mehrerer tausend Galaxien gefunden: Es existiert keine Zwergspiralgalaxie. Die ursprüngliche Masse der Galaxie scheint also ein Schlüsselfaktor zu sein. Dank der auf Großrechenanlagen durchgeführten, numerischen Simulationen entdeckten kürzlich die überraschten Theoretiker, daß die Spiralstruktur einer rotierenden Scheibe aus Abermilliarden Sternen spontan erscheint, und sich dann allmählich, nach einigen Hundertmillionen Jahren, auflöst. Diese Spiralstruktur konnten die ersten Simulationen jedoch nicht aufrechterhalten. Die Wissenschaftler entdeckten schließlich, daß eine leichte Störung des empfindlichen, galaktischen Gravitationsfelds, beispielsweise durch das nahe Vorbeiziehen einer anderen Galaxie, bereits ausreichte, um den Prozeß der Spiralbildung wieder in Gang zu setzen oder aufrechtzuerhalten. Im Universum gibt es haufenweise Beispiele für Paare oder Gruppen von Galaxien, deren Spiralarme sich unter der Anziehungskraft einer Nachbargalaxie verformten, vergrößerten oder geradezu aufglühten. So könnten zumindest die einfachen Spiralstrukturen entstanden sein. Doch weisen zahlreiche Galaxien eine Scheibe auf, die aus unzähligen Armsegmenten besteht. Ihre faserige und durchscheinende Struktur ist erstaunlich komplex. Die Ursache hierfür liegt wahrscheinlich in einer Kette von Supernova-Explosionen: Durch die erzeugten Stoßwellen wird das interstellare Medium in der Umgebung komprimiert und in ein glühendes Inferno verwandelt. Junge Sterne entstehen, die dann ihrerseits explodieren. Im Laufe der Zeit bilden die hellsten unter diesen Sternen, die Blauen Überriesen, die Spiralstruktur der Galaxien. Wie eine Flamme entlang einer Zündschnur bringen sie die interstellare Materie zum Brennen. Mit unterschiedlichen Geschwindigkeiten vervollständigt die Rotation der galaktischen Scheibe den Prozeß: Der interstellare Brandherd rollt sich um die Galaxie und schmiegt sich den Windungen der Spirale an.

■ Detailphoto der Galaxie M 100 im Sternbild Jungfrau. Diese Aufnahme, die vom Hubble-Weltraumteleskop aufgenommen wurde, zeigt mit einer unglaublichen Bildschärfe die filigrane Spiralstruktur der Galaxie. Zahlreiche Überriesen, die etwa 100 000mal heller sind als die Sonne, sind in der galaktischen Scheibe zu sehen. Fünf Supernovae wurden in dieser Riesengalaxie im Laufe des 20. Jahrhunderts entdeckt.

■ NGC 253 ist eine Spiralgalaxie im Sternbild Bildhauer in etwa zehn Millionen Lichtjahren Entfernung. Sie präsentiert sich fast von der Seite und zeigt eine an Gas und Staub besonders reiche Scheibe.

Die kleinen, rötlichen Flecken in der Scheibe von NGC 253 sind leuchtende Nebel, ähnlich dem Orionnebel in der Milchstraße.

Elliptische Galaxien

Im Gegensatz zu Spiralgalaxien zeigen elliptische Galaxien keine besondere Struktur und keine spektakuläre Form. Ihre äußere Erscheinung ist einfach und regelmäßig. Sie nehmen die weiche Form eines Ellipsoids an. Einfacher gesagt: Sie sehen aus wie große, fast kugelförmige Schneebälle oder wie mehr oder minder ovale Eier. Tatsächlich klassifiziert sie Edwin Hubble in seinem bekannten Galaxienkatalog nach der Form ihrer Ellipse von E0 bis E7. Dabei weisen E0-Galaxien die geringste, E7-Galaxien hingegen die größte Abplattung auf. In der Gruppe der elliptischen Galaxien befinden sich zugleich die kleinsten und die größten Galaxien. Die elliptischen Zwerggalaxien, wie das Draco-System und das Leo-2-System, beinhalten weniger als eine Million Sterne, und ihre Leuchtkraft ist 100 000mal geringer als die der Milchstraße.

Weit beeindruckender sind jedoch die elliptischen Riesengalaxien. Manche von ihnen sind 10mal heller als die Milchstraße. Sie sind von einer schwindelerregenden Anzahl von Sternen bevölkert. Diese außergewöhnlichen Himmelskörper, in denen sich mehr als 10 000 Milliarden Sterne tummeln können, sind die größten bekannten Galaxien. Die Sternpopulation der elliptischen Galaxien ist bemerkenswert homogen. Sie sind fast vollkommen frei von interstellarem Gas, beherbergen keine Nebel und bringen darum auch keine neuen Sterne hervor. Außerdem kann es in den elliptischen Galaxien nur wenige junge, warme, massereiche und sehr helle Sterne geben; denn sonst könnte man diese jungen Sterne leicht auf Aufnahmen oder durch Spektralanalysen ausfindig machen. Daraus schließen die Astronomen, daß die Sternentstehung in den elliptischen Galaxien seit mehreren Milliarden Jahren aufgehört hat. Es sind also sehr alte Himmelskörper, die von einigen hundert bis einigen tausend Milliarden massearmer Sterne – insbesondere von Roten Riesen, und von Roten und Weißen Zwergen – bevölkert sind.

Linsenförmige und irreguläre Galaxien

Die linsenförmigen Galaxien, die in der Hubble-Klassifikation S0-Galaxien heißen, weisen Eigenschaften auf, die sie teils mit den elliptischen, teils mit den spiralförmigen Galaxien gemein haben. Von den elliptischen Galaxien haben sie den großen Kern aus alten Sternen, von den Spiralgalaxien die stellare Scheibe übernommen. Doch ihre Scheibe ist fast frei von Gas und von jungen Sternen und weist keinerlei Spur einer Spiralstruktur auf. Dies ist ein Zeichen dafür, daß die linsenförmigen Galaxien, wie die elliptischen, keine neuen Sterne mehr hervorbringen.

■ NGC 6822 ist eine der Nachbargalaxien der Milchstraße. Es handelt sich um eine kleine, irreguläre Galaxie in weniger als 2 Millionen Lichtjahren Entfernung. Die hellsten Sterne der Galaxie sind auf diesem Bild sehr gut zu sehen, das mit dem 3,9-m-Teleskop des Siding Spring-Observatoriums aufgenommen wurde.

Bleiben die irregulären Galaxien: Wie der Name es schon sagt, lassen diese Galaxien keine gemeinsame geometrische Form und keine besondere Symmetrie in ihrer Struktur erkennen. Manchmal allerdings zeigen sie den Ansatz eines Kerns und einer Scheibe, womit sie an den ungeschickten und mißlungenen Entwurf einer Spiralgalaxie erinnern. Wie letztere sind die irregulären Galaxien von alten und jungen Sternen bevölkert. Sehr reich an Gas – die Nebel können 10 bis 30 % ihrer Masse ausmachen – werden die irregulären Galaxien von zahlreichen, Blauen Überriesen bevölkert, die erst einige Millionen Jahre alt sind. Abgesehen von den elliptischen Zwerggalaxien stellen die irregulären Galaxien die kleinsten und masseärmsten Galaxien dar. NGC 6822 im Schütze, beispielsweise, hat einen Durchmesser von nur 6 000 Lichtjahren und eine Masse von weniger als 400 Millionen Sonnenmassen. Andere, so etwa die Kleine Magellansche Wolke, erreichen zwei Milliarden Sonnenmassen. Die massereichsten irregulären Galaxien haben möglicherweise eine Masse von mehr als zehn Milliarden Sonnenmassen. Dies ist jedoch noch relativ bescheiden, verglichen mit einer Riesenspiralgalaxie wie der Milchstraße mit ihren mindestens 200 Milliarden Sternen, vielleicht sogar noch zwei- oder dreimal mehr.

Verteilung und Geschichte der Galaxien

Wie verteilen sich diese vier großen Galaxienklassen in der Umgebung der Milchstraße? Berücksichtigt man nur die hellen Objekte, die mindestens 10 Milliarden Sterne aufweisen und sich in einer Entfernung von bis zu einigen Dutzend Millionen Lichtjahren befinden, findet man mehr als 60 % Spiralgalaxien, etwa 20 % S0-Galaxien, 15 % elliptische Galaxien und weniger als 5 % irreguläre Galaxien. Doch begünstigt eine solche Zählweise die helleren Galaxien zuungunsten der Zwerggalaxien. Tatsächlich stellten kürzlich die Astronomen fest, daß die elliptischen Zwerggalaxien wahrscheinlich die größte Galaxiengruppe stellen, obwohl ihre Masse, verglichen mit derjenigen der großen spiralförmigen und elliptischen Galaxien, unerheblich ist.

Wie entstanden also die großen von Hubble eingeführten Galaxienklassen? Manche, auch Hubble selbst, dachten zunächst an eine chronologische Entwicklung. Aus den elliptischen hätten sich langsam linsenförmige, schließlich spiralförmige Galaxien entwickelt. Andere waren der gegenteiligen Meinung, daß die Spiralgalaxien zu linsenförmigen, dann zu elliptischen Galaxien wurden. Heute steht fest, daß die vier Hubble-Klassen keine zeitliche Galaxienentwicklung widerspiegeln. Der Beweis wurde

■ Die Spiralgalaxie M 104 im Sternbild Jungfrau, rund 50 Millionen Lichtjahre entfernt, ist eine der

damit erbracht, daß man in manchen Regionen der irregulären Galaxien – wie auch im Zentrum der Spiralgalaxien – sehr alte Sterne entdeckt hat, die für elliptische Galaxien typisch sind.

Heute sind die Wissenschaftler also zu dem Schluß gekommen, daß die meisten Galaxien in etwa zeitgleich mit ihren ältesten Sternen entstanden. In dieser Theorie hätten die Bedingungen, die bei der Entstehung der Galaxien herrschten, den Ausschlag für ihre Weiterentwicklung als spiralförmige, oder aber als elliptische Galaxien gegeben.

Wann und wie sind die Galaxien entstanden? Keiner weiß es. Gemäß der Urknall-Theorie erkaltete die Materie des Universums, die zunächst heiß und homogen war. Sie kühlte ab, zeigte allmählich erste Unregelmäßigkeiten in der Verteilung und kondensierte im Laufe der Zeit. Vor 12 oder vor 15 Milliarden Jahren hat sie mehr oder minder sphärische oder elliptische Klümpchen, sprich Protogalaxien, gebildet. Unter dem Einfluß ihrer eigenen Schwere kollabierten diese ausgedehnten Gaskondensationen in sich selbst und fingen dabei langsam an zu rotieren. Die Zentrifugalkraft führte zu einer Abplattung der rotierenden Gaswolke und zur Herausbildung einer Scheibe, die in der Nähe der Rotationsachse verdickt ist, was genau der Form der Spiralgalaxien entspricht. Als die Gasdichte der Protogalaxie ausreichend war, setzte eine zweite Phase der Fragmentierung und des Kollabierens ein. Diesmal ent-

schönsten Galaxien: In ihrem Zentrum verbirgt sich möglicherweise ein massereiches Schwarzes Loch.

standen die Sterne. Im Falle der elliptischen Galaxien vermuten manche Theoretiker, daß die Rotation des Gases langsamer war, und daß die Sternentstehung früher, nämlich parallel zum Kollaps der Protogalaxie, einsetzte. Nach Meinung jener Wissenschaftler wäre dies die Erklärung dafür, daß die Sterne in den elliptischen Galaxien regelmäßig verteilt sind, und daß die Sternendichte zum Zentrum hin zunimmt.

Es sind aber noch sehr viele Fragen offen: Warum haben zum Beispiel die elliptischen und linsenförmigen Galaxien ihr gesamtes interstellares Gas in Sterne verwandelt? Warum bringen hingegen spiralförmige und irreguläre Galaxien, zwölf oder fünfzehn Milliarden Jahre nach ihrer Entstehung, immer noch zehn, hundert oder tausend neue Sterne pro Jahr hervor? Schritt für Schritt breitete sich der Gedanke aus, daß die Galaxien im Laufe von Milliarden Jahren ihre eigene Entwicklung durchmachten, ihre eigene Geschichte schrieben. Bis vor einigen Jahren konnte sich niemand vorstellen, wie diese Geschichte aussah. Um die im dunkeln liegende Vergangenheit der Galaxien zu enträtseln, hatten die Astronomen zunächst nicht genügend Abstand. Das Universum hätte von einer viel weiteren Perspektive in Raum und Zeit aus erforscht werden müssen. Die genaue Beobachtung jedes einzelnen Bausteins – und wenn es Abermilliarden davon gibt – führte zu nichts.

Die Struktur des Kosmos

■ In etwa 50 Millionen Lichtjahren Entfernung von der Milchstraße befindet sich der Virgo-Haufen. Er zählt fast 3 000 Galaxien. Auf dem Bild ist nur das Herz dieser ausgedehnten Ansammlung sichtbar. Es wird von zwei elliptischen Riesengalaxien, M 84 und M 86, beherrscht. Jede dieser Galaxien wird von etwa 10 000 Milliarden Sternen bevölkert. Rechts im Bild ist eine Spiralgalaxie zu sehen. Sie wird durch die Gravitationsanziehung ihrer beiden massereichen Nachbarinnen verformt.

■ Die interstellaren Staubwolken in der Scheibe der Andromedagalaxie sind im Vordergrund vor ihrem gleißend hellen Kern zu sehen. Die Astronomen vermuten, daß im Zentrum von M 31 ein Schwarzes Loch vorhanden ist.

Die Galaxien stellen die grundlegenden Zellen des Universums dar. Dennoch sind sie nicht gleichmäßig im gesamten Weltraum verteilt, sondern neigen dazu, sich in manchen Gebieten anzuhäufen. Unsere Galaxis, die Milchstraße, steht also nicht isoliert im Kosmos, sondern ist das Anziehungszentrum einer kleinen Anzahl von Galaxien, die viel kleiner sind als sie. Ganz in der Nähe – im kosmischen Maßstab – herrscht ihre beeindruckende Nachbarin, die Andromedagalaxie M 31, über einen weiteren kleinen außergalaktischen Hofstaat. Die Milchstraße und M 31 sind die beiden Hauptbestandteile eines kleinen Komplexes, der durch die Gravitation zusammengehalten wird.

Diesen Galaxienkomplex nennt man die Lokale Gruppe. Könnte ein intergalaktischer Reisender die Lokale Gruppe aus einiger Entfernung beobachten, wäre er von ihrem Anblick beeindruckt. Er würde zunächst zwei glänzende Spiralen sehen, die schwebend durch das All tanzen. Sie sind beachtliche 2,5 Millionen Lichtjahre voneinander entfernt. Diese Distanz entspricht dem 20fachen ihres eigenen Durchmessers. Um diese beiden Riesen würde der Reisende dann einen Schwarm leuchtender Flocken beobachten: Manche wären gut sichtbar, klein aber hell, andere kaum wahrnehmbar, winzig und durchscheinend, als würden sie sich in die schützenden Arme der Riesenspiralen schmiegen. Insgesamt sind es mehrere Dutzend Galaxien, die sie – eingebunden von der enormen Gravitationsanziehung der Milchstraße und der Galaxie M 31 – umkreisen. Für ihren Umlauf benötigen sie mehrere hundert Millionen Jahre. Die Große und die Kleine Magellansche Wolke sind die zwei Hauptsatelliten der Milchstraße. Sie befinden sich in 170 000, beziehungsweise in 220 000 Lichtjahren Entfernung. Die Masse der Großen Magellanschen Wolke beträgt 10 Milliarden Sonnenmassen. Die Kleine Magellansche Wolke weist eine Masse von 2 Milliarden Sonnenmassen auf. Aber es befinden sich auch wesentlich kleinere Galaxien ganz in unserer Nähe. Sie sind sogar so unscheinbar, daß sie erst in den fünfziger Jahren entdeckt wurden. Es sind die Systeme Leo I und Leo II sowie das Draco-System, das weniger als 100 000 Sterne zählt.

Die Andromedagalaxie M 31 ist eine Art Milchstraße der Superlative. Diese Riesengalaxie ist mit einem Durchmesser von mehr als 150 000 Lichtjahren größer, und mit etwa 1 000 Milliarden Sterne wahrscheinlich massereicher als alle anderen Galaxien der Lokalen Gruppe zusammen. Diese riesige Sb-Spiralgala-

■ M 31, die berühmte Andromedagalaxie. Diese Riesenspiralgalaxie, die vermutlich mehr als 1 000 Milliarden Sterne zählt, befindet sich in etwa 2,5 Millionen Lichtjahren Entfernung von der Milchstraße. Sie wird von zwei Satelliten begleitet: den elliptischen Galaxien M 32, links, und NGC 205, rechts. Die tausend Sterne, die im Vordergrund zu sehen sind, gehören unserer eigenen Galaxis an.

■ Im Zentrum des Virgo-Haufens befindet sich eine der massereichsten bekannten Galaxien des Universums. M 87 zählt mehr als 10 000 Milliarden Sterne. Auf diesem Bild sind die zahlreichen Objekte um M 87 keine Sterne, sondern Kugelsternhaufen. Oben links kann man zwei kleine Galaxien erkennen. In einigen hundert Millionen Jahren wird sie die Riesengalaxie verschlungen haben.

xie hat viele Ähnlichkeiten mit unserer eigenen Galaxis. Sie ist nahe genug, um uns viele von ihren Sternen zu offenbaren: Rote Riesen, blaue Überriesen und Veränderliche. Diese astrophysikalische Brutstätte ist für die Forscher von außergewöhnlicher Bedeutung, da sie darin Prozesse untersuchen können, die auch in der Milchstraße vonstatten gehen. Die Andromedagalaxie ist uns so nahe, daß blaue Überriesen, wie Rigel oder Deneb in unserer Galaxis, leicht ausfindig zu machen sind. Ihre scheinbare Helligkeit beträgt nämlich 17^m. Ähnliche Sterne wie Wega im Sternbild Leier, Arktur im Rinderhirten oder Aldebaran im Stier weisen eine Helligkeit von nur 25^m auf, verschwinden also im Sternennebel der Galaxie M 31 und sind dadurch viel schwerer wahrnehmbar. Was die Zwillingsschwestern der Sonne betrifft, die es kaum bis zu einer Helligkeit von 29^m schaffen, so bleiben sie bis heute unsichtbar: Sie verschmelzen in den silbernen Armen der schönen Spirale, selbst wenn man versucht, sie mit dem Hubble-Weltraumteleskop zu beobachten.

Die Lokale Gruppe

Die Astronomen vermuten, daß der Kern der Andromedagalaxie – wie der Kern der Milchstraße und die Kerne vieler Galaxien im Universum – ein Schwarzes Loch beherbergt. Das Schwarze Loch der Milchstraße könnte, nach den letzten Schätzungen, eine Masse von 3 Millionen Sonnenmassen aufweisen. Das Schwarze Loch der Andromedagalaxie aber könnte sogar 70 Millionen Sonnenmassen erreichen. Das mutmaßliche Schwarze Loch von M 31 ist genauso wenig wie dasjenige der Milchstraße mit unseren optischen Geräten zu beobachten. Es handelt sich um einen – im galaktischen Maßstab – winzigen Himmelskörper. Wie könnte man auch einen Punkt von weniger als einer Lichtminute Durchmesser in 2,5 Millionen Lichtjahren Entfernung sehen?

Rund um die Uhr wird die Andromedagalaxie von Berufs- und Hobbyastronomen beobachtet. Bei einer so großen Galaxie, die reich an interstellarem Gas ist und von Tausenden Blauer Überriesen bevölkert wird, erwartet man, daß über kurz oder lang einer von diesen Riesensternen explodiert. Ein solches Ereignis fand bereits 1885 statt. Sollte eine helle Supernova bald in der Andromedagalaxie auftauchen, so wäre sie von der Erde aus vielleicht sogar mit bloßem Auge sichtbar.

M 32 und NGC 205 sind die beiden Hauptsatelliten dieser Riesenspirale. Es handelt sich um zwei sehr alte elliptische Zwerggalaxien, die seit mindestens 5 Milliarden Jahren keine neuen Sterne mehr hervorbringen. Dafür, daß es sich um Zwerggalaxien handelt, weisen sie eine beachtliche Masse auf: M 32 erreicht 3 Milliarden Sonnenmassen, und NGC 205 kommt sogar auf mehr als 10 Milliarden.

Nicht weit von M 31 entfernt schwebt schließlich eine weitere feine Spiralgalaxie durch den Raum: Die Dreiecks-Galaxie M 33. Die Scheibe dieser Sc-Galaxie zeigt breite, chaotische Arme, in denen Tausende Blauer Überriesen glitzern. Die dazwischen liegenden Nebelstreifen werden manchmal von der Druckwelle früherer Supernovae weggefegt. An der Spitze des nördlichen Arms von M 33 befindet sich ein riesiger Nebel, der seinesgleichen in unserer Galaxis sucht. Dieser Nebel, NGC 604, brachte vor einigen Millionen Jahren Hunderte von Blauen Überriesen hervor. Auch hier wird es bald zu einer Supernova-Explosion kommen. M 33 befindet sich in etwa 2,7 Millionen Lichtjahren Entfernung von der Erde und ist somit etwas weiter von uns entfernt als M 31. In sehr klaren Herbstnächten schaffen es manche erfahrene Hobby-Astronomen, diese Galaxie mit bloßem Auge zu sehen.

Die meisten Astronomen sind überzeugt davon, daß die Lokale Gruppe fast hundert Mini-Galaxien zählt und nicht auf die dreißig heute bekannten Himmelskörper begrenzt ist. Denn zunächst einmal bleiben manche Zwerggalaxien unentdeckt. Die beiden letzten Zwerggalaxien der Lokalen Gruppe, Carina und Sagittarius, wurden erst 1974 beziehungsweise 1976 entdeckt. Andere Galaxien

■ Der Kugelsternhaufen 47 Tucanae ist einer der 125 Haufen, die im Halo unserer eigenen Galaxis, der Milchstraße, wandern. Die elliptische Riesengalaxie M 87 zählt mehr als 15 000 Kugelsternhaufen. Jeder von ihnen besteht aus 100 000 bis einer Million sehr alten Sternen.

wiederum bleiben, obwohl sie eigentlich hell genug sind, deshalb unentdeckt, weil sie von den Stern- und Nebelschwaden der Spiralarme unserer Milchstraße verdeckt sind. Den Beweis hierfür lieferte die sensationelle Entdeckung von Butler Burton und Renée Kraan-Korteweg im August 1994: Mit dem 25-m-Radioteleskop von Dwingeloo in den Niederlanden fanden die holländischen Astronomen kurz hintereinander zwei Galaxien in der unmittelbaren Umgebung der Lokalen Gruppe. Sie befinden sich im Sternbild Kassiopeia, weit hinter den Sternenwolken der Milchstraße, und waren bis dato unbemerkt geblieben. Der erste Neuling ist beeindruckend: Dwingeloo 1 ist eine Balkenspiralgalaxie von etwa 60 000 Lichtjahren Durchmesser und enthält etwa 60 Milliarden Sonnenmassen. Dwingeloo 2 ist nur halb so groß und fast 10mal masseärmer. Beide Objekte befinden sich in mehr als 10 Millionen Lichtjahren Entfernung von uns.

Die wenigen Dutzend Galaxien der Lokalen Gruppe liegen in einem fast sphärischen Volumen von etwas mehr als 5 Millionen Lichtjahren Durchmesser. Jenseits dieser Entfernung können die Astronomen bis in eine Entfernung von fast 10 Millionen Lichtjahren keine weitere Galaxie beobachten. In dieser Entfernung befindet sich in Richtung des Sternbilds Bildhauer die nächste Galaxiengruppe. Die Sculptor-Galaxiengruppe ist nur etwa halb so groß wie die unsrige. Sie beinhaltet jedoch einige spektakuläre Spiralgalaxien, wie NGC 55, NGC 247, NGC 253 und NGC 300. Diese Galaxien präsentieren sich uns nun unter ganz verschiedenen Blickwinkeln: NGC 55 zeigt sich uns von der Seite, und NGC 300 ist von oben zu sehen. Da sie nah genug sind, können die Astronomen ihre hellsten Sterne einzeln erkennen. In der nächsten Umgebung der Milchstraße kann man etwa fünfzig Gruppierungen zählen, die der Lokalen Gruppe und der Sculptor-Galaxiengruppe ähneln. Jede dieser Gruppen wird von einer, zwei oder drei großen Galaxien beherrscht. Die Abstände zwischen ihnen liegen zwischen 10 und 20 Millionen Lichtjahren.

■ Im Sternbild Jagdhunde findet diese spektakuläre Begegnung zwischen den Galaxien NGC 5394 und NGC 5395 statt. Die beiden Spiralen sind etwa 150 Millionen Lichtjahre von der Milchstraße entfernt. Verblüffend ist die Ähnlichkeit zwischen diesem Paar und der Doppelgalaxie M 51, die auf Seite 107 abgebildet ist.

Die Haufen: Galaxienschwärme

Hier hört jedoch die Organisation des Universums nicht auf. Strukturen, die noch ausgedehnter sind als die Galaxiengruppen, sind überall am Himmelsgewölbe sichtbar: Es sind die Galaxienhaufen. Ihre Ausdehnung ist kaum größer als die der Galaxiengruppen – aber die Dichte der Galaxien, die sich in ihnen drängen, ist erstaunlich. Der nächste Galaxienhaufen befindet sich im Sternbild Jungfrau in 50 Millionen Lichtjahren Entfernung. Der Virgo-Haufen beinhaltet fast 3 000 Galaxien in einem Volumen von 6 Millionen Lichtjahren Durchmesser. Hier befinden sich insbesondere Riesenspiralgalaxien, so etwa M 99 und M 100, die eine zentrale, dichtere und nur von linsenförmigen und von elliptischen Riesengalaxien bevölkerte Zone zu beherrschen scheinen. Im Zentrum des Virgo-Haufens stehen die Galaxien extrem dicht beieinander. In manchen Fällen sind die Abstände kaum größer als ihr eigener Durchmesser. Das Herz des Virgo-Haufens wird von den elliptischen Riesengalaxien M 84, M 86 und M 87 besetzt. Letztere ist eine der massereichsten bekannten Galaxien. Sie ist 10mal heller als die Milchstraße und zählt mehr als 10 000 Milliarden Sterne. Ihr Halo, der sich über 200 000 Lichtjahre vom Zentrum erstreckt, wird von mehr als 15 000 Kugelsternhaufen bevölkert. Zum Vergleich: In unserer Galaxis sind es 100mal weniger.

M 87 ist keine gewöhnliche Galaxie. Aus ihrem extrem hellen Kern entweicht ein leuchtender Strahl (Jet), der aus einer Kette von glänzenden, in einer Reihe liegenden Knoten besteht. Diese geradlinige und gewaltige Flamme schlägt über fast 6 000 Lichtjahre hoch und scheint eine Energie zu besitzen, die die von mehreren Milliarden Sternen deutlich übertrifft. Der Ursprung des Jets von M 87 ist in der zeitweise äußerst intensiven Aktivität seines galaktischen Kerns zu suchen, der eine kolossale Energie freisetzt. Die Natur seines Lichtes ist gut erklärbar. Es wird von freien Elektronen erzeugt, die sich in einem sehr starken Magnetfeld mit einer Geschwindig-

■ Das Paar M 51 im Sternbild Jagdhunde befindet sich in weniger als 15 Millionen Lichtjahren Entfernung. Nachdem die beiden Galaxien in weniger als 100 000 Lichtjahren Entfernung aneinander vorbeizogen, laufen sie langsam wieder auseinander. Die Arme der großen Spirale haben sich bei der Begegnung leicht verformt. Die kleine Galaxie, eine ehemalige Spirale, ist nur noch ein Chaos aus Sternen und Nebeln.

keit nahe der Lichtgeschwindigkeit bewegen. Die Energien, die hier am Werk sind, sind außergewöhnlich: Der Kern von M 87 muß 10 Milliarden mal mehr Energie freisetzen als die Sonne, um seit mehreren Millionen Jahren über eine solche Distanz diesen fast geradlinigen Plasmastrom herauszuschleudern. Um dieses Rätsel zu lösen, wurden 1994 zwei der leistungsfähigsten Teleskope auf M 87 gerichtet: Hubble und das Interferometer VLBA. Mit diesen Instrumenten entdeckte man, daß der Strahl in weniger als einem Lichtjahr Entfernung zum Zentrum der Galaxie entstand – und zwar in einer schnell rotierenden Materiescheibe. Die Theoretiker kennen zur Zeit nur ein Objekt, das in der Lage ist, so viel Energie auf so engem Raum freizusetzen: nämlich ein Schwarzes Loch. Das von M 87 ist wahrscheinlich riesig. Verborgen hinter seinem relativistischen Horizont, zieht dieser Himmelskörper das interstellare Gas – und möglicherweise ganze Sterne – aus der Riesengalaxie an sich. Ein Teil der spiralförmig auf das Schwarze Loch zustürzenden Materie wird wieder, durch intensive magnetische Kräfte gebündelt, entlang der Rotationsachse mit einer Geschwindigkeit von 10 000 km/s herausgeschleudert. Aus eben diesem Sternenplasma besteht der Jet von M 87. Die letzten Modellversuche scheinen zu bestätigen, daß das zentrale Schwarze Loch von M 87 eine Masse in einer Größenordnung von 3 Milliarden Sonnenmassen in sich birgt. Damit wäre es um das 1 000fache massiver als das riesige Schwarze Loch, das sich inmitten der Milchstraße versteckt. Wir werden später wieder darauf zurückkommen, warum eine so massereiche Galaxie wie M 87 sich im Zentrum des Virgo-Haufens befindet.

■ Mit dem Hubble-Weltraumteleskop konnte diese Detailaufnahme vom Zentrum der elliptischen Riesengalaxie M 87 gewonnen werden. Ein Plasma-Jet von 6 000 Lichtjahren Länge wird aus dem sehr hellen Kern der Galaxie, in dem sich wahrscheinlich ein massives Schwarzes Loch verbirgt, herausgeschleudert.

Trotz seiner 3 000 galaktischen Mitglieder wird der Virgo-Haufen im Maßstab des gesamten Universums von den Forschern keinesfalls als besonders bemerkenswert erachtet. Die Astronomen kennen heute Tausende erheblich größerer Galaxienhaufen, wie beispielsweise Abell 370, Abell 1689 oder Abell 1656. Viele von diesen Riesenhaufen, die sich oft in extremen Entfernungen befinden, sind bis in die sechziger Jahre unsichtbar geblieben. Abell 1656, im Sternbild Haar der Berenike, stellt eine ganz bemerkenswerte Ausnahme dar. Dieser Haufen, der sich in „nur" 350 Millionen Lichtjahren Entfernung befindet, ist der nächste. Seine relative Nähe ermöglicht seine Erforschung. Mit diesem berühmt gewordenen Haufen, den die Astronomen auch Coma-Galaxienhaufen nennen, ändert sich die Skala grundlegend. Mehr als 10 000 Galaxien tummeln sich in Abständen von nur einigen zehntausend Lichtjahren voneinander in einem Volumen mit weniger als 10 Millionen Lichtjahren Durchmesser. Der Coma-Galaxienhaufen wird von zwei der hellsten und massereichsten, der bis jetzt bekannten Galaxien beherrscht: Von NGC 4874 und NGC 4889. Es sind ungeheuerlich große Galaxien, die wahrscheinlich jeweils mehr als 10 000 Milliarden Sterne zählen und damit möglicherweise M 87 im Virgo-Haufen übertreffen. Die Gesamtmasse des Coma-Galaxienhaufens könnte eine Million Milliarden Sonnenmassen übersteigen.

■ Die Galaxie NGC 4151 im Sternbild Jagdhunde sendet, wie M 87, einen Plasma-Jet mit einer Geschwindigkeit von mehreren tausend km/s aus. Im Falle von NGC 4151 ist der Strahl auf uns gerichtet und erscheint als ein punktförmiges Objekt von außergewöhnlicher Helligkeit.

Der Coma-Galaxienhaufen weist eine bemerkenswert sphärische, homogene Struktur auf. Die Verteilung der Galaxien nimmt von außen nach innen gleichmäßig zu. Die Astronomen haben keine einzige Spiralgalaxie in der zentralen Region des Haufens finden können. Dort gibt es nur elliptische und linsenförmige Galaxien. Gleiches hatte man bereits im Virgo-Haufen festgestellt. Diese Tatsache erwies sich schnell als allgemeingültig. In Regionen des Universums, in denen sich ihre elliptischen Riesenschwestern häufen, findet man überhaupt keine Spiralgalaxien. Die Erforschung der Haufen erlaubte es also, das Rätsel der galaktischen Selektion zu lösen und zugleich zu verstehen, welchen physikalischen Prozessen die vier großen Hubble-Klassen entsprechen. In einem sehr dichten Galaxienhaufen ist es möglich, daß sich die Galaxien in unglaublich geringen Abständen voneinander befinden. Im Herzen vom Virgo- oder vom Coma-Haufen sind sie nur um das drei- bis sechsfache ihres Durchmessers voneinander getrennt, manchmal sogar weniger. Ähnlich wie die Planeten um die Sterne kreisen, laufen die kleinen Galaxien auf elliptischen Bahnen um die großen. Dafür benötigen sie mehrere hundert Millionen Jahre. Im Laufe ihrer langsamen Reise sind sie kräftigen Gravitationsstörungen ausgesetzt. Selbst wenn die Sterne relativ unempfindlich gegenüber diesen Störungen sind, so können die ausgedehnten und instabilen Gasmassen in den Nebeln der Galaxien unter Umständen stark beeinflußt werden. Im Laufe der Zeit, so vermuten die Wissenschaftler, verlieren die Spiralgalaxien ihr Gas, das sich im Weltall verstreut. Ohne den Rohstoff, aus dem Sterne entstehen, altern diese Galaxien, und es werden keine weiteren Sternengenerationen erzeugt. Aus jungen Spiralgalaxien werden alte linsenförmige Galaxien. Diese These wurde durch eine weitere Entdeckung bekräftigt. Anfang der achtziger Jahre stellte man fest, daß die Riesen-Galaxienhaufen in ein diffuses und außergewöhnlich dünnes Gas getaucht sind, das etwa ein Atom pro Kubikzentimeter zählt. Dieses intergalaktische Medium könnte bei der Verwandlung der Spiralgalaxien zu linsenförmigen Galaxien entstanden sein.

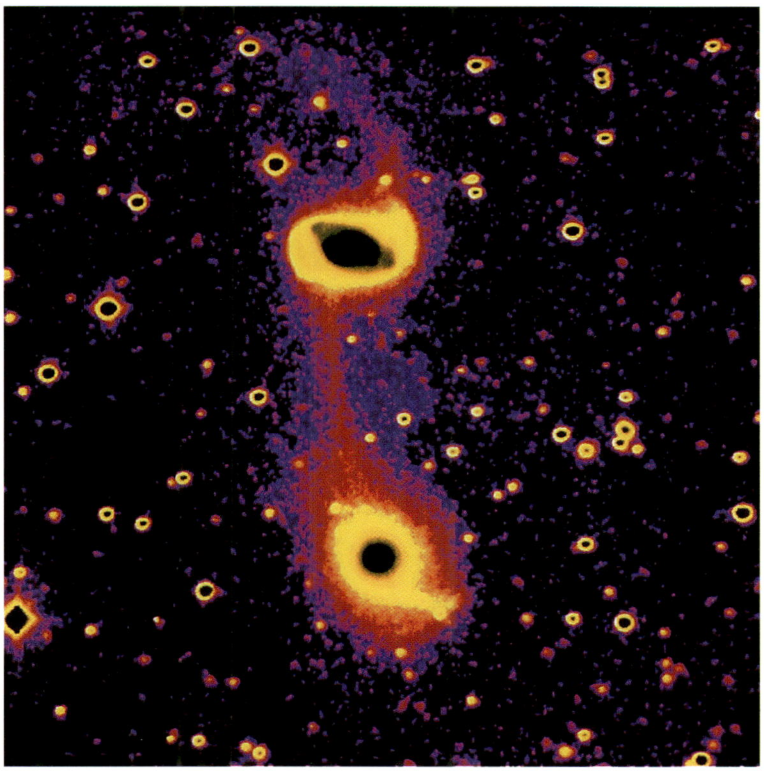

■ Dieses prächtige Ballett der Galaxien spielt sich über mehrere hundert Millionen Jahre ab. Hier zeugt ein riesiger Bogen aus Sternen, der sich über mehrere hunderttausend Lichtjahre erstreckt, von der lange zurückliegenden stürmischen Begegnung der beiden Spiralgalaxien des Paares Arp 104.

In den Haufen kreuzen sich die Wege der Galaxien nicht nur in weiten Abständen, wobei sie dem Weltall ihr Gas übereignen. Manchmal nähern sie sich einer Nachbargalaxie zu dicht an. Unter dem Einfluß gewaltiger Anziehungskräfte beginnen sie langsam zu kollidieren. Was für ein verwirrendes Spiel ist es, wenn zwei Spiralgalaxien, die jeweils 100 Milliarden Sonnen umfassen, frontal in einer Art endloser Zeitlupe zusammenstoßen. Die Begegnung, die sich mit einer Geschwindigkeit von einigen hundert Kilometern pro Sekunde ereignet, dauert mehrere hundert Millionen Jahre. Kein hypothetischer Bewohner einer der beiden Spiralen würde den Schock je wahrnehmen. Die Abstände zwischen den Sternen sind im Verhältnis zu ihrem Durchmesser so groß, daß die hundert Milliarden Sterne aneinander vorbei laufen können, ohne sich zu berühren. Die Dynamik der beiden Galaxien hingegen wird dramatisch gestört. Die Scheiben verformen sich, die Spiralarme gehen auf, die Nebel vermischen sich und fangen plötzlich an zu glühen. Neue Sterne entstehen. Wenn sich schließlich die Wege der beiden Galaxien trennen, bilden sie zwischen sich gigantische Brücken aus Sternen über den intergalaktischen Raum. Und diese Sternenbögen erstrecken sich über mehrere hunderttausend Lichtjahre, bevor sie langsam zerfasern und verschwinden. Die beiden zerschlagenen Galaxien, die im Licht von Millionen Blauer Überriesen glitzern, entfernen sich voneinander und erlangen langsam wieder ihr Gleichgewicht. Sie

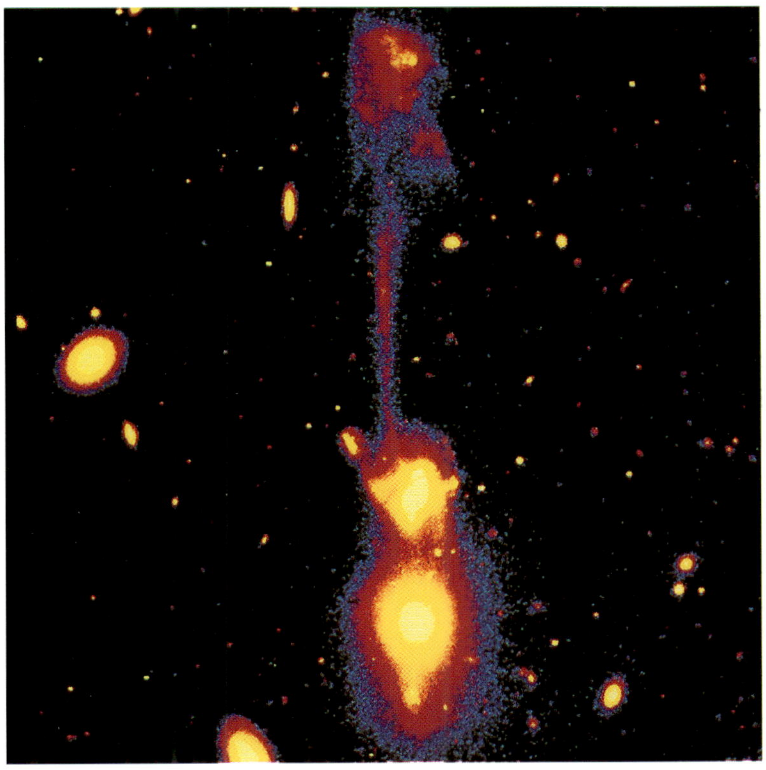

■ Im Galaxienhaufen Abell 1185 befindet sich das seltsame Arp 105-System. Unten im Bild bereitet sich eine elliptische Riesengalaxie darauf vor, eine Spiralgalaxie zu verspeisen. Diese wird vom Gravitationsfeld ihrer massereichen Nachbarin beeinflußt und schleudert einen riesigen Jet aus Sternen und Gas ins All heraus.

■ Dies ist das wahrscheinlich schönste intergalaktische Paar. Im Sternbild Rabe kreuzen sich zur Zeit die Wege der beiden Spiralgalaxien NGC 4038 und NGC 4039. Die Gezeitenkräfte, die von der Begegnung der beiden riesigen Massen verursacht werden, schleudern zwei weite Wellen aus Sternen mehrere hunderttausend Lichtjahre hinaus in die Leere des Alls. Diese Wellen werden sich bald in den Kosmos verstreuen.

bilden eine neue Spiralstruktur, in der sich dann manchmal ein zentraler Balken entwickelt, der es ihnen erlaubt, ihre dynamische Stabilität zurückzugewinnen.

Die scheinbare Ruhe unserer eigenen Lokalen Gruppe, in welcher die artigen Galaxien mehrere hunderttausend Lichtjahre voneinander entfernt sind, täuscht. Die Milchstraße dürfte sich in einer lange zurückliegenden Vergangenheit einige Zwerggalaxien einverleibt haben. Außerdem vermutet man, daß die Magellanschen Wolken langfristig in die Milchstraße stürzen werden und mit ihr verschmelzen. Noch spektakulärer zeichnet sich die Kollision zwischen der Milchstraße und der gigantischen Galaxie M 31 ab. Beide Galaxien nähern sich einander mit einer Geschwindigkeit von 100 km/s und dürften sich gegenseitig in weniger als drei Milliarden Jahren durchqueren.

■ NGC 5128 ist eine elliptische Galaxie, die langsam mit einer Spiralgalaxie verschmilzt. Die Scheibe der Spirale, ihre Nebel und ihre interstellaren Staubwolken sind noch im Zentrum der elliptischen Galaxie zu sehen.

Die Zusammenstöße, die sich bei großer Geschwindigkeit ereignen, erlauben es jeder Galaxie, sich nach der Kollision von der gegnerischen Anziehung zu befreien. Doch kann es auch passieren, daß zwei Galaxien sehr langsam verschmelzen. Als die Astronomen dieses verblüffende Phänomen entdeckten, begriffen sie auf einmal den bislang mysteriösen Ursprung der elliptischen Riesengalaxien. Diese ungeheuerlichen Himmelskörper verspeisen nach und nach ganze Galaxien.

Die nächste dieser kannibalischen Galaxien befindet sich in 12 Millionen Lichtjahren Entfernung im Sternbild Zentaur. NGC 5128 ist eine elliptische Riesengalaxie, deren Masse wahrscheinlich mehr als 1 000 Milliarden Sonnenmassen beträgt. Es handelt sich um einen seltsamen Himmelskörper mit zwei Gesichtern. Insgesamt sieht er wie eine normale elliptische Riesengalaxie aus. Aber das Herz dieser Galaxie ist von interstellaren Staubwolken, glänzenden Nebeln und jungen Sternen umgeben. Das sind aber Eigenschaften, die man eigentlich in den Scheiben der Spiralgalaxien erwartet. Tatsächlich stellten die Astronomen fest, daß die Zentaur-Galaxie eine elliptische Riesengalaxie ist, die beim Verdauen einer kleinen Spiralgalaxie in flagranti ertappt wurde. In einigen hundert Millionen Jahren wird das Gas dieser toten Spirale vollständig verschwunden sein, und es wird bei NGC 5128 keine Spur mehr von dieser unglaublichen, astronomischen Mahlzeit geben. Wahrscheinlich gab sich auch die ungeheuerliche Galaxie M 87 aus dem Virgo-Haufen diesem Kannibalismus hin, wenn auch in einem viel größeren Maßstab. Ihre enorme Masse und ihr außergewöhnlich sternenreicher Halo deuten darauf hin, daß zahlreiche Galaxien in den letzten 10 Milliarden Jahren zusammenschmolzen, um diese elliptische Riesengalaxie hervorzubringen. Das Gas der ehemaligen Spiralen, die von dem starken Gravitationsfeld zerschlagen wurden, stürzt auf das Massenzentrum. Dies könnte übrigens auch eine Erklärung für das riesige Schwarze Loch in M 87 sein.

■ Der Galaxiehaufen Abell 1060, vom australischen Siding Spring-Observatorium aus gesehen. In diesem Haufen gibt es noch alle Galaxientypen, also elliptische, linsen- und spiralförmige.

Das Schicksal der Galaxien und die Struktur des Universums

Die merkwürdige Organisation des Zentrums dichter Galaxienhaufen, die reich an elliptischen Riesengalaxien, aber arm an Spiralgalaxien sind, ergibt nunmehr einen Sinn. Die Erforschung der Haufen, deren kompakte Struktur die galaktischen Wechselwirkungen intensiviert, ermöglichte es einmal mehr, die Geschichte der Galaxien nachzuvollziehen. Grob gesehen sind sie fast alle etwa gleichzeitig entstanden, und zwar einige hundert Millionen Jahre nach dem Urknall. Entgegen der allgemeinen, intuitiven Vermutung entwickeln sich Galaxien nicht unabhängig voneinander, gefangen in ihrer ursprünglichen Form und sich im Laufe der universellen Expansion voneinander entfernend. Die Expansion des Weltalls ist nämlich nur auf einer viel größeren Skala als im Maßstab der Galaxienhaufen spürbar. Dennoch erlebten die Galaxien eine sehr stürmische Geschichte, die aus zahlreichen Begegnungen und Verschmelzungen, ja sogar aus Identitätsveränderungen inmitten der Galaxienhaufen, besteht. Heute weiß

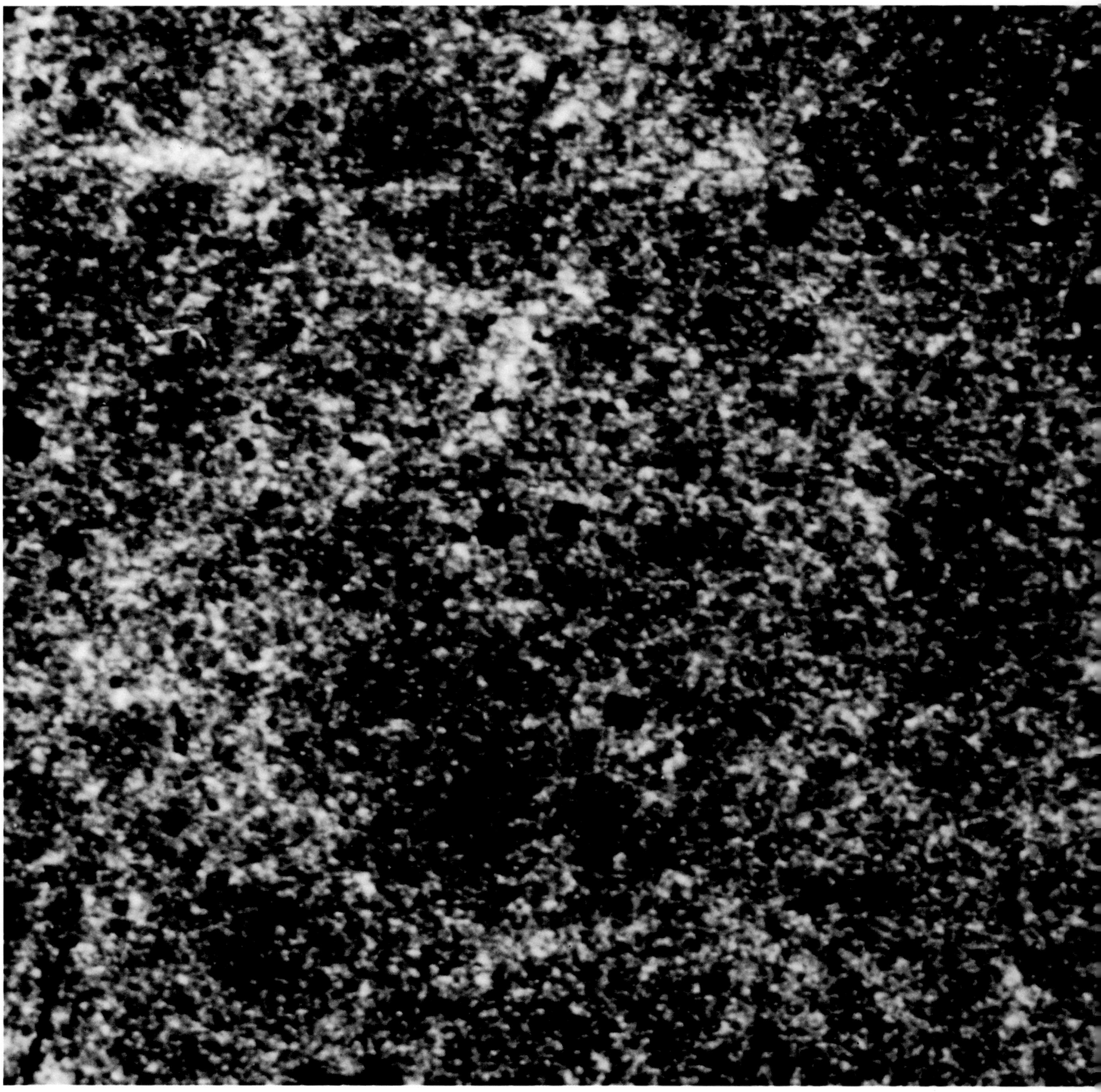

■ Auf dieser elektronischen Aufnahme wurden alle Sterne der Milchstraße ausgeblendet und nur die Galaxien bis zu einer Distanz von etwa

niemand, was aus der Milchstraße wird, nachdem sie die Andromedagalaxie durchquert haben wird. Bleibt sie nach wie vor eine prächtige und elegante Spirale? Oder werden im Gegenteil beide Spiralgalaxien verschmelzen, um eine einzige elliptische Überriesengalaxie zu bilden, in der es mehrere tausend Milliarden Sterne in einem unbeschreiblichen Durcheinander gibt?

Die meisten Galaxien gehören Gruppen oder Haufen, wie dem Virgo-Haufen oder dem Coma-Galaxienhaufen, an. Man weiß nicht, ob es gänzlich isolierte Galaxien im intergalaktischen Raum gibt. Die Astronomen haben etwa 10 000 Haufen bis in eine Entfernung von ungefähr 1 Milliarde Lichtjahren gezählt. Auf dieser Skala wird der Bauplan des Kosmos endlich deutlich. In einer so weitgestreckten Perspektive sind die individuellen Galaxien nicht mehr sichtbar. Selbst die Haufen erscheinen nur noch als kleine, blasse und undeutliche Punkte. Aber auch auf dieser gewaltigen Skala beobachtet man eine Neigung zur Ansammlung. Es existieren noch größere Systeme als die Galaxienhaufen. Sie umfassen Dutzende von Galaxiengruppen. Unsere eigene Lokale Gruppe steht beispielsweise unter dem Gravitationseinfluß des Virgo-Haufens und wird langsam von ihm angezogen. Dieser Lokale Superhaufen, dessen Existenz bereits 1950 von dem Astronomen Gérard de Vaucouleurs entdeckt wurde, ist ein ovales Gebilde aus mehr als 100 000 Galaxien, die sich in einem Umkreis von mehr als 50 Millionen Lichtjahren um den Virgo-Haufen anordnen.

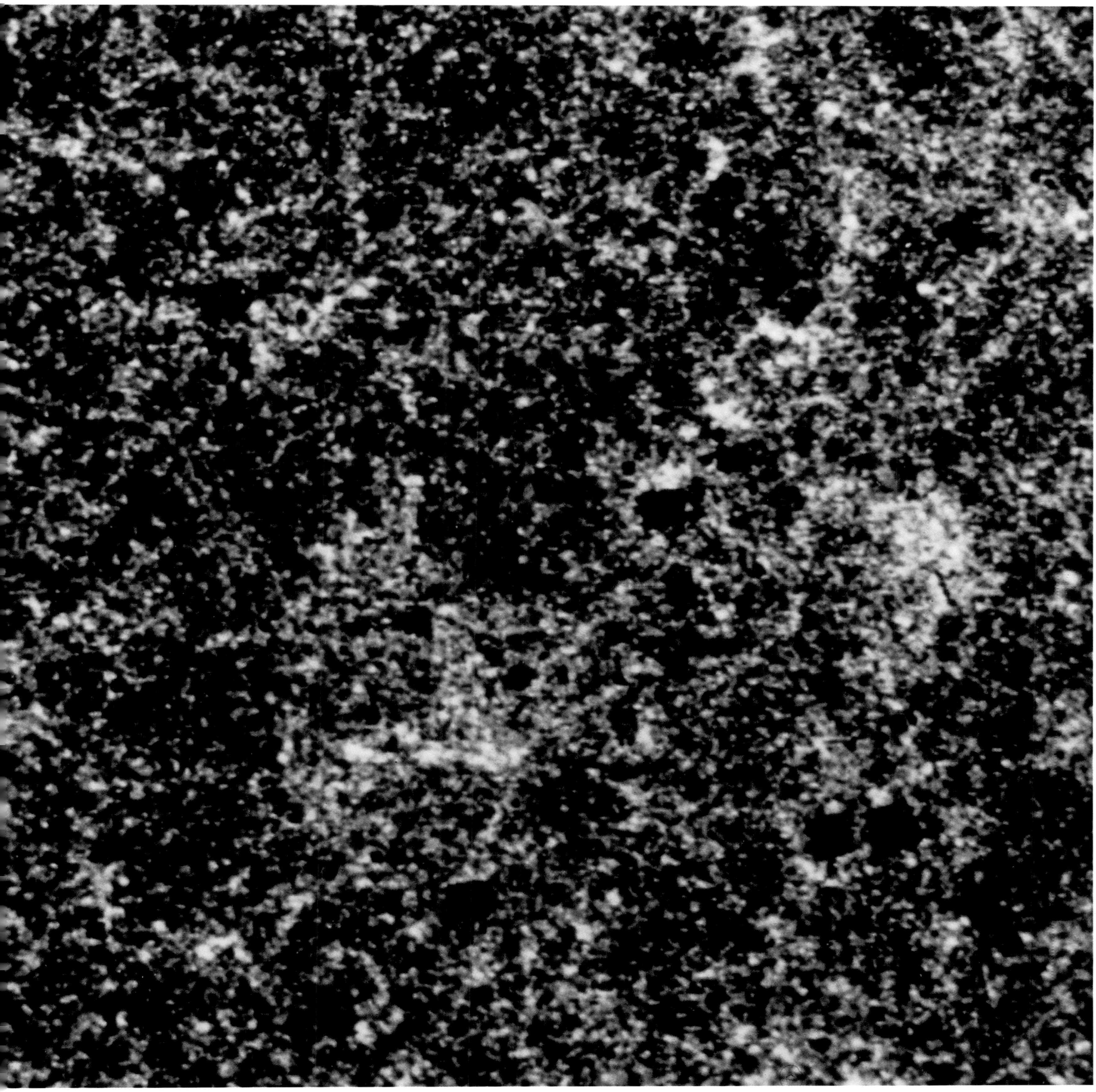

1 Milliarde Lichtjahren dargestellt. Die Konzentration der Galaxien in Haufen fällt deutlich auf; ebenso die Zellenstruktur des Universums.

Auf einer noch größeren Skala weist das Universum möglicherweise eine Wabenstruktur auf. Das Entdecken dieser besonderen Geometrie erforderte Jahrzehnte geduldiger Beobachtung und trug erst Ende der achtziger Jahre Früchte. Die Schwierigkeit lag darin, daß alle Himmelskörper, die von den Astronomen wahrgenommen werden – Sterne, Nebel, Galaxien –, sich auf das scheinbare Himmelsgewölbe projizieren. Wie konnte die dritte Dimension, das Volumen des Weltraums, wiederhergestellt werden? Wie konnte jedem Himmelsobjekt sein richtiger Platz und seine Entfernung zurückgegeben werden? Außerdem befinden sich die meisten Galaxien, die die Astronomen für ihre dreidimensionale Himmelskartographie erforschen, in mehreren 100 Millionen Lichtjahren Entfernung und erscheinen nur als sehr blasse Schimmer. Ohne die neuen Spektrographen, die in der Lage sind, gleichzeitig die Entfernung von rund hundert Galaxien zu messen, wüßte man immer noch nicht, wie das kosmische Panorama auf einer großräumigen Skala aussieht.

Man kann sich vorstellen, daß das Universum Seifenschaum ähnelt. Jede Seifenblase stellt eine der Waben dar, die von den Forschern entdeckt wurde. Die Wände dieser Waben sind von Galaxien und Galaxienhaufen übersät. Die dichtesten Superhaufen von Galaxien sammeln sich auf den Schnittlinien der Waben. Jede einzelne dieser kosmischen Blasen, deren Inneres nahezu leer ist, hat einen Durchmesser von etwa 300 Millionen Lichtjahren. Dies scheint die höchste Stufe der Organisation des Universums zu sein.

Der Urknall – Geschichte des Universums

■ Die ältesten, derzeit bekannten Galaxien sind etwa 12 Milliarden Jahre alt. Im Laufe ihres stürmischen Lebens begegnen sie anderen Galaxien, mit denen sie mehr oder minder dauerhafte Verbindungen eingehen. Auf dem Bild sind vier der fünf Galaxien des spektakulären Stephans Quintett im Sternbild Pegasus zu sehen. Die Spiralgalaxie NGC 7320, unten im Bild, liegt im Vordergrund. Sie befindet sich in 50 Millionen Lichtjahren Entfernung. Die drei anderen sind 350 Millionen Lichtjahre von uns entfernt.

■ Die elliptische Riesengalaxie IC 4051 im Coma-Galaxienhaufen ist von einem Halo aus etwa tausend, auf dem Bild gut sichtbaren Kugelsternhaufen umgeben. Diese Himmelskörper sind wertvolle Entfernungsindikatoren für die Astronomen.

Myriaden von Galaxien, in den grenzenlosen Tiefen des Alls verloren, führen in ihren silbernen Armen unzählige Sterne, Schwärme von Planeten und unsichtbaren Monden ... Ist die hierarchische Struktur der Himmelskörper, die wir hier und jetzt beobachten, für die Architektur des Universums repräsentativ? Wies die Materie immer schon die gleichen Erscheinungsformen – Haufen, Galaxien, Nebel, Sterne, Planeten – auf, die wir heute von ihr kennen? Auf dieses zutiefst intuitive Bild eines ewigwährenden und unveränderlichen Universums bezog sich auch Albert Einstein, als er sein erstes theoretisches Modell des Universums erarbeitete. Es spiegelt einen der grundlegenden Ansätze der wissenschaftlichen Methode wider – das kosmologische Prinzip: Der Kosmos weist überall dieselben Eigenschaften auf; und unsere Region des Alls ist repräsentativ für das gesamte Universum. Erweitert auf die zeitliche Komponente des Universums wird aus diesem Ansatz das vollkommene kosmologische Prinzip: Das Universum verhält sich zu jeder Zeit und an jedem Ort gleich.

Entspricht aber das Universum diesem Einfachheitsideal? Glitzern die Sterne seit unendlichen Zeiten? Erscheinen uns die Galaxien unveränderlich? Wir wissen heute, daß dem nicht so ist. Die Entdeckung, daß das Universum sich weiter entwickelt und eine Geschichte besitzt, wird wahrscheinlich zu einem der bedeutendsten wissenschaftlichen und philosophischen Fortschritte des ausgehenden Jahrtausends werden.

Wenn man sie mit den größten Teleskopen der Welt beobachtet, scheinen die Galaxien vor dem kosmischen Hintergrund wie im Flug erstarrt zu sein. Ihre Entfernung zur Erde – die in Millionen, ja Hunderten von Millionen Lichtjahren gerechnet wird – verbietet es uns, die geringste Bewegung dieser Insel-Universen wahrzunehmen. Selbstverständlich sind die Astrophysiker in der Lage, die langsame Rotation einer Riesengalaxie oder den spektakulären Tanz zweier sternenspeiender Spiralen zu berechnen. Doch verbergen die Rotation der Galaxien um sich selbst und ihre Bahnen innerhalb der Haufen, in denen sie sich zu Tausenden tummeln, eine Gesamtbewegung, die zwar kaum wahrnehmbar, jedoch von einer ganz anderen Größenordnung ist: Die kosmische Expansion.

Von der Erde aus gesehen, und ohne unsere Nachbarinnen aus der Lokalen Gruppe zu berücksichtigen, scheinen sich alle Galaxien von uns zu entfernen. Diese Bewegung kann mit einer Spektralanalyse des Lichts beobachtet werden. Bewegt sich näm-

■ Etwa 350 Millionen Lichtjahre von der Milchstraße entfernt befindet sich der riesige Coma-Galaxienhaufen mit fast 10 000 Galaxien, die sich – von der Expansion des Universums mitgerissen – mit 7 000 km/s von uns entfernen. Dieses Bild, wie auch das auf Seite 116, wurde vom Weltraumteleskop aufgenommen. Es zeigt die schöne Spirale D 216 und, links davon, den schwachen Halo der elliptischen Riesengalaxie NGC 4881.

■ Der Galaxienhaufen im Löwen befindet sich in etwa 40 Millionen Lichtjahren Entfernung. Dieser nicht sehr dichte, um zwei elliptische Riesengalaxien zentrierte Haufen besitzt zwei schöne Spiralgalaxien, M 95 und M 96. Diese sind unten im Bild gut zu sehen. Die zahlreichen, auf dieser Weitwinkelaufnahme sichtbaren Sterne sind sonnennah. Sie gehören unserer eigenen Galaxie, der Milchstraße, an.

■ Zoom-Aufnahme der Galaxie M 96 im Löwen. Details der Spiralarme der Galaxie sind erkennbar, insbesondere einige Haufen junger, blauer Sterne. Auf dem Bild unten, das vom Hubble-Teleskop stammt, zeigt ein Spiralarm von M 96 Abertausende Roter und Blauer Überriesen.

lich eine Lichtquelle, stellt der Beobachter eine Veränderung der Wellenlänge der empfangenen Strahlung fest: Diese Veränderung wird Doppler-Effekt genannt. Kommt die Quelle auf uns zu, verschieben sich alle Spektrallinien zum violetten Ende des Spektrums hin – die Wellenlänge nimmt ab. Entfernt sich die Quelle, wie es bei allen anderen Galaxien der Fall ist – diejenigen unserer Lokalen Gruppe ausgenommen –, dann nimmt die Wellenlänge zu. Die Spektrallinien verschieben sich zum roten Ende des Spektrums hin. Durch die genaue Messung dieser Rotverschiebung erhält man eine bedeutende astronomische Information: Die Radialgeschwindigkeit der Himmelskörper.

Ein expandierendes Universum

Daß die Galaxien von uns fliehen, entdeckten die Astronomen bei der Untersuchung ihrer Spektren. Doch begann man die enorme Tragweite dieser Fluchtbewegung tatsächlich erst mit den Messungen von Edwin Hubble am Mount Wilson-Observatorium zu erkennen. 1929 veröffentlichte Hubble das nach ihm benannte Gesetz, das er folgendermaßen zusammenfaßte: Alle Galaxien entfernen sich von uns mit einer Geschwindigkeit, die proportional zu ihrer Entfernung zunimmt. Die Flucht der Galaxien wurde sofort als ein Phänomen kosmologischer Tragweite interpretiert. Die Astronomen erinnerten sich daran, daß die Allgemeine Relativitätstheorie im Keim das Modell eines expandierenden Universums in sich trug. Abgesehen von Einstein selbst, der es aus ästhetischen und philosophischen Gründen vorzog, ein statisches, kosmologisches Modell zu entwickeln, hatten bereits drei Theoretiker unabhängig voneinander in den Gleichungen der Relativitätstheorie die Modelle eines expandierenden Universums gefunden: Willem de Sitter im Jahre 1917, Alexander Friedmann 1922 und vor allem Georges Lemaître 1927. Im relativistischen Ansatz stellt die Fluchtbewegung der Galaxien nichts anderes als eine Erscheinung der räumlichen Dehnung dar, oder allgemeiner ausgedrückt: der Expansion des Universums. Das Hubble-Gesetz ist eines der einfachsten der Physik. Die Formel lautet: $v = H_0 \cdot D$. Die Fluchtgeschwindigkeit einer Galaxie ist gleich dem Produkt ihrer Distanz und der berühmten Hubble-Konstanten H_0. Daß alle Galaxien scheinbar von uns fliehen, bedeutet allerdings nicht, daß die Milchstraße im Zentrum des Universums steht. Tatsächlich ist der Standpunkt des Beobachters irrelevant. Ein Astronom würde von jeder Galaxie aus dasselbe Fluchtphänomen der anderen Galaxien in allen Richtungen beobachten. H_0 wird in Kilometern pro Sekunde und Megaparsec (km/s·Mpc) ausgedrückt. Das Megaparsec ist eine astrophysikalische Längeneinheit und entspricht in etwa einer Distanz von 3 Millionen Lichtjahren. Dank der zwischen 1993 und 1996 mit dem Weltraumteleskop durchgeführten Beobachtungen weiß man heute, daß der Wert der Hubble-Konstanten bei etwa 75 km/s·Mpc liegt. Der Virgo-Haufen, mit seinen Tausenden Galaxien um die geheimnisvolle elliptische Riesengalaxie M 87, entfernt sich von uns mit einer Geschwindigkeit von 1 200 km/s. Seine Entfernung nach dem Hubble-Gesetz beträgt also fast 50 Millionen Lichtjahre. Der Coma-Galaxienhaufen, einer der größten bis heute im Universum bekannten Galaxienhaufen, entfernt sich mit

■ Die fraktale Struktur des Universums wird uns von dieser Großaufnahme von M 96 offenbart. Hinter den Tausenden Sternen der Scheibe von M 96 tauchen neue Galaxien auf. Dieses schwindelerregende Bild könnte sich unendlich wiederholen, wenn es entsprechende Teleskope gäbe.

7 000 km/s. Seine Entfernung liegt bei mehr als 300 Millionen Lichtjahren. Die Fluchtgeschwindigkeit des Abell 370-Haufens im Sternbild Walfisch beträgt mehr als 100 000 km/s. Das Hubble-Gesetz bescheinigt ihm eine Entfernung von mehr als 4 Milliarden Lichtjahren.

Nach der relativistischen Interpretation der Beobachtungen handelt es sich aber nicht um reelle, sondern um scheinbare Geschwindigkeiten. In der Einsteinschen Theorie dehnt sich das Netz der Raumzeit, ihre Geometrie, und reißt die galaktischen Materieinseln mit sich. Man kann also getrost behaupten, daß sich diese Himmelskörper praktisch nicht bewegen, aber sich voneinander entfernen, weil sich die Skala des Universums im Laufe der Zeit verändert.

■ Die ältesten Sterne wurden in den Kugelsternhaufen, die Hunderttausende Sterne beinhalten, entdeckt. Diese Haufen stellen möglicherweise die ältesten Himmelskörper des Universums dar. Hier ist das Herz von M 15, einem Kugelsternhaufen der Milchstraße, zu sehen.

Wenn sich aber die Galaxien voneinander entfernen, so müssen sie in der Vergangenheit näher zusammen gestanden haben, vermuten die Astronomen. Wie nah? 1931 schlug Georges Lemaître einen zeitlichen Ursprung für die kosmische Expansion vor. Er äußerte die Hypothese, die später unter dem Namen Big Bang – Urknall – berühmt wurde, daß in einer weit zurückliegenden Vergangenheit das gesamte Universum in einem einzigen Punkt konzentriert gewesen sei, den der belgische Mathematiker als Uratom bezeichnete. Diesen ursprünglichen Punkt des Universums, der nach Lemaître sozusagen „explodierte", bezeichnen die Kosmologen heute lieber als anfängliche Singularität. Diese mathematische Redewendung bringt die Unbestimmtheit jenes physikalischen Status besser zum Ausdruck. Die Urknalltheorie besagt, daß das Universum ursprünglich ein Strom aus reiner Energie war. Die vier Naturkräfte (Gravitation, elektromagnetische Kraft, Kernkraft und schwache Wechselwirkung), die zunächst in einer einzigen Kraft vereint waren, entkoppelten sich nach und nach. Mit der Ausdehnung des Weltalls bildete sich heiße, allmählich abkühlende Materie. Mit zunehmender Ausdehnung des Weltalls erkaltete und entwickelte sich das Universum. Atome bildeten sich, kondensierten zu Gas, das wiederum Sterne und Galaxien hervorbrachte. Ziel der modernen Kosmologie ist es, den Beweis für oder wider diesen allgemeinen theoretischen Rahmen zu führen, das Szenario zu rekonstruieren, zu datieren und bis in die verborgensten und schwierigsten Details zu verstehen.

Jenes neue wissenschaftliche Postulat, daß das Universum eine Geschichte habe, stellt heutzutage den einzigen kosmologischen Ansatz dar, der nahezu einhellig von Astronomen und Physikern vertreten wird. Diesen Erfolg verdankt die Urknalltheorie ihren hellseherischen Fähigkeiten: Wie die Relativitätstheorie machte die Expansionstheorie Vorhersagen, die in der Folgezeit, dank weiterentwickelter Beobachtungsinstrumente, größtenteils bestätigt werden konnten.

■ Diese von Hubble übermittelte Aufnahme ist einmalig: Sie zeigt deutlich die Sterne von Mayall 2, einem Kugelsternhaufen, der zur Andromedagalaxie (M 31) gehört. Er befindet sich in 2,5 Millionen Lichtjahren Entfernung. Die beiden hellen Sterne, die ihn zu umrahmen scheinen, befinden sich in der Milchstraße.

Man kann den Film der Expansion des Universums zurückspulen und verfolgen, wie die Galaxien in der Zeit zurücklaufen. Oder besser noch: Setzt man voraus, daß die Expansionsgeschwindigkeit im Laufe der Zeit konstant war, braucht man nur den Kehrwert der Hubble-Konstanten zu nehmen, um das Alter des Universums abzuschätzen! Das „Hubble-Weltalter" beträgt dann unter der Annahme, daß jene Hubble-Konstante bei etwa 75 km/s · Mpc liegt, rund 12 Milliarden Jahre. Selbstverständlich handelt es sich nur

■ NGC 604 ist der größte Nebel, den wir in der Lokalen Gruppe kennen. Er strahlt am Ende eines der Spiralarme der Dreiecksgalaxie M 33, in 2,7 Millionen Lichtjahren Entfernung. Er ist um das 1 000fache heller als der berühmte Orionnebel M 42. Zweihundert junge Sterne, die um das 15- bis 60fache massereicher sind als die Sonne, bringen den Nebel, der hier auf einer Hubble-Aufnahme zu sehen ist, zum Leuchten.

■ Dieses Bild zeigt einen Teil der Scheibe der Andromedagalaxie M 31. Die schöne Spirale ist von Hunderten Milliarden Sternen bevölkert, die denjenigen der Milchstraße ähneln. Hier sind nur einige hundert von ihnen, vornehmlich Blaue und Rote Überriesen, zu sehen. Jeder Quadratmillimeter Bild des grauen Nebels der Scheibe von M 31 besteht jedoch in Wirklichkeit aus fast einer Million Sterne …

um eine grobe Schätzung der Evolutionszeit des Universums. Im folgenden werden wir sehen, daß der genaue Wert der Hubble-Konstanten nach wie vor unbekannt ist, daß er wahrscheinlich im Laufe der Zeit variierte und daß außerdem weitere kosmologische Parameter bei den Gleichungen mit berücksichtigt werden müssen. Zahlreiche Physiker ziehen es heute vor, das Weltalter mit rund 15 Milliarden Jahren zu beziffern. Ob nun 12 oder aber 15 Milliarden Jahre, verwunderlich sind diese Zahlen allemal. Zunächst erscheinen sie unglaublich niedrig. Die Erforschung der Sternentwicklung hat gezeigt, daß die masseärmsten unter ihnen, nämlich die Roten Zwerge, angesichts der Geschwindigkeit, mit der sie ihren Vorrat an nuklearem Brennstoff verbrauchen, eine Lebenserwartung von mehreren Dutzend Milliarden Jahren haben. Sind uns solche alten Sterne bekannt? Keineswegs. In unserer Galaxis sind die ältesten Himmelskörper die Kugelsternhaufen, die durch den Halo wandern. Die Hunderttausende Sterne in ihnen, die gleichzeitig aus einer einzigen Gaskondensation entstanden sind, entwickeln sich entsprechend ihrer Anfangsmasse. In ihrem Dasein gibt es einen ganz besonderen Augenblick. Wenn im Zentrum die Umwandlung des Wasserstoffs in Helium aufhört, verändern sich die nuklearen Prozesse – aus den Roten Zwergsternen werden Rote Riesen. Die Physiker kennen mit ziemlicher Genauigkeit den Zeitpunkt, an dem sich ein Stern bestimmter Masse in einen Roten Riesen verwandelt. Sehr massereiche Sterne, wie Rigel, Deneb, Beteigeuze oder Antares erreichen dieses Stadium in nur einigen Millionen Jahren. Ein Stern mittlerer Masse, wie die Sonne, wird in 10 Milliarden Jahren zu einem Roten Riesen. Ein Stern von 0,8 Sonnenmassen braucht hierfür 20 Milliarden Jahre und ein Stern von 0,1 Sonnenmassen 50 Milliarden. Wenn man also in einem Kugelsternhaufen – dank der statistischen Erforschung mehrerer Tausend Sterne – die Masse der Sterne bestimmt, die im Begriff sind, sich in Rote Riesen zu verwandeln, erhält man eine brauchbare Schätzung seines Alters. In der Milchstraße soll das Alter der Kugelsternhaufen zwischen 10 und 15 Milliarden Jahren liegen: Dieser Wert kommt dem Hubble-Weltalter, das nach der Expansionsgeschwindigkeit des Universums abgeschätzt wurde, erstaunlich nahe.

Es existiert noch eine weitere Sterndatierungsmethode – bei ihr wird die Leuchtkraft Weißer Zwerge gemessen. Wenn ein alter Stern nach dem Roter-Riese-Stadium die ihn umgebende Gashülle abwirft und somit einen großen Teil seiner Masse eingebüßt hat, bleibt nur sein winziges heißes Herz übrig. Aus dem Roten Riesen ist ein Weißer Zwerg geworden. Zu massearm und zu reich an den schweren Elementen, die er im Laufe seines Lebens erzeugt hat, ist nunmehr der sterbende Stern unfähig, thermonukleare Reaktionen hervorzubringen. Oberflächentemperatur und – folglich – Leuchtkraft nehmen allmählich ab. Würden Sterne ein ewiges Dasein fristen, würde man Zwerge in allen Stadien des Erkaltens finden. Die Astronomen haben aber in unserer Galaxis keinen Weißen Zwerg entdeckt, der älter als etwa zehn Milliarden Jahre ist. Wenn man diesem Alter die Lebenszeit des Sterns auf der Hauptreihe hinzufügt, erhält man auch hier ein Alter von etwa 15 Milliarden Jahren für die ältesten Sterne.

Die primordiale Nukleosynthese

Die Theorie eines expandierenden Universums, die durch die Messung der Rotverschiebung der Galaxien bewiesen wurde, stellt den Eckstein für die Urknalltheorie dar. Diese stützt sich aber auf zwei weitere Beobachtungsfakten von entscheidender Bedeutung: Die primordiale Nukleosynthese der leichten Elemente und die kosmische Hintergrundstrahlung.

Sterne sind Kernreaktoren, die den Wasserstoff, aus dem sie hauptsächlich bestehen, beständig in Helium umwandeln. Bei den massereichsten geht diese Umwandlung in immer schwerere Elemente bei steigendem Druck und Erhöhung der inneren Temperatur weiter: Sauerstoff und Kohlenstoff zuerst, dann Natrium, Neon, Magnesium, Schwefel, Kalzium, Silber, Nickel, Silizium, bis hin zu Eisen, dem stabilsten Element des Kosmos. Von spektralen Messungen an Sternen, an den von Supernovae abgestoßenen Hüllen und an den Nebeln, in die sich entstehende Sterne einnisten, ken-

■ Mit den Riesenteleskopen entdecken die Astronomen seit einigen Jahrzehnten die tiefe Einheitlichkeit des Kosmos. Dieses Bild zeigt die Scheibe von M 33, der Dreiecksgalaxie in der Nachbarschaft der Andromedagalaxie M 31. Die Sterne dieser Galaxie sind denjenigen der Milchstraße ähnlich.

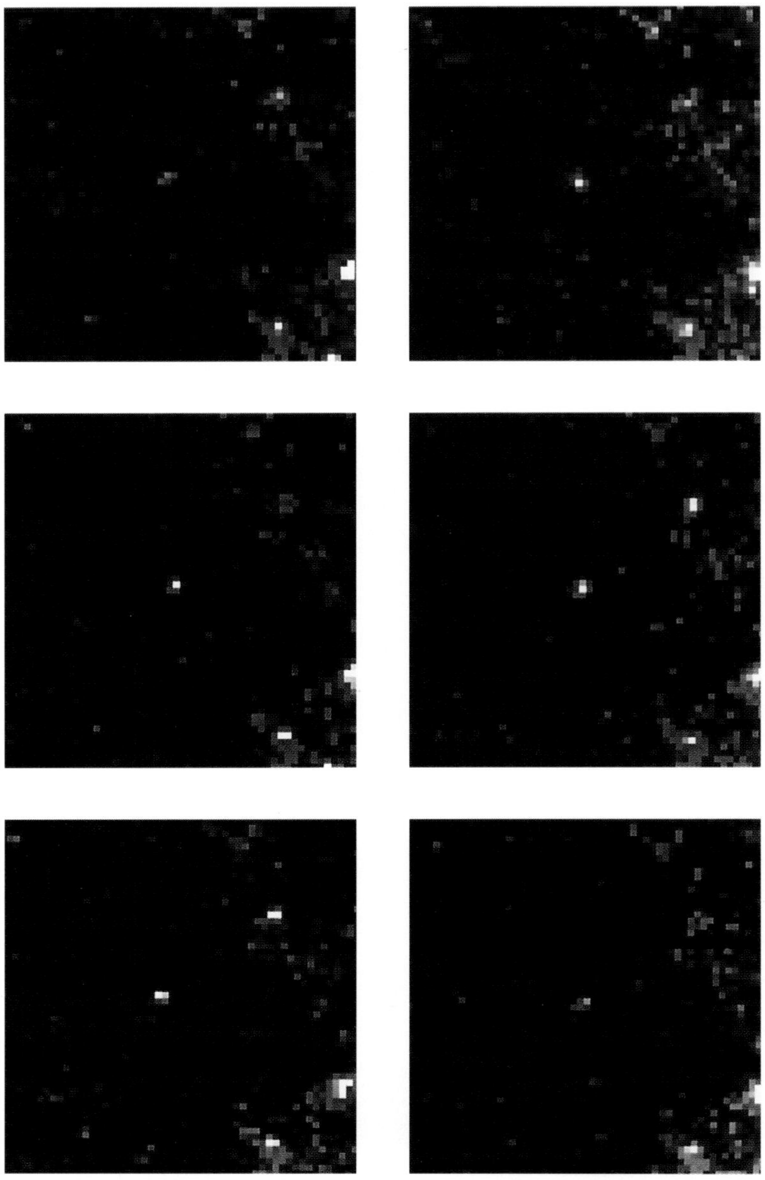

■ In der Galaxie M 100 (siehe Fotos auf den Seiten 90 und 95) verfolgen die Astronomen das langsame Pulsieren eines Cepheiden. Auf diesen Bildern, die in einem Abstand von zwei Wochen aufgenommen wurden, sind die periodischen Schwankungen des Sterns gut sichtbar. Mit den Cepheiden können die Entfernungen der Galaxien gemessen und die Hubble-Konstante bestimmt werden.

nen die Physiker heute die durchschnittliche Zusammensetzung der kosmischen Materie. In runden Zahlen ausgedrückt besteht das Universum zu 75 % aus Wasserstoff, zu 24 % aus Helium und zu 1 % aus allen anderen Elementen. Neben der Expansion des Universums stützt sich die Urknalltheorie auf diese drei Zahlen. Der Wasserstoffkern wird von allen Astronomen als ursprünglich angesehen. Er besteht aus einem einzigen Proton und stellt das einfachste Element dar. Er könnte in dem vom Urknall erzeugten Energiestrom entstanden sein. Seine Existenz ist jedoch kein Beweis für die Gültigkeit der Theorie, denn es ist möglich, sich zahlreiche kosmologische Modelle ohne eine primäre Explosion vorzustellen, in denen das Universum ebenfalls hauptsächlich aus Wasserstoff bestehen würde. Die Aussagekraft der Urknalltheorie liegt woanders: Als einzige ist sie in der Lage, den enormen Unterschied in der Häufigkeit von Helium gegenüber den anderen, schwereren Atomen zu erklären. Der sehr niedrige Prozentsatz an schweren Atomen läßt sich in einem sehr jungen Universum, wie von der Urknalltheorie vorgeschlagen, einfach erklären. Aber was ist mit dem Helium? Wäre dieses Element nur das Produkt des Wasserstoffbrennens im Herzen der Sterne, würde es bei der Geschwindigkeit, mit der die Sterne schwere Elemente erzeugen, nur wenige Prozente Helium geben! Warum also gibt es so viel Helium im Universum? Um hierauf eine Antwort zu finden, bemühten sich die Physiker, die Geschichte des Universums bis zur anfänglichen Singularität zurückzuverfolgen. Daraus ließ sich folgern, wie sich Strahlung und Materie in einem Universum verhielten, von dem man denkt, daß es sich wie eine Flüssigkeit mit stetig abnehmendem Druck und sinkender Temperatur verhalten hat. Die überraschende Genauigkeit in der Beschreibung der Ereignisse, die sich vor mehr als 10 Milliarden Jahren abspielten, wirkt zunächst irreal. Es ist nämlich unmöglich, den Zustand des ganz frühen Universums, heißer und dichter als das Herz eines Riesensterns, in den Teilchenbeschleunigern nachzustellen. Für die Astrophysiker ist jedoch das Universum in seiner Anfangsphase nicht schwerer zu verstehen als das nukleare Herz der Sterne. Außerdem ist die stellare Nukleosynthese wahrscheinlich eines der Naturphänomene, das die Wissenschaft am besten versteht. Im Gegensatz zur heißen Materie der Sterne, die Millionen, ja Milliarden Jahre in demselben physikalischen Zustand verblieb, ist der Energiestrom, der aus dem Urknall entstand, im Laufe der Raumausdehnung einer steten Temperatursenkung ausgesetzt gewesen. Eine Tausendstel Sekunde nur nach dem Anfangsereignis lag die Temperatur bei 1 000 Milliarden Grad. Eine Sekunde später betrug sie nur noch 10 Milliarden Grad. Nach drei weiteren Minuten begann das Universum, sich wie ein heißer Stern zu verhalten: Protonen und Neutronen verbanden sich bei einer Temperatur von etwa 1 Milliarde Grad, um die ersten Helium-Atomkerne zu bilden. Keine zwei Minuten später hörte die primordiale Nukleosynthese plötzlich auf. Die kosmische Expansion hatte die Temperatur um einige hundert Millionen Grad sinken lassen und somit das Verhältnis von Wasserstoff zu Helium eingefroren. Bis auf einige Prozente, die das Ergebnis von mehr als 10 Milliarden Jahren stellarer Kernumwandlung sind, ist dieses Verhältnis von Wasserstoff zu Helium das gleiche geblieben ...

Die kosmische Hintergrundstrahlung

In dieser weit zurückliegenden Vergangenheit war das Universum ein unentwirrbarer Nebel aus Energie, Strahlung und Teilchen, ein heißes und undurchsichtiges Plasma, ähnlich dem Herzen der Sonne. In ihm kollidieren Teilchen mit Geschwindigkeiten nahe der Lichtgeschwindigkeit, wobei hier ein Heliumkern (zwei Protonen und zwei Neutronen), da ein Deuteriumkern (ein Proton und ein Neutron) entstehen. Die Kerne sind nicht in der Lage, freie Elektronen einzufangen, um endlich wirkliche Atome hervorzubringen.

Unter der fortschreitenden Expansion sanken Dichte und Temperatur des „flüssigen" Universums weiter. Tage, Jahre, Jahrhunderte, Jahrtausende vergingen. Als die große kosmische Uhr auf 100 000 Jahre zeigte, veränderte das Universum langsam seinen Zustand. Die Temperatur, die nur noch 3 000 °C betrug und damit derjenigen eines kühlen Sterns entsprach, war niedrig genug, um die Bildung von Atomen zu erlauben. Die Kerne begannen, freie Elektronen einzufangen. Es löste sich langsam ein wahrer Nebel aus Elektronen auf. Dadurch konnte sich die intensive Strahlung, die während des Urknalls ausgesendet wurde, frei in den expandierenden Raum verbreiten. Das bis dahin undurchsichtige Universum wurde zu einem durchsichtigen Gas und gab einen Ozean aus Licht frei. Bereits 1948 hatten die amerikanischen Physiker George Gamow, Ralph Alpher, Robert Herman und Robert Dicke die Existenz dieser kosmischen Strahlung vorhergesagt. Sie ist aus der Theorie eines expandierenden Universums, das aus einem hochkondensierten Zustand hervorgeht, nicht wegzudenken. Hätte ein Beobachter in dieser lange zurückliegenden Zeit leben können, wäre ihm das Universum wie ein Lichtbad erschienen.

Die kosmische Hintergrundstrahlung gibt es noch heute. Seit das Universum durchsichtig wurde, breitete sie sich in alle Richtungen aus. Sie füllte das gesamte Weltall, und heute sind wir in diesem fossilen Schimmer eingetaucht. Ihre Eigenschaften haben sich jedoch verändert. Im Laufe der etwa fünfzehn Milliarden Jahre hat die Expansion die Skala des Universums um das 1 000fache vergrößert. In der Relativitätstheorie führt die Dehnung des Raumes zu einer Zunahme der Wellenlänge der ihn durchquerenden Strahlung. Zu bemerken ist, daß die Astronomen die Rotverschiebung der Galaxien durch eben diesen relativistischen Effekt erklären: Die Zunahme der Wellenlänge ist proportional zur Strecke, die das Licht durch das Universum zurücklegt. Heute manifestiert sich der gleißende Blitz, der zum Zeitpunkt des Urknalls produziert wurde, nicht mehr als Licht von etwa 800 Nanometern Wellenlänge, sondern als eine Radiostrahlung bei etwa 0,8 mm Wellenlänge!

Die kosmische Hintergrundstrahlung wurde zufällig 1965 von Arno Penzias und Robert Wilson, zwei jungen amerikanischen Forschern, entdeckt. Sie testeten eine kleine Antenne zum Empfang der Signale, die von den ersten Satelliten gesendet wurden. Für Penzias und Wilson teilte sich diese Strahlung durch ein „Radiogeräusch" mit, das gleichmäßig aus allen Richtungen des Himmelsgewölbes einfiel. Zunächst hielten es die beiden Forscher für ein Störrauschen. Dabei hatten sie gerade eine der bedeutendsten Entdeckungen in der Geschichte der Kosmologie gemacht. Zusammen mit der Expansion und der Nukleosynthese stellte dies nämlich eine äußerst bedeutende Bestätigung der Urknalltheorie dar.

■ Diese Supernova, die nicht weit vom Kern einer Galaxie langsam erlischt, ist einer der entferntesten Sterne, der je von den Astronomen beobachtet wurde. Die Entfernung beträgt fast 3 Milliarden Lichtjahre. Extragalaktische Supernovae, wie auch die Cepheiden, werden als Eichmaß zur Messung der Hubble-Konstanten verwendet.

Für den Kosmologen ist die gesamte Geschichte des Universums in der Raumausdehnung zusammengefaßt. Diese bewirkt, von der anfänglichen Singularität ausgehend, eine Senkung des Drucks und der Temperatur des Universums, das zunächst als Energiestrom, dann als heißes Plasma und schließlich als immer dünneres Gas angesehen wird. Heute ist das Universum in der Hauptsache leer, da die Materie in Galaxien kondensiert ist. Wäre das Universum vollkommen leer, würde seine Temperatur 0 Kelvin, den absoluten Nullpunkt, sprich –273,15 °C, betragen. Die fossile Strahlung, die von Penzias und Wilson entdeckt wurde und ihnen 1978 den Nobelpreis für Physik brachte, zeugt von der vergangenen Dichte und Wärme des Universums und entspricht dessen aktueller, durchschnittlicher Temperatur von –270,42 °C, oder 2,726 K. Der Einfachheit halber sprechen die Wissenschaftler hier von der Drei-Kelvin-Strahlung. Die Temperatur der kosmischen Hintergrundstrahlung, ihre spektrale Verteilung, ihre Homogenität und ihre Isotropie entsprechen aufs genaueste der Urknalltheorie.

Gibt es aber auch entgegengesetzte Hypothesen, die es beispielsweise ermöglichen würden, das vollkommene kosmologische Prinzip, das Albert Einstein so teuer war, wiederherzustellen? Einige Wissenschaftler suchen nach wie vor in verschiedenen Richtungen danach. Unter ihnen kämpfen manche hervorragende Physiker und Astronomen – so etwa Fred Hoyle, Jayant Narlikar, Halton Arp, Geoffrey Burbidge, Jean-Claude Pecker – unerbittlich gegen die Big Bang-Theorie, die sie für kreationistisch und stark religiös geprägt halten. Diese Theorie, die vom Kirchenmann Georges Lemaître, Abt in seiner Heimatstadt Louvain, vorgeschlagen worden war, wurde häufiger mit dem *Fiat Lux!* der Genesis verglichen. Für ihre Widersacher leidet die Theorie nicht nur unter jener vereinfachten Gleichsetzung mit der Schöpfungsgeschichte. Die Hypothese scheint ihnen eigens für diesen Zweck gebildet worden zu sein, und sie fragen nach dem physikalischen Sinn der anfänglichen Singularität, jenes ursachenlosen Ereignisses, das als solches von den Wissenschaftlern akzeptiert wird, obwohl es sich – heute wie auch 1930 – außerhalb ihres Forschungsbereiches befindet. Schließlich ziehen diese Forscher aus wissenschaftlichen und philosophischen Gründen ein Universum vor, das das vollkommene kosmologische Prinzip bestätigt: ungeschaffen, räumlich und zeitlich unendlich. Das berühmteste, mit der Urknalltheorie konkurrierende Modell des Universums ist die Steady-State-Theorie, die 1950 von Fred Hoyle, Hermann Bondi und Thomas Gold in Cambridge vorgeschlagen wurde. Wie in der Urknalltheorie expandiert das Universum, und die Galaxien entfernen sich voneinander, gemäß der Allgemeinen Relativitätstheorie und dem Hubble-Gesetz. Die Cambridge-Schule besagt jedoch, daß sich die Expansion in alle Ewigkeit fortsetzt und daß das Universum unendlich ist. In diesem Universum, dessen Modell Fred Hoyle und Jayant Narlikar heute noch verteidigen, bilden sich die Teilchen spontan aus der Energie des expandierenden Feldes der Raumzeit. Dieses Modell, dem eine große formelle Schönheit bescheinigt werden kann, erfreute sich in den fünfziger und sechziger Jahren eines gewissen Erfolgs unter den Kosmologen. Die Zustimmung war um so größer, als die Urknall-Hypothese gerade in dieser Zeit in Schwierigkeiten steckte. Die Messung der Hubble-Konstanten, die von Hubble und seinen Nachfolgern stark überschätzt worden war, ergab ein Hubble-Weltalter, also ein grobes Universumsalter, das geringer war, als das der Erde! Hubble selbst hatte den Wert der Konstanten auf 500 km/s·Mpc geschätzt. In der Folgezeit stabilisierte sich der Wert der Konstanten, dank der genaueren Messungen von Allan Sandage und Gérard de Vaucouleurs, zwischen 50 und 100 km/s·Mpc und war mit dem Alter der ältesten Sterne somit vereinbar. 1965 schließlich gaben die Entdeckung der fossilen Strahlung und die Arbeiten der Physiker zur primordialen Nukleosynthese der Steady-State-Theorie den Gnadenstoß. Die Expansion, die Drei-Kelvin-Strahlung und die 24 % Helium im Universum stellen drei unumgängliche Beobachtungsfakten dar, die von den Kosmologen berücksichtigt werden müssen. Für die Mehrheit der Wissenschaftler sind es drei Beweise dafür, daß wir in einem expandierenden Universum leben, das aus einem dichten und heißen Ursprung entstanden ist.

Blick in die Vergangenheit und spektrale Rotverschiebung

Um die Hypothese des Urknalls zu untermauern, stützen sich die Forscher nicht nur auf die numerischen Ergebnisse der Einsteinschen Gleichungen, sondern vor allem auf die astronomischen Beobachtungen. Für den Kosmologen stellt das Licht eine wahre Zeitmaschine dar. Weil die Lichtgeschwindigkeit endlich ist, sehen wir die Himmelskörper mit einer zeitlichen Verschiebung, die um so größer ist, je weiter sie entfernt sind. Wenn die Abstände nur astronomisch und nicht kosmologisch sind, ist es einfach, das Universum in Lichtjahren auszumessen. Die Entfernung zum Mond beträgt etwa 380 000 km – eine Distanz, die das Licht, bei seiner Geschwindigkeit von 300 000 km/s in etwas mehr als einer Sekunde zurücklegt. Für den Astronomen beträgt diese Entfernung also etwas mehr als 1 Lichtsekunde. Sterne sind jedoch viel zu weit weg, als daß man ihre Entfernung in Kilometern beziffert. In der Milchstraße werden die Entfernungen in 10, 100, 1 000 … Lichtjahren gemessen. Die Zeitverschiebung, die mit diesen Entfernungen einhergeht, hat auf der astronomischen Ebene jedoch keine Bedeutung.

Die Entwicklungszeit der Sterne wird in Millionen Jahren gemessen, so daß die Astronomen sich daran gewöhnt haben, die zeitliche Komponente der Entfernung der Sterne außer acht zu lassen, zumindest wenn diese Himmelskörper nah sind. Sie konnten beispielsweise die Supernova-Explosion aus dem Jahr 1987 in der Großen Magellanschen Wolke verfolgen, „als ob“ sie sich live vor ihren Augen abgespielt hätte. Sanduleak –69°202 befand

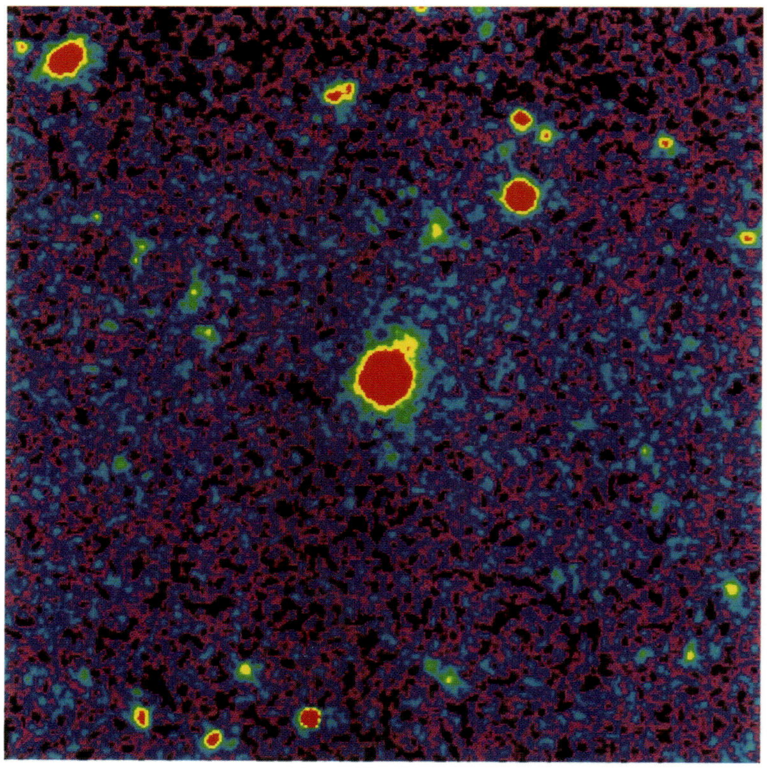

■ Bei großen Distanzen ist es aufgrund der langen Reisedauer des Lichtes und des Skalenwechsels des expandierenden Universums unmöglich, die klassischen Maßeinheiten, so etwa das Lichtjahr, anzuwenden. Die Astronomen ziehen ihr die spektrale Rotverschiebung z vor. In der Mitte der Abbildung ist eine der entferntesten, bekannten Galaxien zu sehen, der helle Quasar QSO 1207–07. Er weist eine Rotverschiebung von $z = 4{,}4$ auf. Dies bedeutet einen Blick in die Vergangenheit von 90 % des heutigen Weltalters.

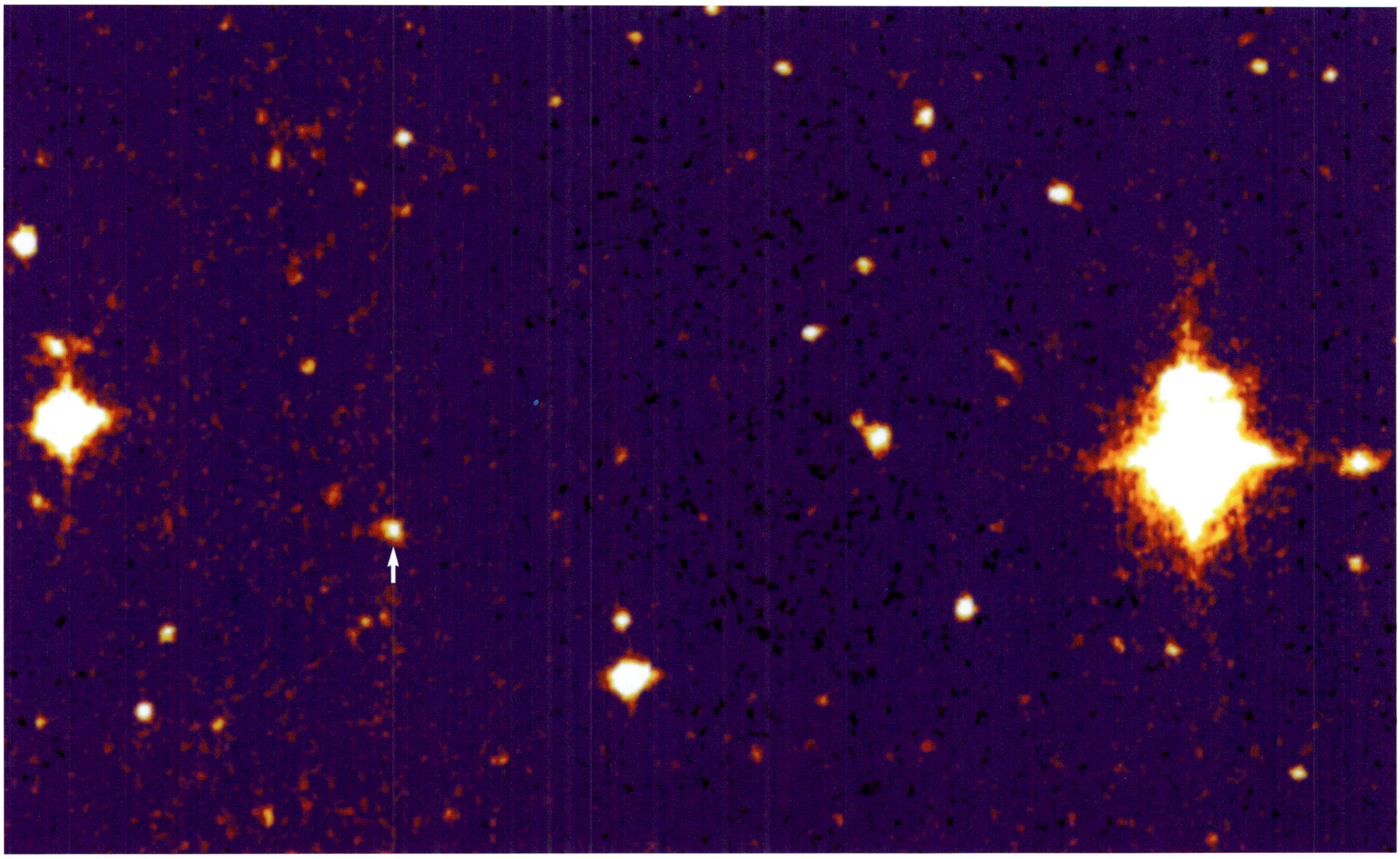

■ Die Galaxie MRC 0316–257, beobachtet durch das CFH-3,60-m-Teleskop des Observatoriums von Hawaii. Die Lichtstrahlen, die uns heute erreichen, wurden zu einem Zeitpunkt gesendet, als das Universum 15 % seines heutigen Alters erreicht hatte, also vor etwa 12 Milliarden Jahren.

sich jedoch in Wirklichkeit in mehr als 170 000 Lichtjahren Entfernung. Die zeitliche Verschiebung betrug dementsprechend 170 000 Jahre. In einer größeren Entfernung von, sagen wir mal, bis zu 5 Milliarden Lichtjahren, also innerhalb der Sphäre, die unser aktuelles, lokales Universum eingrenzt, kann man das Lichtjahr als einfache und ästhetische Maßeinheit weiterhin benutzen, und – warum nicht – die Distanzen in Kilometern umwandeln. 1 Milliarde Lichtjahre sind ja schließlich nur 10 000 000 000 000 000 000 000 km. Jenseits davon ist es vollkommen sinnlos, die Entfernung der Himmelskörper zu erwähnen. Im kosmischen Maßstab muß die expandierende Geometrie des Universums mitberücksichtigt werden. Dies zwingt uns, den Begriff von räumlicher Entfernung zugunsten einer zeitlichen Entfernung fallenzulassen. Die Galaxie MRC 0316-257 im Sternbild Fornax (Ofen) flieht von uns mit einer scheinbaren Geschwindigkeit von beinahe 300 000 km/s; gemäß dem Hubble-Gesetz entspricht dies einer Entfernung von mehr als 12 Milliarden Lichtjahren. Es handelt sich hier um eine bequeme, aber falsche Vereinfachung, da diese Zahl in dem von der Relativitätstheorie gesteckten geometrischen Rahmen keine Bedeutung hat. Stellen wir uns nämlich einen Lichtstrahl vor, der vor 12 Milliarden Jahren aus dieser Galaxie hervorging. Während das Photon zu uns unterwegs war, expandierte das Universum weiter. Die Entfernung zwischen beiden Himmelskörpern vergrößerte sich. Die Ausdehnung des geometrischen Netzes des Weltraums verursacht die Rotverschiebung des heute von den Teleskopen empfangenen Lichtstrahls.

Was stellt heute die Abbildung der Galaxie MRC 0316-257 dar, wie sie von den Astronomen photographiert wird? Sehen wir diese Galaxie, wie sie heute existiert? Nein, denn weit in den Raum blicken bedeutet weit in die Zeit zurückblicken. Wir sehen die Galaxie, wie sie vor 12 Milliarden Jahren war. Diese Distanz in der Zeit ist die einzige Maßeinheit, die wir benutzen dürfen. Zu dem Zeitpunkt, in dem MRC 0316-257 uns die Photonen sandte, die wir heute empfangen, war die Skala des Universums viel kleiner und die Galaxie uns viel näher. In dieser lange zurückliegenden Zeit befand sie sich in nur 4 Milliarden Lichtjahren Entfernung von der Milchstraße. Sollen wir dann diese, oder aber die heutige „Distanz" benutzen? Die relativistischen Gleichungen lehren uns, daß MRC 0316-257 sich heute in 16 Milliarden Lichtjahren Entfernung befindet. Aber ein „heutiger Zusammenhang" zwischen uns und dieser Galaxie ergibt keinen Sinn. Wir sind nur in der Vergangenheit mit ihr verbunden. Wenn die Astronomen von Himmelskörpern sprechen, die sich in kosmologischen Entfernungen befinden, verlassen sie ihre lokalen Maßeinheiten (Kilometer, Lichtjahr, Megaparsec) und ersetzen sie durch zwei neue, zeitliche Maßeinheiten: Den „Blick in die Vergangenheit" und die Rotverschiebung. Die Rotverschiebung z ist eine absolute Maßeinheit des Skalenwechsels im Universum. Sie ist von den Unsicherheiten bezüglich des Wertes der Hubble-Konstanten und des Weltalters unabhängig. Für die Galaxie MRC 0316-257 ist z gleich 3,14. Diese Zahl bedeutet, daß die Skala des Universums, als der heute empfangene Lichtstrahl – vor ca. 12 Milliarden Jahren – gesendet wurde, um das 4,14-fache $(1 + z)$ kleiner war als heute: gemäß der Urknalltheorie war irgendein Volumen des Universums gleichzeitig kleiner und wärmer als heute. Die spektrale Rotverschiebung z ist die Maßeinheit der Kosmologen, denn es handelt sich um eine von kosmologischen Modellen unabhängige Maßeinheit. Man kann jedoch das z in eine signifikantere und für den Laien besser

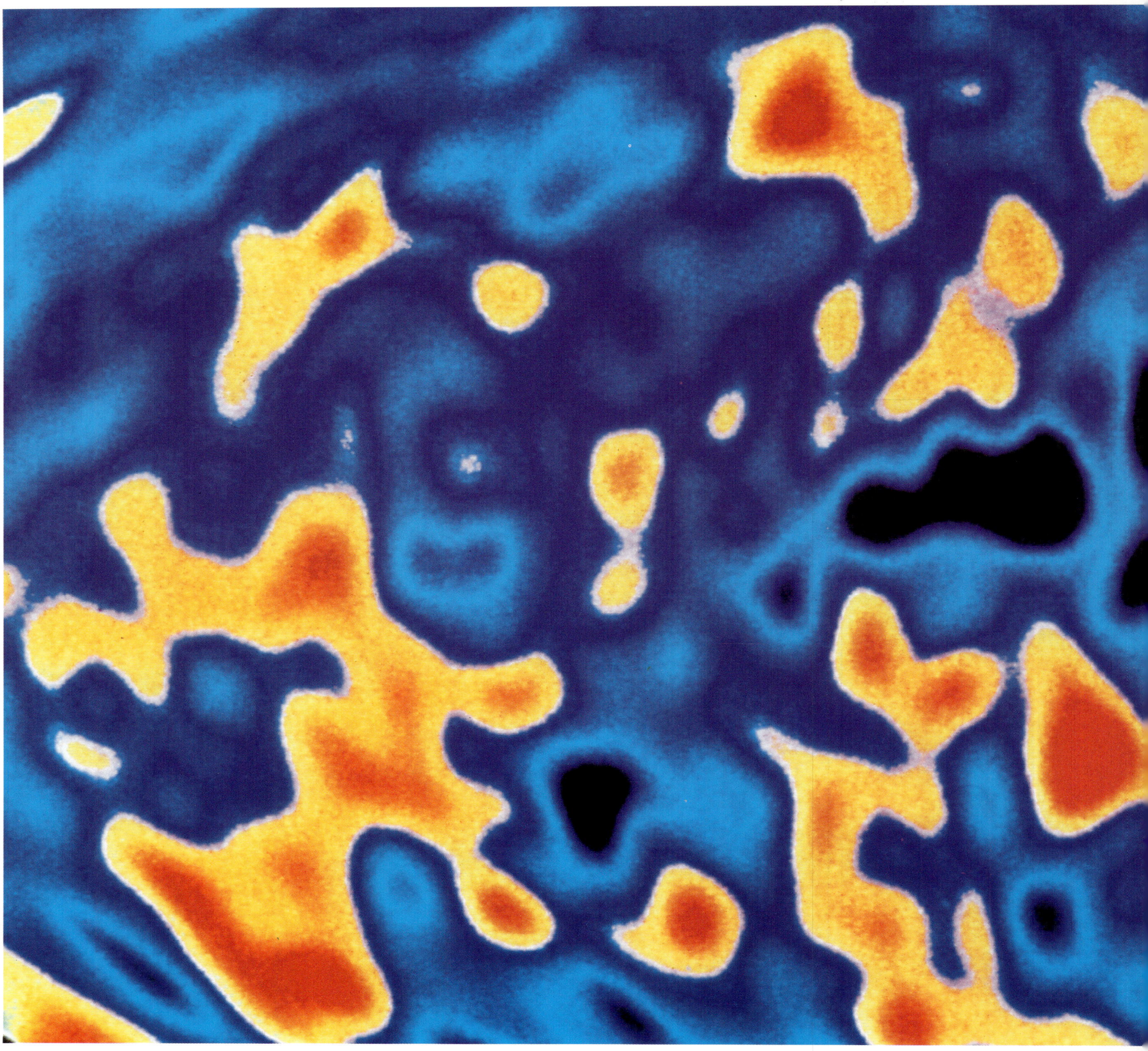

■ Hier ist der weiteste Punkt, im Raum wie in der Zeit, der je von den Astronomen erreicht wurde: Diese Infrarotaufnahme des Satelliten COBE zeigt die kosmische Hintergrundstrahlung bei einer Rotverschiebung von $z = 1\,000$. Dieser Lichtnebel füllte das Universum nur 100 000 Jahre nach

nachvollziehbare Größe übersetzen: in den Blick in die Vergangenheit (siehe Anhang). Für die Galaxie MRC 0316-257 beträgt dieser Blick in die Vergangenheit 85 %. Wenn wir also eine Abbildung von MRC 0316-257 betrachten, blicken wir um 85 % in die Zeit zurück, die seit dem Urknall vergangen ist, und wir sehen die ferne Galaxie, so wie sie war, als das Universum 15 % seines heutigen Alters erreicht hatte. Wenn auch diese Formel komplexer und weniger poetisch als die klassische, raumzeitliche Messung in Lichtjahren erscheint, so ist sie für ein wirkliches Verständnis der kosmologischen Zeitskalen unentbehrlich. Heute haben die Astrophysiker keine genaue Kenntnis der numerischen Werte der vier grundlegenden, kosmologischen Parameter, die die relativistische Geometrie des Universums beschreiben. Die Hubble-Konstante ist der bekannteste von ihnen. Würde man diesen Parameter besser kennen, könnte man die Geschichte des Universums vollständig beschreiben, vom Urknall bis heute. Die Behauptung, die Galaxie MRC 0316-257 sei 12 Milliarden Lichtjahre von uns entfernt, ist sinnlos. Daß wir sie sehen, wie sie vor 12 Milliarden Jahren existierte, ist ebenfalls eine fälschliche Vereinfachung. Diese Zeitdauer ist für ein theoretisches Modell des Universums anwendbar. In einem anderen kosmologischen Modell würde man der zeitlichen Entfernung von MRC 0316-257 genausogut eine Dauer von 8, 10, 12, 14 oder 16 Milliarden Jahren zuweisen. Die Verwendung des Blicks in die Vergangenheit ermöglicht es den Forschern, ihre Unwissenheit bezüglich des Alters des Universums zu verbergen, indem sie den erforschten Himmelskörpern den einfachen Prozentsatz eines gesamten, aber unbekannten Alters zuweisen. Um das Problem der kosmologischen Zeitmessung noch zu erschweren, ist der Blick in die Vergangenheit leider auch eine vom gewählten Universumsmodell abhängige Maßeinheit. Die kosmologischen Theorien müssen also noch genauer erarbeitet werden. In der Zwischenzeit werden die Astronomen das Universum weiter mit der spektralen Rotverschiebung vermessen. Für den Theoretiker

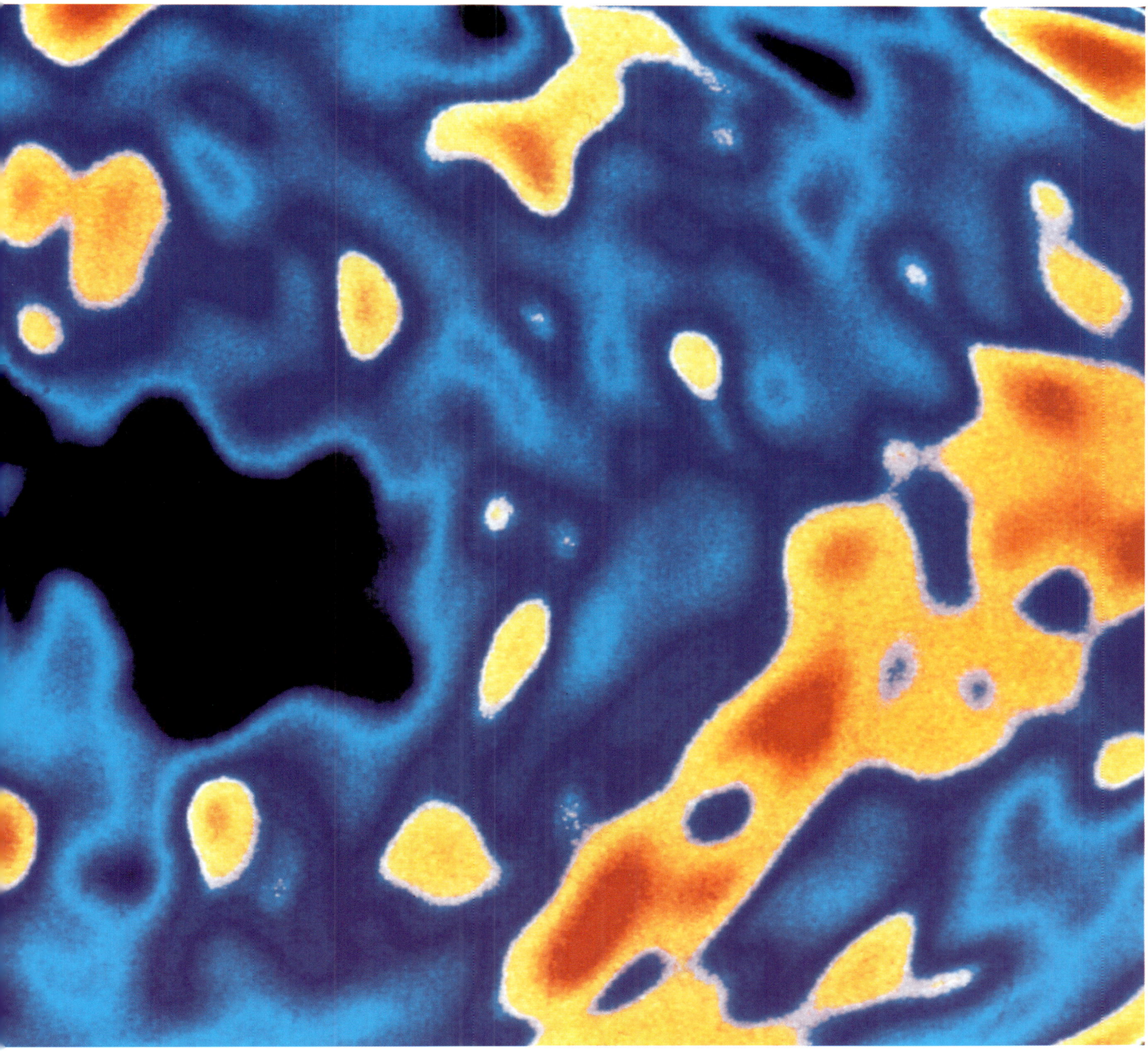

dem Urknall. Die Inhomogenitäten, die in dem fossilen Schimmer entdeckt wurden, sind auf diesem Bild aus dem Jahr 1992 gut zu sehen. Sie offenbaren möglicherweise Fluktuationen des „flüssigen" Universums, aus denen später die Galaxien hervorgingen ...

ist diese Methode beruhigend, denn ihr Wert ist absolut, von den Modellen unabhängig, und z beschreibt sehr genau den Skalenwechsel des Universums im Laufe der kosmischen Expansion. Ähnlich der Skala der metrischen Distanzen ist diese neue, relativistische Skala der Universumsgeometrie unendlich. Bei $z = 0$ befinden wir uns im lokalen Universum, wo die Expansion nicht wahrnehmbar ist. Der Virgo-Haufen befindet sich bei $z = 0{,}004$, der Coma-Galaxienhaufen bei $z = 0{,}03$, der Abell 370-Haufen bei $z = 0{,}37$ und die Galaxie MRC 0316-257 bei $z = 3{,}14$. Die weitesten, bis heute gemessenen Galaxien befinden sich jenseits von $z = 5$.

Erst in letzter Zeit, mit der Inbetriebnahme der Riesenteleskope nebst ihrer sehr empfindlichen, elektronischen Kameras, erhielten die Astronomen Zugang zu den kosmologischen Distanzen. Bis in die sechziger Jahre waren sie in ihren Forschungen auf einen relativ nahen Galaxien-Bereich begrenzt. Beim Betrachten dieser Myriaden von Galaxien, die im grenzenlosen Abgrund verloren schienen, war es sehr schwierig, sich vom unendlichen und ewigen Universum eines Hoyle, Bondi oder Gold zu lösen. Die drei letzten Jahrzehnte brachten jedoch den Astronomen einen radikalen Perspektivenwechsel. Die großen Teleskope zeigten ihnen endlich die weit zurückliegende Vergangenheit der Regionen des Universums, die sich jenseits von $z = 1$, also in einem Blick in die Vergangenheit von etwa 60 %, sprich von etwa zehn Milliarden Jahren, befinden. In diesen alten Zeitschichten beobachteten die Astronomen Galaxien, die sich in ihrer Morphologie, ihrem dynamischen Verhalten und ihrer stellaren Zusammensetzung von den lokalen, aktuellen Galaxien unterschieden. Die bedeutsamen Beobachtungen jener Fakten, die man seit geraumer Zeit vermutete, jedoch nicht wahrnehmen konnte, lieferten einen neuen Beweis zugunsten der Urknalltheorie: Mit eigenen Augen konnten die Wissenschaftler sehen, daß das Universum sich entwickelt, daß es also eine Geschichte besitzt.

Trugbilder der Gravitation

■ Der Gravitationslinsen-Effekt, der von den Relativisten seit sechzig Jahren vorhergesagt worden war, konnte lange Zeit von den Astronomen – mangels ausreichender Technik – nicht beobachtet werden. Seit etwa zehn Jahren entdeckt man Dutzende von diesen seltsamen, optischen Trugbildern in den Tiefen des Alls. Hier zeigt der Abell 2390-Haufen, der vom Weltraumteleskop Hubble photographiert wurde, leuchtende, senkrechte Bögen: Es sind die Phantombilder weit entfernter Galaxien.

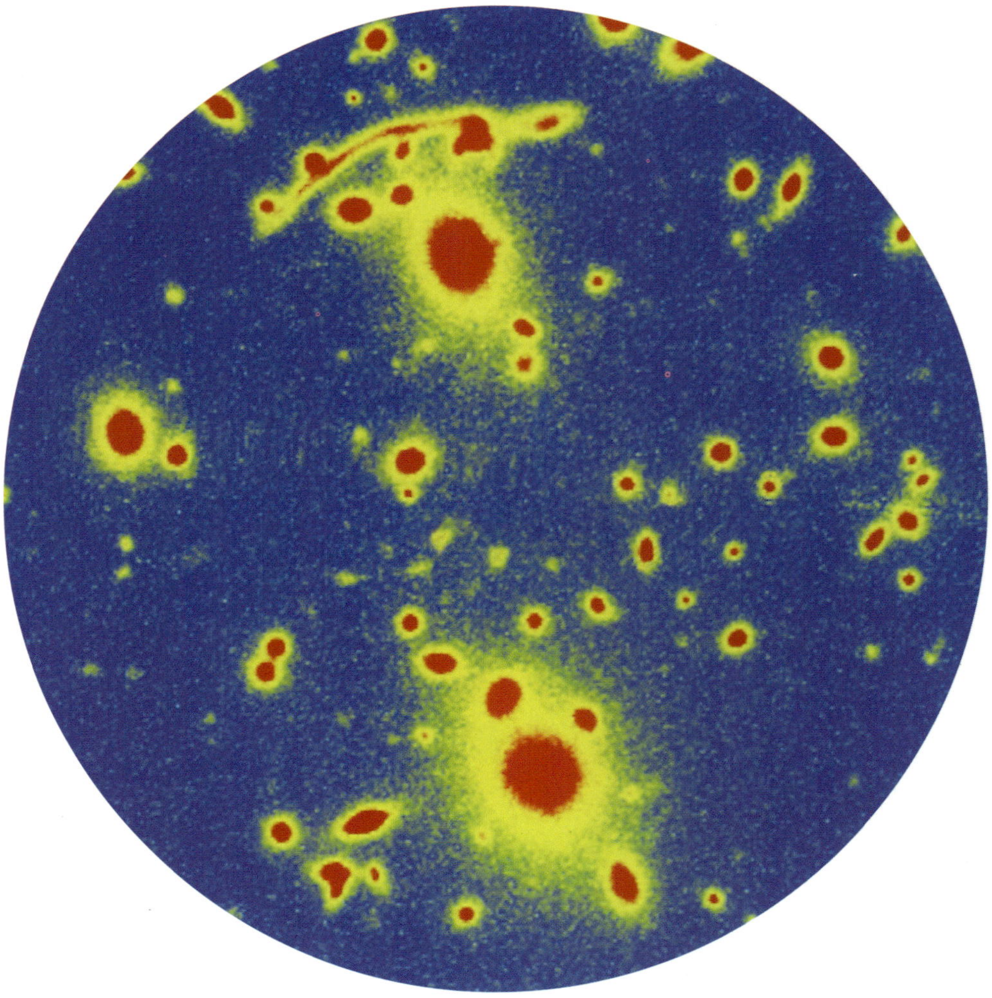

■ Der erste Riesenbogen wurde 1985 von französischen Astronomen des Observatoriums von Toulouse mit dem 3,6-m-Teleskop von Mauna Kea, Hawaii, entdeckt. Er säumt den Abell 370-Haufen.

Eine winzige Region des Himmels: Scheinbar sternenleer erstreckt sie sich im Osten des Sternbildes Walfisch und am langen und gewundenen Fluß Eridanus entlang. Diese scheinbar vollkommen dunkle Himmelszone, die in mehrstündiger Belichtungszeit mit der elektronischen Kamera eines großen Teleskops photographiert wurde, offenbart eine Vielzahl kleiner, verschwommener, dicht aneinander gedrängter Flecken. Es handelt sich um Abell 370: Unter den fast 3 000 Galaxienhaufen, die der Amerikaner George Abell Ende der fünfziger Jahre katalogisiert hat, ist er der am weitesten entfernte. Diese gewaltige, extragalaktische Anhäufung hat einen Durchmesser von 500 000 Lichtjahren und beinhaltet mehr als 100 000 Milliarden Sterne, die sich auf etwa einhundert Galaxien verteilen. Von der Erde aus erscheinen sie jedoch nur als winzige, verschwommene Lichtpunkte. Um sie deutlich sichtbar zu machen, müssen die Astronomen sie einer komplexen Bildverarbeitung am Bildschirm unterziehen. Der tiefblaue Himmelshintergrund wird aufgehellt, und die Galaxien des Haufens werden in roten und gelben Falschfarben dargestellt. Dadurch wird der Kontrast verstärkt und ihre Leuchtkraft hervorgehoben. Die kleinsten unter ihnen bleiben aber trotzdem vor dem Hintergrund unsichtbar, und die hellsten haben eine Helligkeit von höchstens 20^m. Die spektrale Rotverschiebung von $z = 0{,}37$ von Abell 370 ist sehr bedeutend. In den kosmologischen Standardmodellen entspricht sie einer Entfernung von etwa 4 Milliarden Lichtjahren. Bei einer solchen Distanz in der Raumzeit verwundert es nicht, daß diese Galaxien – auch mit Riesenteleskopen – so klein und schwach erscheinen.

Optische Täuschungen am Himmel

Weder seine Entfernung oder Größe noch seine Masse haben Abell 370 aus der Anonymität herausgeholt. Unzählig sind heute die am Himmelsgewölbe verstreuten Galaxienhaufen, deren physikalische Eigenschaften mindestens denen von Abell 370 entsprechen, wenn nicht sogar überragen. Als die Astronomen in den siebziger Jahren begannen, Abell 370 mit großen Teleskopen zu photographieren, offenbarten die Aufnahmen eine seltsam gewölbte, langgestreckte und nur schwach leuchtende Struktur am äußeren Rand des Haufens. Manche Beobachter übersahen sie komplett. Andere beschlossen, sie nicht weiter zu untersuchen. Sie waren davon überzeugt, daß es sich nur um eine Spiegelung auf den Photoplatten handelte beziehungsweise um ein Artefakt,

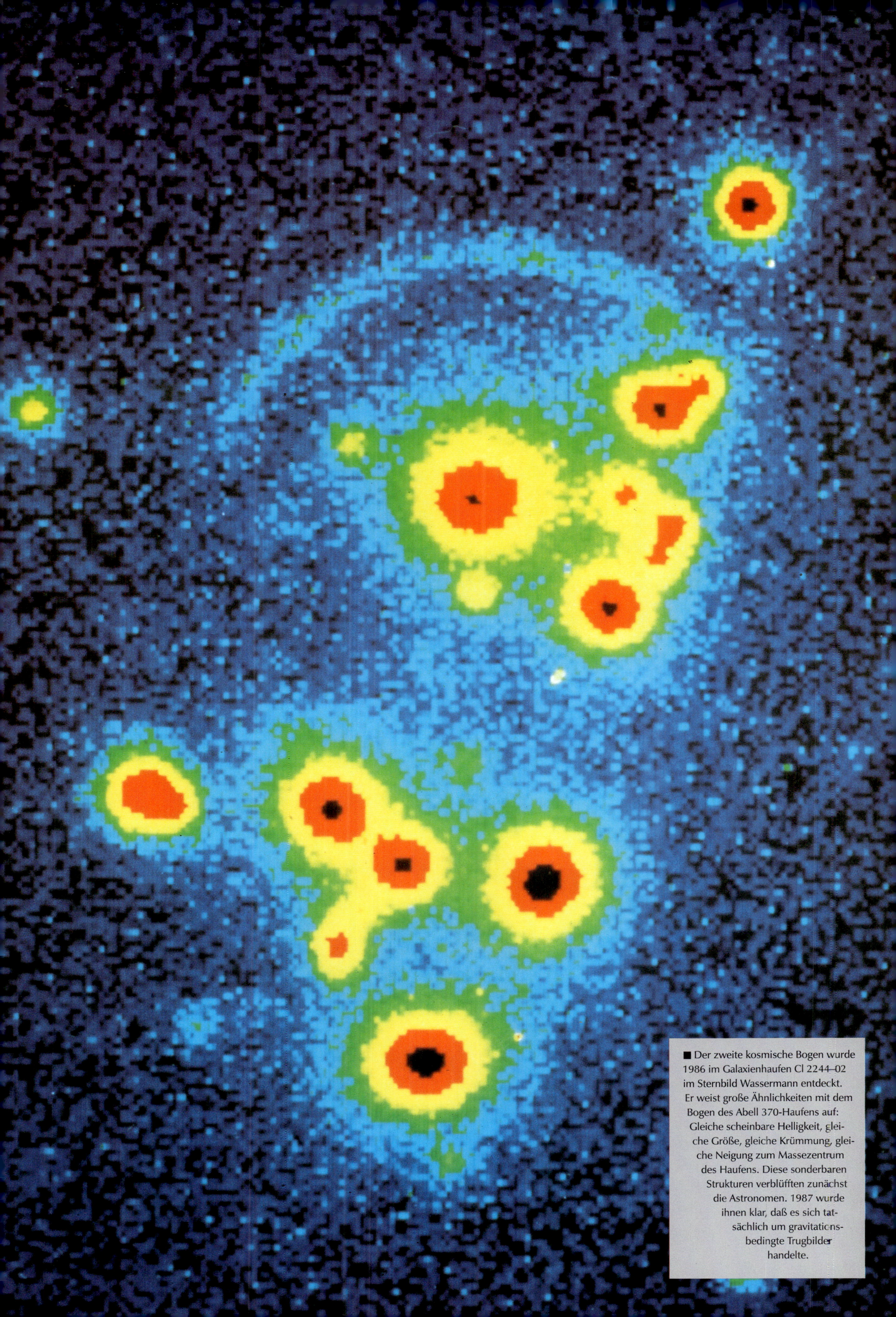

■ Der zweite kosmische Bogen wurde 1986 im Galaxienhaufen Cl 2244–02 im Sternbild Wassermann entdeckt. Er weist große Ähnlichkeiten mit dem Bogen des Abell 370-Haufens auf: Gleiche scheinbare Helligkeit, gleiche Größe, gleiche Krümmung, gleiche Neigung zum Massezentrum des Haufens. Diese sonderbaren Strukturen verblüfften zunächst die Astronomen. 1987 wurde ihnen klar, daß es sich tatsächlich um gravitationsbedingte Trugbilder handelte.

■ Galaxienhaufen in etwa 4 Milliarden Lichtjahren Entfernung stellen perfekte Gravitationslinsen dar. Sie liefern die verzerrten und vergrößerten Abbildungen von Galaxien, die sich oft zwei- oder dreimal weiter entfernt befinden. Auf diesem Bild sind die kosmischen Bögen zu sehen, die den Abell 370-Haufen säumen.

das von den zu neuen und noch widerspenstigen elektronischen Kameras erzeugt worden war. 1973, 1977, 1981 und 1982 wurde diese Struktur aufgenommen und geriet sofort wieder in Vergessenheit.

Im September 1985 wurde das französisch-kanadische 3,60-m-Teleskop,. das auf dem Gipfel des Mauna-Kea-Vulkans auf Hawaii installiert ist, auf das Sternbild Walfisch gerichtet. Dieses Teleskop ist mit einer CCD-Kamera ausgestattet, deren Lichtempfindlichkeit mit den Photoplatten oder den ersten elektronischen Detektoren nicht zu vergleichen ist. Der große, bläuliche Bogen, der Abell 370 umrahmt und vom Team um den französichen Astronom Bernard Fort wiederentdeckt wurde, war jetzt so deutlich sichtbar, daß er unmöglich weiter verleugnet werden konnte. Worum handelte es sich dabei? Es wurden zunächst wenig überzeugende Vermutungen geäußert. Der Bogen könnte zum Beispiel nach einer kolossalen Explosion in einer zentralen Riesengalaxie des Haufens entstanden sein. Doch welcher Himmelskörper, welches Phänomen wäre in der Lage, eine Plasmahülle mit einem Radius von mehr als 100 000 Lichtjahren mit solcher Gewalt herauszuschleudern? Dann bestand auch die noch seltsamere Möglichkeit, daß der bläuliche Bogen von Abell 370 ein leuchtendes Echo, das heißt die Widerspiegelung einer sehr alten Supernova-Explosion sein könnte, das sich in der diffusen Umgebung des Haufens verbreiten würde. Ein solches Phänomen wurde auch drei Jahre nach der Supernova-Explosion in der Großen Magellanschen Wolke entdeckt (siehe Kapitel 7). Doch mußte es sich bei Abell 370 um etwas anderes handeln. In 4 Milliarden Lichtjahren Entfernung hätte keine Supernova-Explosion jemals einen so starken Blitz verursachen können. Die Lösung kam zwei Jahre später, als amerikanische Astronomen einen weiteren, gleichgearteten, bläulichen Bogen in Cl 2244-02, einem Galaxienhaufen im Wassermann, entdeckten. In beiden Fällen zeichnete sich der Lichtbogen durch seine seltsame und harmonische, genau auf das Herz des Haufens gerichtete Lage aus, wo sich die meisten und massereichsten Galaxien befinden. Zu diesem Zeitpunkt begriffen die Theoretiker, daß jene Bögen keine neuen Himmelskörper darstellten, groß wie Galaxien und mit Gewalt aus entfernten Haufen herausgeschleudert. Im Universum ist übrigens kein physikalisches Phänomen in der Lage, eine solche

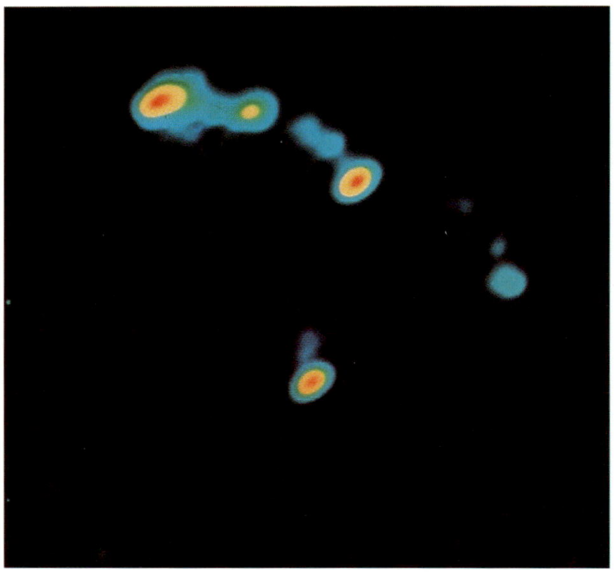

■ Der Doppelquasar QSO 0957+561 wurde 1979 im Sternbild Großer Bär entdeckt. Im verdoppelten Bild des Quasars werden die beiden leuchtenden Ellipsen, oben links und unten im Bild, von kleinen Strukturen begleitet, die ebenfalls durch die Verzerrungen der Gravitationsoptik entstehen.

■ Das Einstein-Kreuz ist zweifelsfrei die spektakulärste kosmische Fata Morgana. Hier ist die Gravitationslinse eine schöne Spiralgalaxie im Sternbild Pegasus, in 400 Millionen Lichtjahren Entfernung von der Erde. Genau im Zentrum der Galaxie entdeckten die Astronomen QSO 2237+0305, einen Mehrfach-Quasar, dessen vier Komponenten rautenförmig um den Kern der Galaxie angeordnet sind. Dieser Zoom in drei Bildern auf QSO 2237+0305 wurde mit dem CFH-3,60-m-Teleskop von Hawaii durchgeführt.

Energie zu erzeugen oder solche Strukturen zu schaffen. Tatsächlich existieren die bläulichen Bögen nicht wirklich. Es sind nur optische Täuschungen ... Die Astronomen hatten gerade das entdeckt, was Albert Einstein fünfzig Jahre früher vorhergesagt hatte: Eine gravitationsbedingte Fata Morgana.

In der Einsteinschen Allgemeinen Relativitätstheorie wird die Raumzeit durch die Masse gekrümmt, die sie enthält. Die Allgemeine Relativitätstheorie besagt somit, daß die Bahn eines Lichtstrahls (eine Geodäte) gekrümmt wird, wenn sie in die Nähe eines massereichen Körpers, beispielsweise eines Sterns, kommt. Der Lichtstrahl wird vom Gravitationsfeld des Sterns abgelenkt. Von der Erde aus gesehen, manifestiert sich die Kurve durch eine winzige Änderung der Lage des Himmelskörpers am Himmel. Als die Allgemeine Relativitätstheorie 1915 veröffentlicht wurde, hatte man noch keine Kenntnisse von Masse, Durchmesser, intergalaktischen Entfernungen und großräumigen Strukturen des Universums. Der einzig mögliche Nachweis der seltsamen Vorhersage von Einstein konnte nur mit bereits bekannten Objekten, wie der Sonne als Störfaktor und den Sternen als Lichtquellen, erbracht werden. Sollte sich die Allgemeine Relativitätstheorie als richtig erweisen, müßten die Lichtstrahlen, die von den Sternen ausgesendet wurden, von der Sonne leicht abgelenkt werden, ehe sie die Erde erreichten. Einstein berechnete sogar den theoretischen Wert dieser Ablenkung am Rand der Sonnenscheibe: Der winzige Winkel entspricht der Bewegung einer Kugelschreiberspitze um 1 mm, aus 100 m Entfernung betrachtet. Wie war ein solches Experiment aufzubauen? Wie konnte die genaue Lage von Sternen in der unmittelbaren Nähe der gleißend hellen Sonne ermittelt werden? Die Astronomen fanden eine elegante und spektakuläre Lösung: Man braucht nur die genauen Koordinaten von sonnennahen Sternen während einer totalen Sonnenfinsternis zu vermessen und diese mit den sechs Monate später ermittelten Koordinaten zu vergleichen, wenn jene Sterne nachts zu beobachten sind. Die totale Sonnenfinsternis von 29. Mai 1919 wurde also mit großer Ungeduld von den Astronomen und Physikern erwartet. Arthur Eddington bestätigte in der Folgezeit, daß die Lage aller Sterne aus der Umgebung der Sonne sich tatsächlich leicht verschoben hatte. Der Wert dieser Verschiebung entsprach bis auf unvermeidliche Meßungenauigkeiten genau den Einsteinschen Vorhersagen.

Nach der berühmten Eddington-Sonnenfinsternis widmeten sich die Theoretiker mit wachsender Neugier den sonderbaren optischen Effekten, die von der Raumkrümmung in einem größeren Maßstab als im Sonnensystem verursacht werden konnten. Die theoretischen Arbeiten folgten aufeinander und mündeten in ein neues Fachgebiet: die Gravitationsoptik. In einer materiereichen Zone des Universums verhält sich der Raum wie eine Linse. Die Analogie zwischen den Bereichen der Optik und der Gravitation kommt übrigens nicht von ungefähr. Brechungseffekten der Optik stehen ähnlich gelagerte Krümmungseffekte der Gravitation gegenüber.

Die Theoretiker berechneten also, daß die Bahnen der Lichtstrahlen entfernter Himmelskörper, die durch „Linsen" abgelenkt wurden, wahre Fata Morganen der Gravitation hervorrufen konnten: Verschobene, vergrößerte oder gar total verzerrte Doppel- und Mehrfachbilder sollten sich am Himmel abzeichnen, je nach der geometrischen Konfiguration oder dem scheinbaren Durchmesser der Himmelskörper. Doch existierten diese schönen geometrischen Figuren, die sich die Mathematiker ausgedacht hatten, wirklich? Und wenn ja, waren diese optischen Täuschungen wirklich beobachtbar? Oder beobachteten die Astronomen vielleicht bereits Fata Morganen, ohne es zu wissen? Und wenn ja, wie konnten sie die wahren Himmelskörper von ihren Phantom-Doppelgängern unterscheiden?

Die fehlende Begeisterung, mit der in der Folgezeit weitere Gravitationslinsen-Effekte gesucht wurden, zeigt, wie gering das Vertrauen der meisten Forscher in die Leistungsfähigkeit ihrer Teleskope war und was sie von den sonderbaren Vorhersagen der Theoretiker hielten.

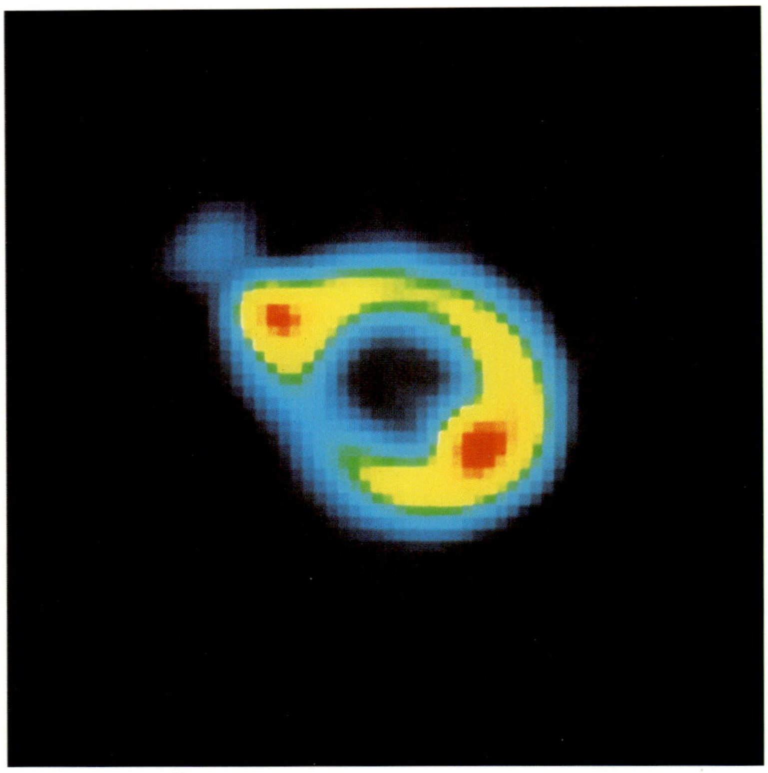

■ Der erste Einstein-Ring wurde 1987 mit dem radiointerferometrischen VLA-Netz entdeckt, das in 2 200 m Höhe in der San Augustin-Ebene, New Mexico, errichtet ist. Dieses Radiobild zeigt MG 1131+0456 im 20 cm-Wellenlängenbereich.

Ende März 1979, 60 Jahre nach der Eddington-Sonnenfinsternis, entdeckte ein amerikanisches Team unter der Leitung von D. Walsh zufällig im Sternbild Großer Bär den ersten Gravitationslinsen-Effekt, nämlich das Objekt QSO 0957+561, das bald unter dem Namen „Doppelquasar" bekannt wurde. Scheinbar handelte es sich um zwei identische, punktförmige, schwach leuchtende und dicht beieinander stehende Himmelskörper. Die Astronomen dachten zuerst, es seien zwei unterschiedliche Objekte, die zufällig durch einen Perspektive-Effekt am Himmel vereinigt waren. Das Himmelsgewölbe ist von Tausenden Quasaren, Millionen Galaxien und Milliarden Sternen bedeckt, so daß scheinbare Verbindungen von Himmelskörpern, die tatsächlich extrem weit voneinander sind, sehr häufig sind. Die spektrale Analyse beider Objekte verblüffte jedoch die Fachleute: Sie zeigten nicht nur eine beeindruckende Rotverschiebung von $z = 1{,}4$, sondern sie waren auch noch absolut identisch. Genauso wie es keine identischen Fingerabdrücke gibt, kann man sich nicht vorstellen, daß die komplexen und subtilen Informationen aus einer kosmischen Spektralanalyse sich wiederholen könnten. D. Walsh begriff sofort, daß er das Bild eines entfernten Quasars unter den Augen hatte, das von einer Gravitationslinse im Vordergrund verdoppelt wurde. Jene Gravitationslinse wurde auch tatsächlich einige Monate später entdeckt. Es war eine Galaxie mit einer Rotverschiebung von $z = 0{,}36$, in ungefähr 4 Milliarden Lichtjahren Entfernung von der Erde. Der Quasar selbst ist mindestens zweimal weiter entfernt. Als der bläuliche Bogen des Abell 370-Haufens Anfang der achtziger Jahre in mehreren, unabhängig voneinander arbeitenden Observatorien beobachtet wurde, sind die verschobenen Sterne von Eddington und der Doppelquasar den Spezialisten keine Unbekannten mehr. Und doch traut sich keiner, die Vermutung zu äußern, daß diese spektakulären Strukturen nichts anderes waren als ... gravitationsoptische Täuschungen. Erst nach der Entdeckung eines ähnlichen Bogens im Cl 2244-02-Haufen wagten die Theoretiker den Sprung ins Wasser und gaben bekannt, daß beide Bögen Abbildungen zweier entfernter Himmelskörper sind, die von sehr massereichen Gravitationslinsen im Vordergrund verzerrt wurden. Jene Erklärung war um so überzeugender, als Forscher gerade dabei waren, die Haufen Abell 370 und Cl 2244-02 wegen ihrer außergewöhnlichen Pracht zu beobachten. In beiden Fällen schienen außerdem die Bögen genau auf das dynamische Zentrum, sprich auf das Massezentrum des Haufens gerichtet zu sein. Schließlich ließ sich die einzigartige Form der beiden Gravitationslinsen-Phänomene durch eine sehr leichte Dezentrierung der Achse Erde-Linse-Lichtquelle erklären. Bei einer perfekten, geometrischen Anordnung wäre ein Kreis entstanden. Die Astronomen waren von ihrem unverhofften Fund in zwei Galaxienhaufen zwar begeistert, wagten jedoch nicht davon zu träumen, jemals jene ideale, geometrische Figur zu beobachten, die als

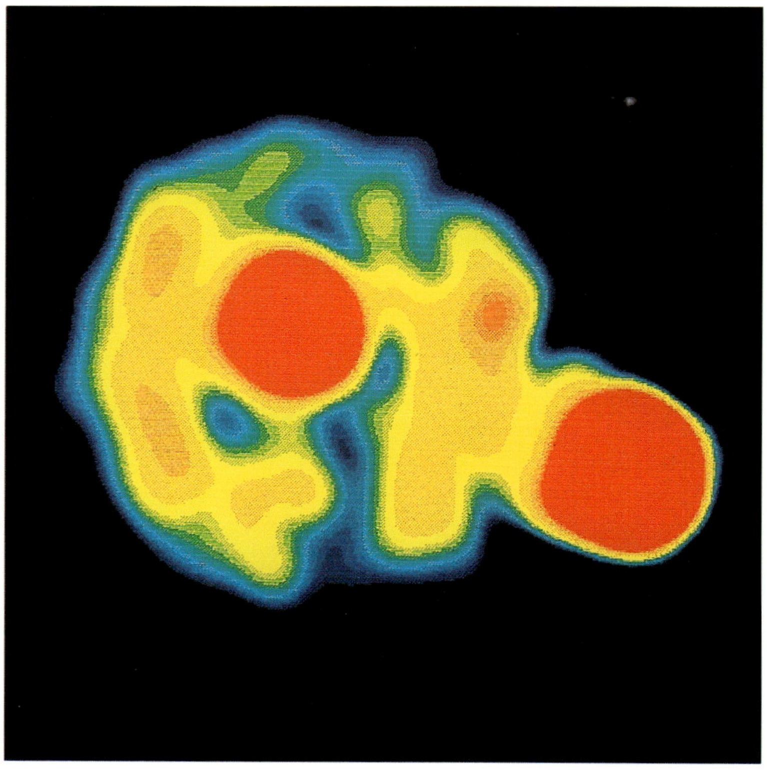

■ Das Antennen-Netz Merlin, das in Großbritannien installiert ist und mehrere hundert Kilometer Durchmesser hat, war notwendig, um dieses Radiobild eines zweiten Einstein-Ringes zu erhalten. B 0218+35 ist zu schwach und mit $z = 0{,}96$ zu weit entfernt, um mit optischen Teleskopen wahrgenommen zu werden.

der quasi greifbare Beweis der Relativitätstheorie gelten könnte, und die sie ehrfürchtig Einstein-Ring nannten. Die Berechnungen ergaben, daß die Gravitationslinse, die den Bogen von Abell 370 verursachte, mehr als 10 000 Milliarden Sonnenmassen aufweisen müßte. 1988 schließlich wurde das Spektrum des Bogens, $z = 0{,}724$, von Geneviève Soucail an der europäischen Südsternwarte (ESO) im chilenischen La Silla aufgenommen und mit demjenigen der Galaxien des Haufens, $z = 0{,}375$, verglichen. Der doppelt so hohe Wert der Rotverschiebung des Bogens brachte den formellen Beweis, daß die Quelle – eine Galaxie – sich im Hintergrund befand, und zwar in mehreren Milliarden Lichtjahren Entfernung vom ablenkenden Haufen.

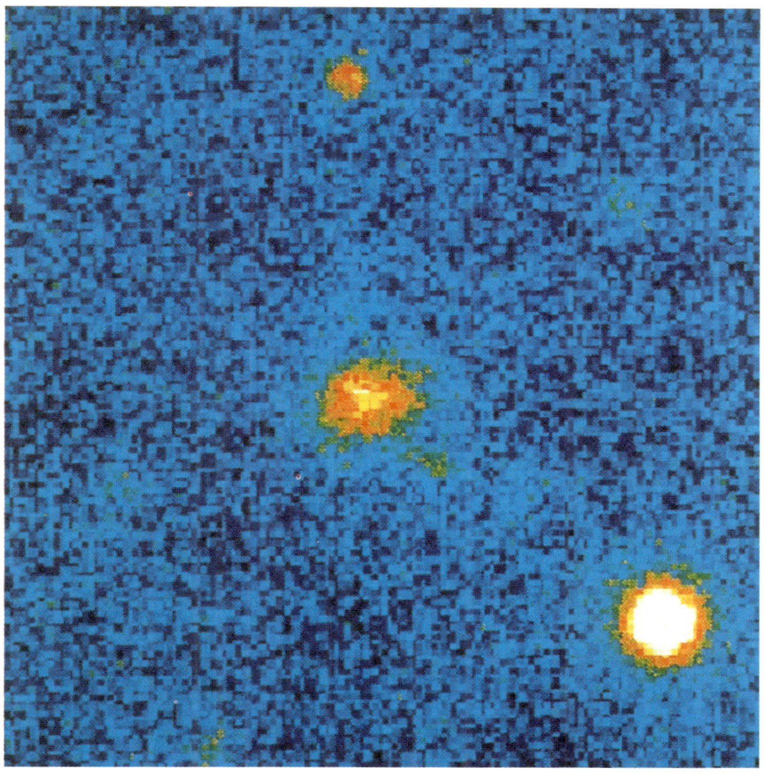

■ 1994 gelang mit dem 10-m-Teleskop in Hawaii diese Infrarotaufnahme von MG 1131+0456. Auf diesem Bild, das bei 1,2 Mikrometern Wellenlänge aufgenommen wurde, ist nur die im Vordergrund liegende Galaxie, die den Gravitationslinsen-Effekt verursacht, zu sehen.

Gravitationslinseneffekte und Relativitätstheorie

Auch für die zögerndsten Wissenschaftler zeigte dieses Spektrum überzeugend den Wahrheitsgehalt der Hypothese gravitationsbedingter Trugbilder. Sie mußten sich daran gewöhnen, die Einsteinsche Krümmung der Raumzeit nicht als ein theoretisches und abstraktes Modell anzusehen, sondern als eine greifbare Realität. Und sie mußten anfangen, Phantomgalaxien zu jagen, Mehrfachquasare einzufangen und so vielleicht von Zeit zu Zeit den Fata Morganen in die Falle zu gehen. Für die letzten Skeptiker blieb noch ein allerletztes, wirklich entscheidendes Argument gegen die Theorie der Gravitationslinsen-Effekte.

Wenn die relativistische Hypothese richtig sein sollte, müßte es den nunmehr vorgewarnten Astronomen möglich sein, mit den immer leistungsfähigeren Teleskopen weitere, überall am Himmel verstreute Scheinbilder zu entdecken, vor allem im Feld der massereichsten Galaxienhaufen. Sehr zur Überraschung der Fachwelt sollten tatsächlich alle von den Theoretikern der relativistischen Optik errechneten, geometrischen Formen gefunden werden. Nach dem nunmehr berühmten Doppelquasar QSO 0957+561 entdeckten die Astronomen 1987 einen zweiten Binärquasar, UM 673.

Dann interessierten sie sich für einen neuen Star, den Dreifachquasar PG 1115+080, der drei Phantombilder zeigte. Die Entdeckungen folgten rasch aufeinander. 1988 entdeckte ein belgisches Astronomenteam, das systematisch nach jenen optischen Täuschungen am Himmel suchte, ein verblüffendes Objekt im Sternbild Bärenhüter: H 1413+117, der Vierfachquasar, wurde bald als vierblättriges Kleeblatt bezeichnet. Jener Vierfachquasar war das erste Objekt einer neuen Klasse, die von den Astronomen Einstein-Kreuz genannt wurde. Seine vier Bilder, welche die Ecken einer Raute bilden, zeigen genau das gleiche Spektrum mit $z = 2{,}55$. Jedoch haben die Beobachter den Deflektor noch nicht gefunden. Es handelt sich wahrscheinlich um eine sehr weit entfernte, und deshalb unsichtbare, Galaxie. 1988 wurde endlich die letzte und meist erwartete der Gravitationsfiguren aufgestöbert: der Einstein-Ring. Die theoretischen Modelle besagten nämlich, daß eine punktförmige Quelle, die genau auf einer Linie mit der Gravitationslinse und dem Beobachter steht, die Form eines vollkommenen Ringes einnimmt. Die Bögen von Abell 370 und Cl 2244-02 stellten nichts anderes dar als Segmente von einem Ring, sprich Annäherungen an die perfekte geometrische Figur, deren Entdeckung zweifelsohne den Vater der Relativität begeistert hätte. Der erste Ein-

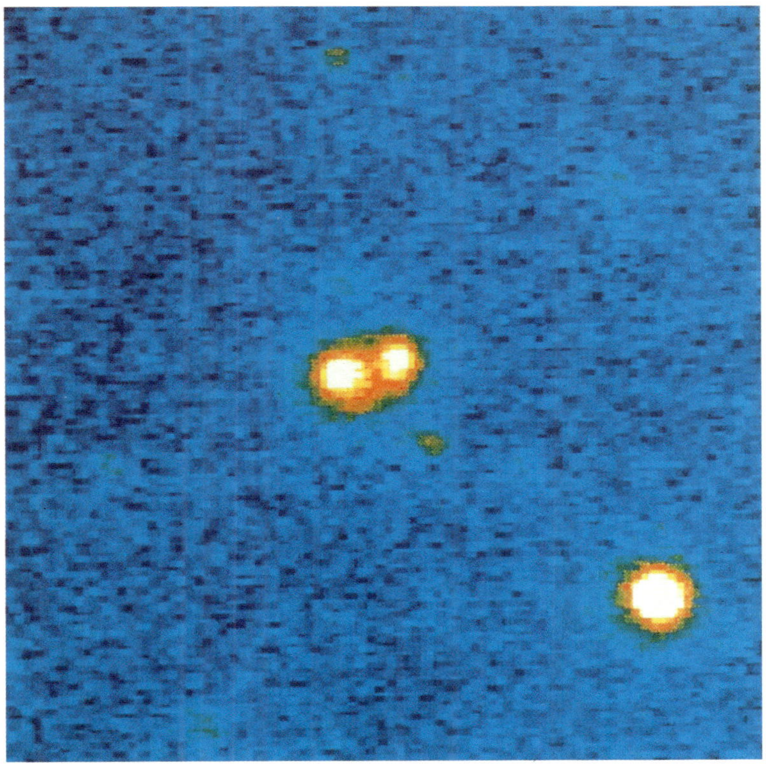

■ Diese zweite Infrarotaufnahme von MG 1131+0456 wurde mit dem 10-m-Teleskop von Hawaii bei 2,2 Mikrometern Wellenlänge gemacht. Anstelle der Galaxie im Vordergrund sind jetzt die beiden hellen Komponenten des Einstein-Ringes zu sehen.

■ Auf diesem Bild ist das schönste Beispiel eines Gravitationslinsen-Effektes zu sehen. Es wurde im AC 114-Haufen entdeckt. Das Bild einer entfernten Galaxie erscheint verdoppelt und spiegelbildlich. Die Rotverschiebung des Trugbildes beträgt $z = 1{,}86$. Wir sehen also diese Galaxie mit einer zeitlichen Verschiebung von 75 %.

stein-Ring, MG 1131+0456 wurde im Sternbild Löwe mit dem radioinferometrischen VLA-Netz im US-Bundesstaat New Mexico entdeckt.

Und die Bögen? Sie erwiesen sich als die zahlreichsten und waren am leichtesten zu finden. Nach denen von Abell 370 und Cl 2244-02 wurden weitere Bögen in etwa fünfzig Galaxienhaufen entdeckt. Diese Haufen befinden sich praktisch alle in der gleichen Entfernung zur Erde, und ihre Rotverschiebungen liegen zwischen $z = 0{,}2$ und $z = 0{,}4$. Die Häufung dieser Gravitationslinsen an der Oberfläche einer Kugel mit der Erde als Mittelpunkt ist nicht zufällig: Die Relativisten hatten noch vor der Entdeckung der Bögen vorhergesagt, daß diese Distanz für die Entstehung von Trugbildern für Objekte, die viel weiter weg lagen, geradezu ideal war.

Die spektroskopische Analyse des Cl 2244-02-Haufens sollte den Beobachtern und Theoretikern der Gravitationsoptik eine gewaltige Überraschung bescheren. Seine Entfernung, die aus seiner Rotverschiebung von $z = 0{,}33$ abgeleitet wurde, betrug fast 4 Milliarden Lichtjahre. 1991 gelang es Yannick Mellier, das Spektrum des schönen Bogens aufzunehmen, es einer Galaxie zuzuordnen und die Rotverschiebung dieser Galaxie zu messen: $z = 2{,}23$. Wenn dieser Wert einer Galaxie zugesprochen wird, ist er enorm. Heute kennt man nur etwa zehn Galaxien, die eine noch größere Rotverschiebung aufweisen. Die zwei entferntesten sind 4C41.17 und 8C1435+63. Hierbei handelt es sich wahrscheinlich um ungeheuerlich große und außergewöhnlich helle Objekte. Hingegen ist die Galaxie, die sich als Bogen von Cl 2244-02 offenbart, eine ganz normale: statistisch gesehen ist die Wahrscheinlichkeit, daß sich ein atypisches Objekt in der Achse einer Gravitationslinse befindet, extrem gering. Die zeitliche Distanz dieser Galaxie in einem Modell eines expandierenden, 15 Milliarden Jahre alten Universums beträgt mehr als 10 Milliarden Jahre!

Wie kann eine Galaxie in einer solchen Entfernung noch sichtbar sein? Diese Beobachtung bewies, daß das Bild der entfernten Quelle nicht nur durch das Gravitationsfeld von Cl 2244-02 abgelenkt, sondern auch vergrößert und vor allem verstärkt worden war. Damit war ein weiterer relativistischer Effekt, der vom Astronom Laurent Nottale vorhergesagt worden war, bewiesen. Die im Vordergrund liegende Gravitationslinse verhält sich genau wie eine optische Linse: Sie bündelt die Strahlen und erhöht die Leuchtkraft des Objektes, das sie fokussiert. Wenn auch bei manchen geometrischen Konfigurationen von Quelle-Linse-Beobachter die Ablenkung der Lichtstrahlen sich umgekehrt auswirkt, sprich die Leuchtkraft abschwächt, bringen andere Konfigurationen Verstärkungen der Leuchtkraft um das Zehn-, Zwanzig- oder Hundertfache hervor. Genau dies geschieht bei Cl 2244-02, der den Astronomen das beeindruckende Bild eines Himmelskörpers liefert, den sie ansonsten nie zu Gesicht bekommen hätten.

■ Die Präzision der Hubble-Aufnahmen hat die Entdeckung von Gravitationsbögen im AC 114-Haufen erlaubt. Diese haben eine sehr sonderbare Morphologie. Die von der Raumkrümmung verursachten Verzerrungen lassen eine Zusammensetzung der zerstückelten Bilder dieser Galaxien noch nicht zu.

Mit dem Einsatz des Hubble-Weltraumteleskops nahm die Suche nach relativistischen Effekten, die auf die Raumkrümmung zurückzuführen sind, eine neue Dimension an. Leistungsfähiger und genauer erlaubt es Hubble, die Gravitationsbögen von den zahlreichen Sternen und Galaxien auseinanderzuhalten, unter die sie sich früher als unklare Flecken auf den Aufnahmen erdgebundener Teleskope mischten. Das Feld des Abell 2218-

■ Der AC 114-Haufen befindet sich im Sternbild Perseus. Er wurde 1996 mit dem Hubble-Weltraumteleskop photographiert und offenbarte neue Formen von Gravitationstrugbildern. Teils sind es geometrisch sehr komplexe Bilder, teils sind sie von verblüffender Symmetrie. Die Rotverschiebung dieses Haufens beträgt $z = 0{,}31$. Seine Entfernung liegt also bei etwa 4 Milliarden Lichtjahren.

■ Heute sind etwa fünfzig sehr massereiche Galaxie- haufen bekannt, die sichtbare Bilder des dahinter liege- den Universums verzerren. Hier wurde der Abell 221

Haufens im Sternbild Drache offenbarte beispielsweise mehr als 200 winzige Gravitationsbögen auf einem einzigen Hubble-Bild.

Über die Bögen zu den Grenzen des Universums

Die Bögen sind verstärkte Bilder von im Hintergrund liegenden, ungeheuerlich weit entfernten Galaxien. Wenn Abell 2218 beispielsweise eine Rotverschiebung von $z = 0{,}175$ aufweist, die einer Entfernung von etwa 2 Milliarden Lichtjahren entspricht, befinden sich die Bilder der entferntesten Galaxien, die von seiner gigantischen Masse fokussiert werden, jenseits von $z = 3$. Das ist eine enorme Distanz in der Raumzeit, die einem Blick in die Vergangenheit von mehr als 80 % entspricht. Gewöhnlich schaffen die Teleskope eine solche Distanz nicht. Allein der Lupeneffekt, der von der Linse im Vordergrund verursacht wird, erlaubt die Sicht in das entfernte Universum. Die Verstärkung der Leuchtkraft und die Vergrößerung, die von den „Gravitationsteleskopen" geboten werden, sind so spektakulär, daß die Forscher Anfang der neunziger Jahre angefangen haben, die massereichen Galaxienhaufen bei ihrer Untersuchung des entfernten Universums zu benutzen. Sie können nunmehr die jungen und blauen Spiralgalaxien von den älteren und roten elliptischen Galaxien unterscheiden, obwohl sie so weit entfernt sind, daß man sie normalerweise gar nicht erst sehen kann …

Doch damit nicht genug. Wegen der starken Vergrößerung zeigen die Abbildungen dieser entfernten Galaxien bis zu zehnmal mehr Details. Nunmehr hoffen die Astronomen, detaillierte Bilder von entstehenden Galaxien zu erhalten, so wie sie vor 10 oder 12 Milliarden Jahren aussahen. Sie bedienen sich der Bögen, die als vielfache Abbildungen einer einzigen Galaxie

Haufen im Sternbild Drache von Hubble photographiert. Dutzende Gravitationsbögen umranden die elliptischen Riesengalaxien des Haufens.

angenommen werden, und versuchen, so genau wie möglich die Gestalt der im Vordergrund liegenden Gravitationslinse herauszuarbeiten. Der Grund dieser Arbeiten ist sehr wichtig. Wenn auch die Astronomen heute einige Galaxien kennen, die sich zwischen $z = 3$ und $z = 5{,}3$ befinden, so handelt es sich dabei meistens um Himmelskörper, die außergewöhnlich hell und extrem selten sind. Die in Form von Gravitationstrugbildern vergrößerten Galaxien sind hingegen sehr zahlreich und nach dem Zufallsprinzip am Himmel verteilt. Damit sind sie repräsentativ für die galaktische Population in dieser weit zurückliegenden Vergangenheit.

Es werden zur Zeit immer mehr Gravitationsbögen entdeckt. In den nächsten Jahren wird man mehrere Tausende davon ausfindig gemacht haben. 1995 haben beispielsweise die amerikanischen Astronomen Eric Ostrander und Richard Griffiths zwei weitere Einstein-Kreuze auf Hubble-Aufnahmen entdeckt. Angesichts des winzigen Feldes, in dem diese beiden Scheinbilder mit ihrer besonderen Konfiguration entdeckt wurden, schätzen die Astronomen, daß sich mehr als 1 Million Einstein-Kreuze und mehr als 10 Millionen Gravitationsbögen am Himmel verstecken.

Wahrscheinlich wird man im nächsten Jahrtausend jene gravitationsbedingten Trugbilder nicht mehr katalogisieren. Die Forscher beginnen den Verdacht zu schöpfen, daß in weiter Entfernung im Universum alle beobachteten Himmelskörper dem Phänomen der Fata Morgana unterliegen. Und wenn die Astronomen bald darauf verzichten, die Fata Morganen aufzuzählen, dann einfach deshalb, weil sie in manchen Regionen des Himmelsgewölbes genauso zahlreich sind wie die Galaxien.

Die fehlende Masse: ein Geheimnis

■ Im Sternbild Eridanus offenbart der prächtige Haufen MS 0451-0305 mehrere hundert Galaxien. Einige bläuliche Spiralen schweben unter einer Vielzahl von elliptischen Galaxien, die sich wie kleine, gelbe Flecken präsentieren. Die individuelle Bewegung der Galaxien, die die Berechnung des gesamten Gravitationsfeldes des Haufens erlaubt, zeigt, daß jener möglicherweise 100mal mehr Materie enthält, als es die Astronomen auf den Photographien wahrnehmen: Es ist das Rätsel der fehlenden Masse.

■ Der Galaxienhaufen MS 0440+0224, gesehen mit dem französisch-kanadischen Teleskop von Hawaii. In diesem Haufen liegt das Verhältnis zwischen der Masse an unsichtbarer Materie und der sichtbaren Masse in Form von Galaxien bei mehr als 100.

Im Universum gibt es Galaxienhaufen von außergewöhnlicher Dichte und Reichhaltigkeit. Sie überragen bei weitem milchstraßennahe Haufen wie den Virgo-Haufen oder den Coma-Galaxienhaufen. Die meisten dieser Riesenhaufen sind sehr weit entfernt. Cl 2244-02 im Sternbild Wassermann ist einer dieser gigantischen Galaxienschwärme. Wie alle großen Haufen besitzt er mehrere tausend Galaxien. Doch hier versammeln sie sich um etwa zehn elliptische Riesengalaxien, die sich dicht aneinander in einer Sphäre von nur 300 000 Lichtjahren Durchmesser drängen. Eine so gewaltige Galaxienkonzentration kommt im Universum nur sehr selten vor. Im Zentrum von Cl 2244-02 gibt es keine einzige Spirale; sie wurden allesamt zerschlagen, haben ihr Gas eingebüßt und wurden vermutlich von den massereicheren elliptischen Galaxien vor Milliarden Jahren geschluckt.

Cl 2244-02 zeigt eine Rotverschiebung von $z = 0{,}33$. Wir sehen ihn, so wie er existierte, als das Universum 75 % seines heutigen Alters erreicht hatte. Dies bedeutet eine zeitliche Verschiebung von etwa 3 Milliarden Jahren. Berühmt wurde Cl 2244-02 wegen des außergewöhnlich schönen Gravitationslinsenbogens, der ihn säumt. Die enorme Masse, die im Haufen enthalten ist, krümmt – gemäß den Vorhersagen der Allgemeinen Relativitätstheorie – den Raum in ihrer Umgebung. Der fast sphärische Haufen verhält sich wie eine optische Linse: Er konzentriert und fokussiert das Bild einer entfernten Galaxie im Hintergrund. Der Bogen von Cl 2244-02 verrät viel über die Gravitationslinse – also den Galaxien-Haufen. Vor einigen Jahren gelang es den Astronomen, ausgehend von den relativistischen Gleichungen, eine Theorie der Gravitationsoptik zu entwickeln. Sie wissen heute, wie man – anhand des Krümmungsradius der Gravitationslinsenbögen – die Masse berechnen kann, die im Haufen innerhalb des sogenannten „Einstein-Radius" enthalten ist. Diese „Wiege"-Methode für Haufen ist absolut, da kein dunkler Himmelskörper, keine Gas- oder Staubwolke, kein Weißer oder Brauner Zwerg, kein Schwarzes Loch entweichen kann. Die gesamte Materie, auch die unsichtbare, nimmt am Gravitationslinsen-Effekt teil. Der scheinbare Radius des Bogens von Cl 2244-02 entspricht, bei $z = 0{,}33$ und in einem willkürlich gewählten kosmologischen Modell, 150 000 Lichtjahren. Die Gleichungen der Gravitationsoptik sprechen dieser Region des Haufens, die einen Radius von 150 000 Lichtjahren hat, die gewaltige Materiemasse von 20 000 Milliarden Sonnenmassen zu. Dieser beeindruckende Wert hebt die extreme Dichte von Cl 2244-02 hervor.

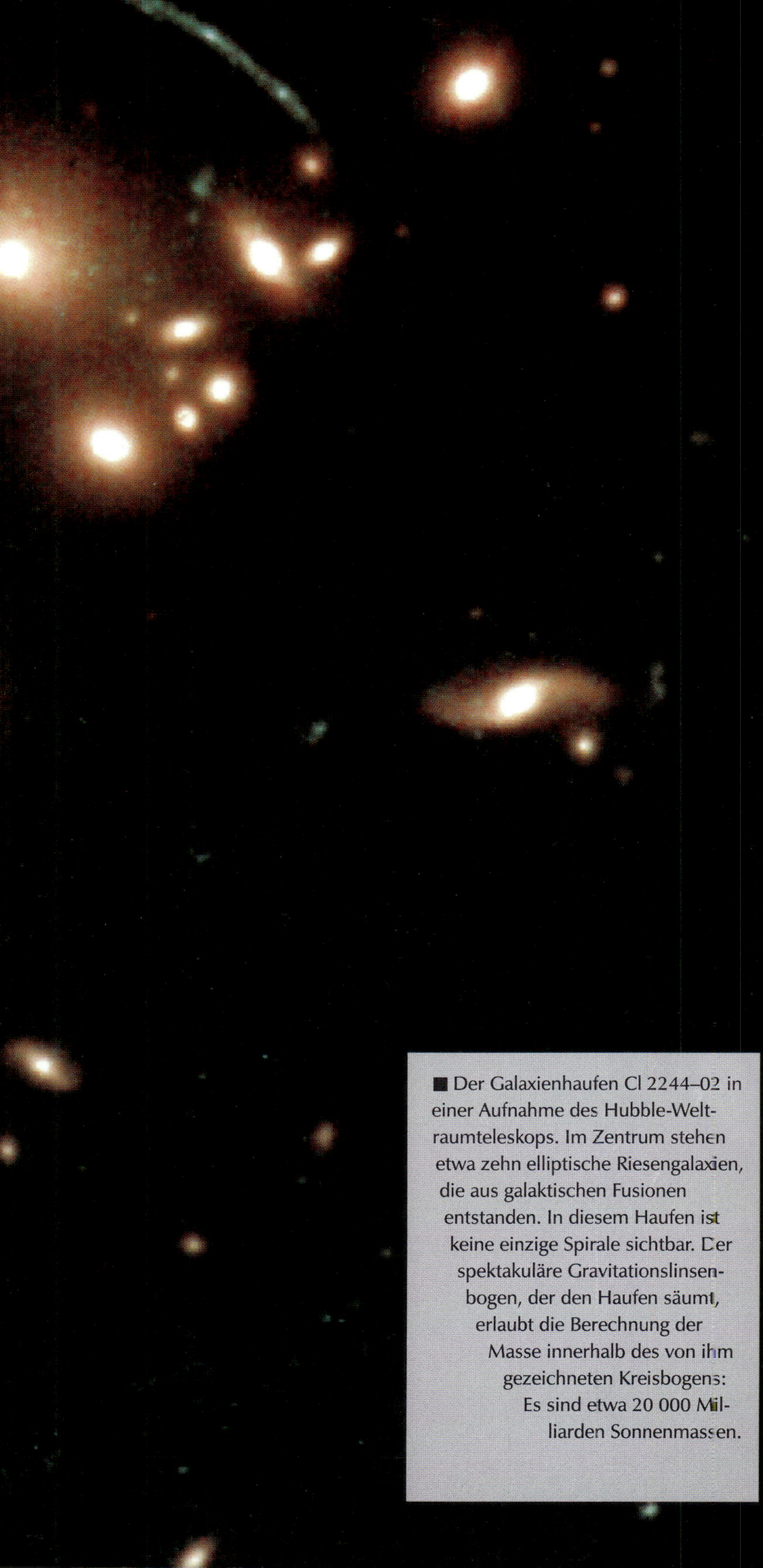

■ Der Galaxienhaufen Cl 2244–02 in einer Aufnahme des Hubble-Weltraumteleskops. Im Zentrum stehen etwa zehn elliptische Riesengalaxien, die aus galaktischen Fusionen entstanden. In diesem Haufen ist keine einzige Spirale sichtbar. Der spektakuläre Gravitationslinsenbogen, der den Haufen säumt, erlaubt die Berechnung der Masse innerhalb des von ihm gezeichneten Kreisbogens: Es sind etwa 20 000 Milliarden Sonnenmassen.

■ Die Astronomen versuchen, die fehlende Masse auf der Skala einzelner Galaxien hervorzuheben. Sie versuchen zum Beispiel, den stellaren Halo, der sie umgibt, zu photographieren. Das geht leichter, wenn die Galaxien – wie hier NGC 5907 im Drachen – sich von der Seite präsentieren.

Noch Wesentlicheres erfährt man allerdings, wenn man die Leuchtkraft des Haufens mit dessen Masse vergleicht. Tatsächlich entspricht die totale Leuchtkraft der im Einstein-Radius des Cl 2244-02-Haufens enthaltenen Galaxien nahezu 200 Milliarden Sonnen. Zwanzigtausend Milliarden Sonnenmassen auf der einen Seite, zweihundert Milliarden auf der anderen: Die Meßwerte der Haufenmasse klaffen um den Faktor 100 auseinander. Cl 2244-02 stellt keinen kosmischen Einzelfall dar. Ähnliche Diskrepanzen finden sich bei allen Galaxienhaufen.

Dieses Rätsel der sogenannten fehlenden Masse besteht seit mehr als sechzig Jahren. Die Frage wurde erstmalig 1933 vom Schweizer Astronom Fritz Zwicky aufgeworfen, als er das seltsame Verhalten des Coma-Galaxienhaufens entdeckte. Die Tausende Galaxien dieses schönen kosmischen Schwarms zeigten ungewöhnlich hohe relative Geschwindigkeiten. Als er diese Geschwindigkeiten mit der Gesamtmasse des Haufens verglich, die nach der Leuchtkraft der einzelnen Galaxien geschätzt worden war, entdeckte Zwicky, daß der Coma-Galaxienhaufen sich seit langer Zeit hätte auflösen müssen, da sein Gravitationsfeld viel zu schwach erschien, um seine sich schnell bewegende Galaxien festzuhalten. Eine einzige Erklärung schien den Astronomen plausibel zu sein: Der Coma-Galaxienhaufen mußte erheblich massereicher sein, als seine Leuchtkraft erahnen ließ. Diese unsichtbare Masse war es eben, die zugleich die hohen individuellen Geschwindigkeiten der Galaxien und das Zusammenbleiben des Haufens verursachte. Bald wurde die ganze Tragweite des Problems der fehlenden Masse deutlich. Als die Astronomen die Rotationsgeschwindigkeit der Sterne in der Scheibe von Spiralgalaxien wie der Milchstraße ermittelten, entdeckten sie, daß diese ein ähnlich verblüffendes Verhalten zeigten wie

■ Mit dem französisch-kanadischen 3,6-m-Teleskop von Hawaii gelang es Astronomen des Pariser Observatoriums, den inneren Teil des Halos von NGC 5907 zu photographieren. Obiges Bild und das Bild von Seite 146 sind im gleichen Maßstab dargestellt. Der Halo der Galaxie ist deutlich erkennbar.

die Galaxien in den Haufen. In den äußeren Bereichen der Galaxien bewegten sich alle Sterne mit einer konstanten Geschwindigkeit oder wurden sogar schneller. Weit vom Massezentrum – sprich vom galaktischen Kern – hätten sie theoretisch, wie die vom Zentrum des Sonnensystems entfernteren Planeten, langsamer werden müssen. Auch hierfür konnte es nur eine Erklärung geben: Die Galaxien sind in einen breiten Halo aus unsichtbarer Materie getaucht … Bei unserer Milchstraße erreicht die Diskrepanz zwischen der sichtbaren Masse, die in Sternen und in mehr oder minder dunklen Nebeln zusammengeballt ist, und der verborgenen Masse etwa den Faktor 10.

Die seltsame Zusammensetzung der dunklen Materie

Anfang der achtziger Jahre standen die Astronomen vor einer einfachen und niederschmetternden Feststellung: Die Zusammensetzung von 90 % der in den Galaxien, und von 99 % der in den Galaxienhaufen vorhandenen Masse schien ihnen schlichtweg unbekannt zu sein. Dabei dachten sie, alles getan zu haben, um diese unsichtbare Materie aufzudecken. Wenn sie auch nicht verstanden, worum es sich handelte, so konnten die Astronomen zumindest erklären, was diese Materie nicht ist. Sterne können die fehlende Masse nicht enthalten, auch wenn die schwächsten unter ihnen sich der Beobachtung entziehen. Denn die zusammengeballte Leuchtkraft von Hunderten Milliarden Sternen wäre von den Teleskopen aufgefangen worden. Auch das interstellare Gas, das unscheinbarer ist, hätte man entweder mit optischen oder mit Radioteleskopen beobachten können. Die Lage schien sich im Laufe der achtziger Jahre zu klären, als Satelliten in Betrieb genommen wurden, die mit Röntgenteleskopen ausgestattet waren. Sie ermöglichten eine spektakuläre

Entdeckung: Die Galaxienhaufen sind in einen ausgedehnten Gashalo aus extrem dünnem ionisiertem Wasserstoff getaucht, der mit den traditionellen Beobachtungsinstrumenten vollkommen unsichtbar ist. Der Ursprung jenes Röntgengases steht noch nicht fest. Ein Teil könnte einfach aus dem beim Urknall entstandenen Wasserstoff stammen und in den starken Gravitationsfeldern der Haufen kondensiert sein. Ein weiterer Teil stammt von den Galaxien selbst. Aus den reichsten Haufen, wie beispielsweise Cl 2244-02 oder dem Coma-Galaxienhaufen, sind die Spiralgalaxien, deren Masse 10 bis 30 % Wasserstoff in Form von Gas enthält, verschwunden.

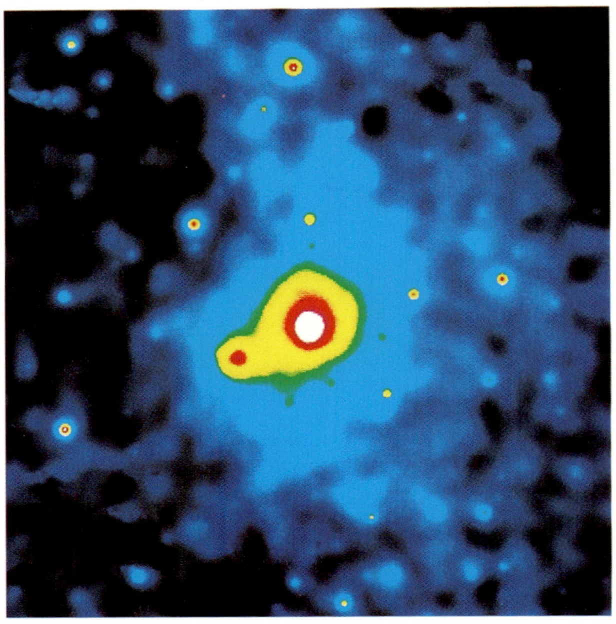

■ Dieses Röntgenbild des Virgo-Haufens kann mit der Abbildung von Seite 100 verglichen werden. Im Röntgenbereich sind die Galaxien des Haufens unsichtbar. Allein das extrem dünne Gas ist sichtbar, in das der Haufen getaucht ist.

Die Forscher vermuten, daß die von den galaktischen Wechselwirkungen oder Kollisionen hervorgebrachten, gewaltigen Wellen von Gravitationsstörungen im Zentrum dieser Haufen jenen Wasserstoff in den intergalaktischen Raum herausgeschleudert haben. Es wird vermutet, daß eben dieses Gas, das nur mit Röntgenteleskopen aufspürbar ist, von den Einstein-, ASCA- und Rosat-Satelliten registriert wurde. Es dürfte sich über Millionen Lichtjahre um die Haufen verteilen und schafft es, trotz seines verschwindend geringen Drucks – es beinhaltet nur einige wenige Atome pro Kubikmeter – die Haufen dadurch zu beschweren, indem es ein gigantisches Volumen besetzt. Im Coma-Galaxienhaufen, dessen sichtbare Masse 10 000 Milliarden Sonnenmassen erreicht, beträgt die Gesamtmasse des unsichtbaren Wasserstoffs mehr als 50 000 Milliarden Sonnenmassen!

Die spektakuläre Entdeckung des Röntgengases löste allerdings das Rätsel der fehlenden Masse nicht. Die Gesamtmasse des Coma-Haufens, die aus den Umlaufbahnen seiner Galaxien ermittelt wurde, beträgt nämlich fast eine Million Milliarden Sonnenmassen. Seit 1937 ist also Zwickys Frage unbeantwortet geblieben. Woraus mag diese verborgene Masse bestehen? Die Astronomen fahren in ihrer Suche mit immer ausgeklügelteren Beobachtungsmethoden fort. In den neunziger Jahren erlaubten neue Bildtechniken die direkte Beobachtung der innersten Haloregion mancher Galaxien, die auf den zu unempfindlichen Photoplatten nie erfaßt worden war. Diese sehr blassen, diffusen und rötlichen Hüllen bestehen vermutlich aus alten Roten Zwergen, die bis dahin nicht aufgefallen waren. Jener neue Bestandteil des galaktischen Halos könnte aus mehreren Dutzend Milliarden, meist unsichtbarer Zwerge bestehen, würde jedoch nur einige Prozente der Gesamtmasse einer milchstraßenähnlichen Galaxie stellen. Die Hypothese der unsichtbaren Himmelskörper wird seit einigen Jahren verstärkt untersucht. Manche Theoretiker haben den Gedanken geäußert, daß die galaktischen Halos von Millionen Milliarden winziger Brauner Zwerge bevölkert sein könnten, von denen einige nicht massereicher als Planeten sein dürften. Um diesen hypothetischen Himmelskörpern auf die Spur zu kommen, gehen die Wissenschaftler nach zwei Methoden vor. Die erste stützt sich auf den relativistischen Gravitationslinsen-Effekt. Wenn einer dieser vollkommen unsichtbaren Braunen Zwerge während seiner galaktischen Rotation vor einen hellen Stern wandert, wird er – entsprechend den Gesetzen der Gravitationsoptik – als Gravitationslinse die Leuchtkraft des Sterns für eine kurze Zeit verstärken.

Bei der simultanen Beobachtung einer großen Zahl von Sternen anhand von Teleskopen, die mit hochempfindlichen, elektronischen Kameras ausgestattet sind, dürfte das äußerst charakteristische, kurzzeitige stellare Aufblitzen häufig zu sehen sein. Ehrgeizige Experimente wurden ab 1990 von amerikanischen und französischen Teams in Chile, in Australien und in Frankreich durchgeführt. Kleine Weitwinkelteleskope überwachen Nacht für Nacht Millionen Sterne, die sich – weit enfernt von der Milchstraße – in den Magellanschen Wolken und in der Andromedagalaxie befinden. Die allerersten Ergebnisse dieser Überwachung haben bereits gezeigt, daß es im Universum wahrscheinlich keine winzigen Sterne von planetarer Größe gibt. Auch sind Braune Zwerge im Halo zu selten, als daß sie die Erklärung für die gesamte verborgene Masse darstellen könnten. Die Theoretiker vermuten heute, daß die kleinen, unsichtbaren Sterne des Halos die Galaxie nur um 10 bis 20 % „beschweren".

■ Auch dieses Bild des Coma-Galaxienhaufens ist vom Röntgensatelliten ROSAT aufgenommen worden. Die Gesamtmasse des Coma-Haufens könnte nahezu 1 Million Milliarden Sonnenmassen betragen: es ist das 20fache seiner sichtbaren Masse.

Die letzten Hoffnungsschimmer, im Halo genügend unsichtbare Sterne zu finden, zerschlugen sich

1995 und 1996, als das Hubble-Weltraumteleskop bei der Suche nach der fehlenden Masse eingesetzt wurde. Mit diesem Instrument gelangen außergewöhnlich präzise Sternenzählungen. Die Ergebnisse der Teams um Francesco Paresce und John Bahcall ließen keinen Widerspruch zu: Trotz tiefer „Sondierungen" in den galaktischen Halo konnte Hubble die hypothetische Bevölkerung aus Zwergsternen, die es aufgrund seiner extremen Lichtempfindlichkeit eigentlich hätte registrieren können, nicht bestätigen.

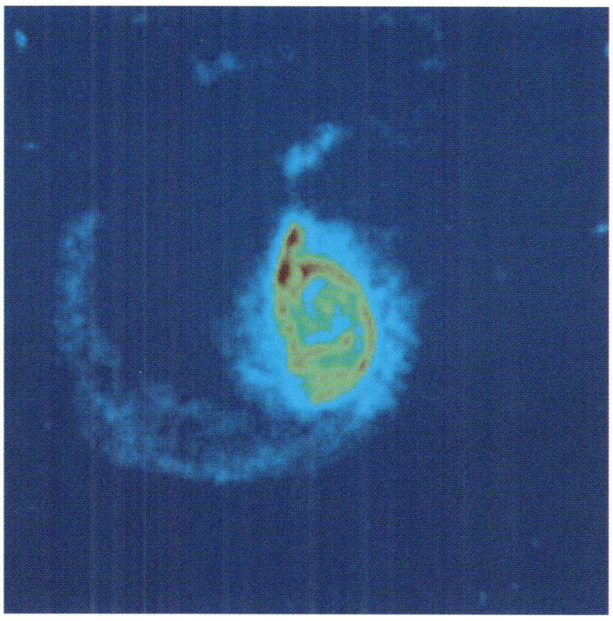

■ Die Radioaufnahme der Galaxie M 51 im Sternbild Jagdhunde kann mit derjenigen auf Seite 107 verglichen werden. Bei 21 cm Wellenlänge zeigt M 51 die gigantische Ausdehnung eines Spiralarmes, die auf klassischen Bildern nicht zu sehen ist.

Im Laufe der Jahre wurden alle Himmelskörper der Reihe nach angeführt, um jene mysteriöse und unsichtbare Substanz zu erklären. Heute scheint es ziemlich sicher zu sein, daß weder Zwerge – Weiße, Rote oder Braune – noch Neutronensterne oder Schwarze Löcher die fehlende Masse erklären können. Diese Himmelskörper würden auf die eine oder andere Weise stets eine greifbare Spur ihrer Anwesenheit im galaktischen Halo hinterlassen und wären von den auf die Suche nach Gravitationslinsen spezialisierten Instrumenten registriert worden. Eine letzte Hypothese wurde von Françoise Combes und Daniel Pfenniger vorgeschlagen: Die unsichtbare Masse könnte einfach aus einer Unzahl von winzigen Wolken aus kaltem Wasserstoff bestehen. Jede dieser Globulen ist so groß wie das Sonnensystem und hat eine ähnliche Masse wie Jupiter. Da die Temperatur des Wasserstoffs im intergalaktischen Medium mit –270° C extrem niedrig ist, ist dieser nicht nachweisbar. Eine verlockende Hypothese, die allerdings darunter leidet, daß man sie weder bestätigen noch widerlegen kann …

Da die Forscher die Zusammensetzung der verborgenen Masse nicht ermitteln konnten, bemühten sie sich wenigstens um die Klärung ihrer Verteilung im Weltraum. Obwohl sie unsichtbar ist, verrät sie sich deutlich durch die relativistischen Effekte, die sie erzeugt. Im Cl 2244-02-Haufen erzeugt sie den riesigen Gravitationslinsenbogen. Ohne jene 60 oder 70 % verborgener Masse wäre der Haufen nicht in der Lage, die Geometrie des Alls in diesem Maße „auszuhöhlen", und er wäre auch nicht von jener Fata Morgana umrahmt.

Nachdem die Astronomen die massereichsten Haufen sorgfältig untersucht haben, sind sie jetzt in der Lage, auch über kleinste Gravitationseffekte Hintergrundgalaxien aufzuspüren. Die Gestalt der Gravitationslinsenbögen – ihre Krümmung, ihre Orientierung – erlaubt es den Wissenschaftlern, wie bei einem chinesischen Schattenspiel die unsichtbare Masse zu „sehen", die in den Linsen steckt. Sie entdeckten in den neunziger Jahren, daß die verborgene Masse die einzelnen Galaxien umhüllt und – wie das Röntgengas – im größeren Maßstab die zentralen Regionen der Haufen umgibt. Das Rätsel der fehlenden Masse mobilisiert deshalb so viele Beobachter, weil die Tragweite seiner Lösung weit über das einfache „Abwiegen" von Galaxien hinausgeht. Es handelt sich vielmehr um die größte Herausforderung für die Kosmologie.

Offene und geschlossene Weltmodelle

In der Urknalltheorie, die selbst ein Ergebnis der Relativitätstheorie ist, expandiert das Universum aus einem unendlich dichten und heißen Ursprung heraus. Die Allgemeine Relativitätstheorie ist eine Gravitationstheorie. Sie beschreibt eine gekrümmte Raumzeit, deren Geometrie von der Masse beherrscht wird, die sie beinhaltet. Für die Kosmologen ist die Erforschung des Universums auf die Erforschung jener expandierenden Raumzeit zurückzuführen. Die fliehenden Galaxien stellen für die Theoretiker Erkennungsmarken dar, die ihnen eines Tages dank der Hubble-Konstanten erlauben werden, die Expansionsgeschwindigkeit und das Alter des Universums zu ermitteln. Gemäß der Allgemeinen Relativitätstheorie hängen die Expansion des Universums sowie seine Geometrie und seine Zukunft von seiner Masse ab. Genauer gesagt wird die Entwicklung des Universums von seiner mittleren Dichte, sprich seiner Masse pro Volumeneinheit, bestimmt. Hier erfährt die Suche nach der fehlenden Masse ihre ganze Bedeutung: Die Astronomen nehmen sich vor, die Dichte des Universums in einem Volumen zu ermitteln, das groß genug ist, um die reale Dichte zu repräsentieren. Jene mittlere Dichte, die Ω genannt wird,

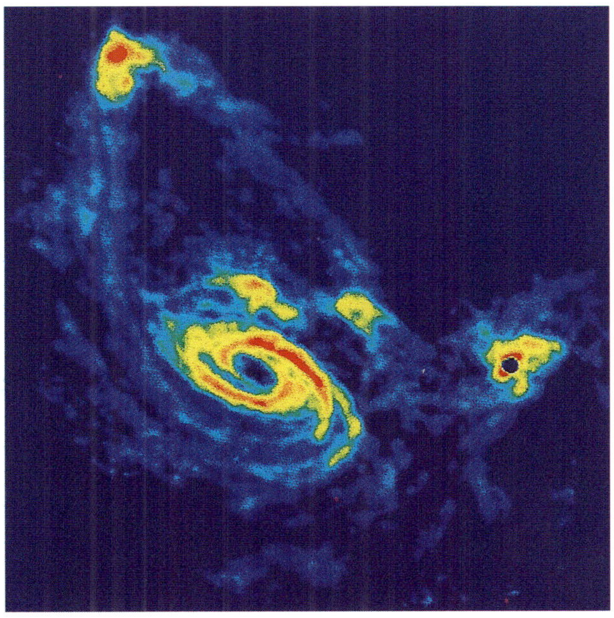

■ Die Galaxien M 81 und M 82 sind in eine Wolke aus warmem Wasserstoff getaucht, die nur mit einem Radioteleskop wahrnehmbar ist. Die fehlende Masse könnte aus winzigen, kalten Wasserstoffwolken bestehen.

■ Die statistische Untersuchung der Verteilung der entfernten Galaxien erlaubt die Schätzung der Materiedichte, die in einem bestimmten Volumen des

ist von wesentlicher Bedeutung für die Kosmologie, denn die Urknallmodelle unterscheiden sich je nach dem numerischen Wert von Ω grundlegend.

In den Gleichungen der Relativitätstheorie nimmt Ω den Wert 0 an, wenn das Universum auf eine expandierende, aber masseleere Raumzeit reduziert wird. Dieses auf das Einfachste begrenzte Weltmodell ist sicherlich mit dem realen Universum nicht vereinbar, auch wenn das Universum vornehmlich leer ist. Alle Weltmodelle, deren Dichte Ω zwischen 0 und 1 liegt, werden als „offen" bezeichnet. In diesen sogenannten hyperbolischen Modellen ist der Raum unbegrenzt, die Expansion unendlich und das Universum ewigwährend. Modelle, deren Dichte jenseits von $\Omega = 1$ liegt, werden als „geschlossen" bezeichnet. Hier verlangsamt sich irgendwann die Expansion. Sie wird von der Masse begrenzt, die das Universum beinhaltet. Nach einer bestimmten Zeit, die in den meisten Modellen mehrere Dutzend Milliarden Jahre beträgt, hört die Expansion auf ... Dann kontrahiert das Universum! Die Galaxien kommen sich wieder näher. Der Urknall wird von einer finalen Implosion ersetzt.

In welchem Universum leben wir wirklich? Das All ist vornehmlich leer. In runden Zahlen weist der intergalaktische Raum etwa ein Atom pro Kubikmeter auf. Dies bedeutet nun, daß das Universum eine Dichte von etwa 10^{-30} g/cm^3 hat und damit 1 000 Milliarden Milliarden Milliarden mal dünner ist als Wasser. In den kosmologischen Gleichungen entspricht diese Zahl dem Ω-Wert zwischen 0,1 und 0,2, wenn man die fehlende Masse berücksichtigt, die nach ihren Gravitationseffekten geschätzt wird. Dies bedeutet ein Universum mit hyperbolischer Krüm-

Alls enthalten ist. Damit kann auch die globale Krümmung des Universums, jener berühmte Ω-Parameter, geschätzt werden.

mung, unbegrenzt und in ewiger Expansion.

Ein letztes Modell, in dem der Ω-Wert genau 1 ist, fasziniert die Kosmologen. In einem solchen Universum entspricht die mittlere Dichte einer Raumzeit mit verschwindender, oder anders ausgedrückt mit „flacher" Krümmung, die mit den vor dreiundzwanzig Jahrhunderten von Euklid aufgestellten Regeln geometrischer Vollkommenheit übereinstimmt. Jenes Euklidische Weltmodell ist möglicherweise das einfachste und intuitivste: Darin ist der Raum unendlich und in ewiger Expansion. Genauer gesagt verlangsamt sich die Expansion stetig und hört schließlich auf ... nach einer unendlichen Zeit. Seit etwa fünfzehn Jahren erforscht eine Gruppe von Kosmologen um Alan Guth und Andrei Linde die Eigenschaften jenes ästhetischen und verlockenden Modells und versucht, mit komplexen Ansätzen aus der theoretischen Physik die wissenschaftliche Gemeinschaft davon zu überzeugen, daß es das reale Universum beschreibt. Die Aufgabe ist jedoch extrem schwierig: Die Anhänger jenes Universums von idealer Geometrie müssen beweisen, daß der Kosmos noch um das 10fache dichter ist, als es die Beobachtungen vermuten lassen, oder daß durch eine neue Interpretation der Allgemeinen Relativitätstheorie die klassische Urknalltheorie neu erarbeitet werden muß. Hierauf kommen wir im letzten Kapitel zurück.

Dies ist der heutige Kenntnisstand. Doch egal welchen Wert die Astronomen für ihren Dichteparameter gewählt haben – ob $\Omega = 0{,}1$ oder $\Omega = 1$ – und egal welche Geometrie sie zugrundelegen, um das Universum darzustellen – ob als eine Art Hypersphäre mit drei gekrümmten Dimensionen, oder als flacher dreidimensionaler Raum –, sind heute alle davon überzeugt, daß wir in einem unbegrenzten, ewigen und offenen Universum leben.

Die Suche nach Grenzen

■ Seit Beginn dieses Jahrzehnts suchen die Riesenteleskope auf der Erde und das Hubble-Weltraumteleskop das Universum bis in eine Vergangenheit ab, von der die Astronomen gedacht hatten, sie nie erreichen zu können. Das Hubble Deep Field ist ein winziges Himmelsfeld im Großen Bären, das 130 Stunden lang vom Weltraumteleskop photographiert wurde. Dieses Bild zeigt in Wirklichkeit eine Art raumzeitliche Landschaft, in der immer tiefere Schichten des Universums sichtbar werden.

■ Ein bläulicher Stern in etwa hundert Lichtjahren Entfernung von der Erde und eine entfernte Riesenspirale mit einer Rotverschiebung von $z = 0{,}5$ bieten uns eine schwindelerregende kosmische Perspektive. In Wirklichkeit weist diese Galaxie eine zeitliche Verschiebung von 6 Milliarden Jahren auf.

Tausende Galaxien, verstreut auf einem entfernten Himmelsfeld im Sternbild Großer Bär. Ein seltsam sternenleerer Himmel: Nur zwei Sterne, ein bläulicher und ein orangefarbener, sind in dieser schwindelerregenden, kosmischen Landschaft zu sehen. Astronomische Bilder sind paradox: dieses Feld ist winzig – es entspricht einem Ausschnitt aus dem Himmel, den man durch ein Nadelöhr bei gestrecktem Arm sehen kann – und zugleich riesig. In Wirklichkeit stellt es den größten Ausblick dar, den man je vom Universum erhalten hat: Eine phantastische und abstrakte kosmische Landschaft in vier Dimensionen, drei räumlichen und einer zeitlichen. Diese Photographie wird in die Annalen der Wissenschaft als erster astronomischer Versuch eingehen, die *gesamte* Geschichte des Universums mit einem einzigen Blick zu erfassen. Um dieses elektronische Bild zu realisieren, das als Hubble Deep Field bezeichnet wird, hat die NASA das Weltraumteleskop im Dezember 1995 über eine Woche lang beansprucht. Der Verschluß der elektronischen Kamera des Teleskops blieb einhundertdreißig Stunden hintereinander, auf das Sternbild Großer Bär gerichtet, offen. Diese Himmelsregion wurde von den Astronomen sorgfältig ausgesucht: Die Gesichtslinie von Hubble stand senkrecht zur Ebene der Milchstraße, damit die Zahl der erfaßten Sterne möglichst gering blieb. Tatsächlich ist diese Zone im Großen Bär eine der leersten Regionen des gesamten Himmels, was eine unverzichtbare Bedingung ist, wenn man weit in die Geschichte des Universums zurückblicken will, ohne daß die Milchstraße, nahe Galaxien oder auch weiter entfernte Galaxienhaufen die Aussicht stören. Nach fünf Tagen ununterbrochener Aufnahme erreichte Hubble die magische Grenze von 30^m. Diese Helligkeit entspricht derjenigen von Himmelskörpern, welche 10 Milliarden mal weniger hell sind als die schwächsten, noch mit bloßem Auge sichtbaren Sterne. In diesem Himmelsfeld photographierte Hubble mehr als 2 000 Galaxien.

Auf einer Himmelsfläche von der Größe des Vollmondes entspricht dies 500 000 Galaxien. Hätte Hubble unter denselben Bedingungen und ohne Störung durch Sternenlicht das gesamte Himmelsgewölbe photographieren können, hätte es zwischen 50 und 100 Milliarden Galaxien erfaßt. Diese Zahl stellt die heutige Auszählungsgrenze der Galaxien-Population des Universums dar. Bei einer Belichtungszeit von 130 Stunden pro Feld hätte Hubble allerdings 370 000 Jahre gebraucht, um diese kosmische Kartographie komplett anzufertigen …

■ Das Hubble Deep Field ist möglicherweise das sensationellste Dokument, das jemals von den Astronomen realisiert wurde. Einige wenige Sterne, die an ihren Beugungsscheibchen erkennbar sind und unserer Galaxis angehören, liegen in diesem Feld im Großen Bären verstreut. Die meisten anderen Objekte sind extrem weit entfernte Galaxien. Das Hubble Deep Field erlaubt es, mit einem einzigen Blick auf 90 % der Geschichte des Universums zurückzublicken.

■ Dies ist eine der eindrucksvollsten Aufnahmen, die jemals vom entfernten Universum gewonnen wurden. Mit einer Belichtungszeit von 12 Stunden am Keck-II-Teleskop zeigt es den Galaxienhaufen RXJ 1716+67. Tausende von Galaxien befinden sich auf engstem Raum, jede etwa 8 Milliarden Jahre alt.

In der relativistischen Kosmologie befindet sich die Erde, aber auch jeder andere beliebige Punkt des Raums, im scheinbaren Zentrum des Universums. Der ursprüngliche Punkt des Universums, der Urknall, befindet sich überall um uns herum, auf eine fiktive, unerreichbare Sphäre mit unendlicher Rotverschiebung projiziert. Die Drei-Kelvin-Hintergrundstrahlung, jenes allererste Lichtsignal der Geschichte, das 100 000 Jahre nach dem Urknall ausgesendet wurde, zeigt sich auf einer Sphäre mit einer Rotverschiebung von $z = 1\,000$. Im Prinzip ist also ein Teleskop von ausreichender Leistungsfähigkeit in der Lage, die gesamte Geschichte des Universums von heute bis fast zum Urknall zu beobachten, wenn es in einer beliebigen Richtung auf den Himmel gerichtet ist. Dabei entsprechen die immer größeren Rotverschiebungen den immer weiter in der Vergangenheit zurückliegenden Epochen. Vor der Aufnahme des Hubble Deep Field war kein astronomisches Instrument je so weit ins Universum durchgedrungen. Bevor sie jene „Hubble-Tiefensondierung“ realisierten, standen die Astronomen vor vielfältigen Fragen: Welches Bild bietet uns das entfernte Universum? Wie weit kann man in Richtung des Urknalls in die Zeit zurückblicken? Wo befinden sich und wann bildeten sich die allerersten Galaxien? Wann entstand die erste Sternengeneration?

Diese Fragen sind nicht neu. Im Laufe dieses Jahrhunderts hofften die Astronomen bei jeder Inbetriebnahme eines neuen Riesenteleskops, die Anfänge des Universums, die ersten Zuckungen der aus den heißen Schmieden des Urknalls herausgeschleuderten Materie, die Heranreifung der großen Strukturen, die Entstehung der primordialen Galaxien und die Geburt der allerersten Sternengeneration offenbart zu sehen. Sie strebten danach, Milliarden um Milliarden Jahre die teils ruhige, teils stürmische Entwicklung jener unzähligen Insel-Universen vom Zeitpunkt des Urknalls bis heute zu verfolgen ...

Die Suche nach den Anfängen

Nach einhelliger Meinung der Kosmologen dürften die Galaxien aufgrund von winzigen, sehr früh in der Geschichte des Universums eingetretenen Fluktuationen entstanden sein. Als das Universum nur eine expandierende, heiße Suppe war, weit über $z = 1\,000$ hinaus, dürften Wechselwirkungen zwischen Teilchen Gravitationsinstabilitäten verursacht haben, die sich immer weiter intensivierten: In jenen Instabilitäten lag der Grund für die Herausbildung von Galaxien, Galaxienhaufen, Superhaufen ... Mit der Expansion wurde das Universum immer dünner, außer in diesen lokalen Störungen, die allmählich in sich kollabieren konnten, wobei rotierende Gasstrukturen, die galaktischen Embryonen, gebildet wurden. Im Zentrum jener Protogalaxien, so vermuten manche Wissenschaftler, seien die ersten massiven Schwarzen Löcher noch vor den erst zu einem späteren Zeitpunkt erschienenen Sternen entstanden. Andere behaupten hingegen, daß die Sterne es sind, die das Universum aus dem Zeitalter der Finsternis befreit haben.

Also hoffen die Astronomen seit geraumer Zeit, bis zu diesen galaktischen Embryonen, jenen fundamentalen Bestandteilen des großen kosmischen Puzzles, zurückgehen zu können. Doch weder das berühmte Teleskop am Mount Palomar in den sechziger Jahren, noch die Keck-Teleskope, die in den neunziger Jahren in Betrieb genommen wurden, noch das Weltraumteleskop am Ende dieses Jahrtausends haben es bis heute erlaubt, sich dieser bedeutungsschweren Zeit der Geschichte weiter zu nähern. In ihrer Ohnmacht mußten die Kosmologen feststellen, daß es im Universum ein Niemandsland gibt, das den Astronomen verwehrt bleibt und sich von der kosmologischen Drei-Kelvin-Hintergrundstrahlung – die etwa 100 000 Jahre nach dem Urknall ausgesendet wurde und die eine Rotverschiebung von $z = 1\,000$ aufweist – bis hin zu den entferntesten Himmelskörpern erstreckt, die zwischen $z = 3$ und $z = 5$ wahrgenommen wurden. Was aber geschah in der – nach den relativistischen Modellen – 500 Millionen bis 2 Milliarden Jahre anhaltenden Zwischenzeit?

Die Erforschung der weit zurückliegenden Vergangenheit des Universums ist erst mit der Entwicklung der großen Teleskope und der elektronischen Kameras, mit denen diese ausgestattet sind, möglich geworden. Bis zu Beginn der achtziger Jahre konnten die Teleskope nur 5 Milliarden Jahre in die Zeit zurückgehen, also bis zu einer Rotverschiebung von ungefähr $z = 0{,}5$. Zu dieser Zeit hatte das Universum dasselbe Aussehen wie der heutige Kosmos. Die gleichen spiralförmigen und elliptischen Galaxien gruppierten sich in Haufen, die mit den heutigen identisch sind. Bis dahin scheint das Universum jenem vollkommenen kosmologischen Prinzip zu gehorchen; unveränderlich, überall und zu jeder Zeit gleich, in welchem Maßstab auch immer. Wenn sich das Universum wirklich weiter entwickelt haben sollte, muß man noch erheblich weiter in die Zeit zurückgehen, um dies zu beweisen.

Anfang der neunziger Jahre begann das französisch-kanadische Team um die Astronomen Olivier Le Fèvre und David Crampton eine systematische Untersuchung der Eigenschaften aller Galaxien, die in einer „schmalen" Schicht um die Erde mit Rotverschiebungen von $z = 0$ bis $z = 1$ vorhanden waren. Dieser Wert stellt die technische Grenze des 3,6-m-Teleskops von Hawaii dar. Dieser Rückblick um 65 % in die Geschichte des Universums ermöglichte erstmalig eine nachvollziehbare Darstellung der Entwicklung milchstraßenähnlicher Galaxien im Laufe der letzten zehn Milliarden Jahre, wenn man davon ausgeht, daß das Universum 15 Milliarden Jahre alt ist. Diese Untersuchungen wurden von weiteren Arbeitsgruppen fortgesetzt. Sie ermöglichten zum ersten Mal, das Universum in dieser weit zurückliegenden Zeit genauer zu betrachten. Bei $z = 1$ stellten die Astronomen fest, daß der Himmel ganz anders aussah als heute. Die Spiralgalaxien waren wesentlich zahlreicher, viel heller und viel aktiver und zündeten ein wahres Feuerwerk aus Sternen. In ihren Spiralarmen streckten sich weite Nebel aus, in denen es von Millionen Blauer Überriesen nur so glitzerte. Intergalaktische Kollisionen kamen ungleich häufiger vor als heute. Dies hängt zunächst damit zusammen, daß die Skala des Universums nur halb so groß war $(1 + z)$, zum

■ Die Riesengalaxie HDF 9 weist eine Rotverschiebung von $z = 0{,}96$ auf, sprich eine zeitliche Verschiebung von 55 bis 65 %, je nach ausgewähltem Weltmodell. Das Licht von dort reiste fast 10 Milliarden Jahre, bevor es von der Kamera des Hubble-Weltraumteleskops aufgefangen wurde.

■ Das Hubble-Deep-Field Süd wurde unter den gleichen Bedingungen wie sein Bruder am Nordhimmel aufgenommen. Das 1998 von Hubble aufgenommene Feld im Sternbild Tucan sieht dem 1995 am Himmel exakt gegenüberliegenden

anderen aber auch damit, daß die Galaxien zu diesem Zeitpunkt zahlreicher waren als heute. Die Astronomen sind jetzt davon überzeugt, daß die heutigen Riesengalaxien, unsere Milchstraße inbegriffen, sich aus kleineren Galaxien gebildet haben, die sich im Laufe der Zeit vereinigt haben.

Die Tiefensondierungen in die Geschichte des Universums begeben sich nicht nur auf die Suche nach der allerersten Sternengeneration und der Rekonstruktion der Galaxien-Entwicklung. Die Beobachter verfügen über mehrere analytische Methoden, die es ihnen theoretisch erlauben, die Expansionsquote des Universums, also sein Alter, zu messen und seine Geometrie zu bestimmen. Im Klartext können sie also die Werte der Hubble-Konstanten H_0 und des Dichteparameters W berechnen. Hierfür müssen die Astronomen jedoch in der Lage sein, die bei den Sondierungen ermittelten Daten, die zunächst nur einfache elektronische Aufnahmen des Himmels darstellen, in raumzeitliche Schichten aufzulösen. In den Myriaden von Galaxien, die im Hubble Deep Field erfaßt wurden, ist das Herausfinden der Distanz in der Raumzeit, in der sich diese oder jene Galaxie befindet, ein wahres Geduldsspiel. Bei den hellsten Galaxien des Feldes, die oft näher zu uns, also weniger interessant sind, registrieren die Astronomen ein Spektrum, mit dem der Wert der Rotverschiebung direkt ermittelt werden kann. Bei den schwächsten von ihnen, deren Leuchtkraft jenseits von 25^m liegt, ist jedoch leider eine spektrale Analyse unmöglich: Die heutigen Instrumente sind nicht empfindlich genug. Die Kosmologen befinden sich also in einer sehr unbefriedigenden Situation. Mehr als 1 500 der 2 000 erfaßten Galaxien bleiben – mit ihrer Leuchtkraft zwischen 25^m und 30^m – für die Spektroskopie unerreichbar. Die Astronomen sehen sie, können jedoch weder ihre Distanz noch ihre absolute Helligkeit oder ihr Entwicklungsstadium feststellen. Die Kosmologen sind davon überzeugt, daß im Hubble Deep Field Galaxien mit einer Rotverschiebung von $z = 5$, 6 oder 7 vorhanden sind, aber man kann sie noch nicht erkennen. Diese Himmelskörper werden mit einer noch nie erreichten zeitlichen Verschiebung von etwa 95 % beobachtet. Heute weiß keiner, wann spektroskopische Messungen an solch schwachen Himmelskörpern möglich sein werden. Die NASA und die ESA haben diesbezüglich ein Forschungsprojekt zur Einrichtung eines Riesenweltraumteleskops gestartet: Das Nachfolgemodell von Hubble wird 10- bis 100mal leistungsstärker sein und könnte etwa im Jahr 2005 in Betrieb genommen werden.

Bilder aus der Vergangenheit des Universums

Immerhin erlaubten die Spektralmessungen an einigen hundert Galaxien des Hubble Deep Field, die mit den beiden größten

Gebiet zum verwechseln ähnlich: auch in einem scheinbar leeren Himmelsfeld befinden sich dutzende sehr weit entfernter Galaxien. Für die Kosmologen ist dies ein deutlicher Beweis für die Gleichförmigkeit des Universums.

Teleskopen der Welt auf Hawaii durchgeführt wurden, sowie indirekte, hauptsächlich statistische Berechnungen, den Forschern, manche kosmologischen Modelle zu stützen. Insbesondere scheint heute sicher zu sein, daß die Periode intensivster Aktivität in der gesamten Geschichte des Universums sich in der Zeit zwischen $z = 1$ und $z = 3$ abspielte. Für ein 15 Milliarden Jahre altes Universum in einer Zeit vor 10 bis 13 Milliarden Jahren. Die Galaxien des Hubble Deep Field erscheinen heller, unruhiger und aktiver. Davon zeugen einige kosmische „Ungeheuer", die mit den Spektrographen der amerikanischen 10-m-Teleskope des Mauna-Kea-Observatoriums entdeckt wurden: Die Galaxien HDF 39 bei $z = 1{,}35$, HDF 75 bei $z = 2{,}84$, HDF 90 bei $z = 2{,}80$, HDF 118 bei $z = 2{,}23$, HDF 151 bei $z = 3{,}18$, HDF 178 bei $z = 2{,}59$ und HDF 180 bei $z = 2{,}77$.

Alle diese Galaxien weisen eine außergewöhnliche absolute Helligkeit auf. Manche sind gerade dabei, mit einer Nachbargalaxie zu fusionieren, andere zeigen durch ihre chaotischen Formen und ihre bläuliche Farbe, daß sie gewaltige Sternenausbrüche erleben. Alle bezeugen jedenfalls, daß das Universum bei $z = 2$ oder $z = 3$ chaotischer war als heute, daß Begegnungen zwischen Galaxien häufiger vorkamen (zugegebenermaßen waren aber die Dimensionen des Universums bei $z = 3$ auch um das Vierfache geringer als heute) und schließlich, daß es wesentliche morphologische Unterschiede zwischen den damaligen und den heutigen Galaxien gibt. In großen Entfernungen findet das Hubble-Weltraumteleskop tatsächlich nicht die aktuelle Verteilung der Galaxien, mit 60 % Spiralen, 20 % linsenförmigen, 15 % elliptischen und 5 % irregulären Galaxien. Das entfernte Universum zeigt – zusätzlich zu anormal geformten Spiralen – mehr als 40 % irreguläre Galaxien. Dieses Ergebnis, das im krassen Widerspruch zum perfekten kosmologischen Prinzip steht, bestätigt auf spektakuläre Weise die Modelle eines eine Evolution durchlaufenden Universums, wie die Urknalltheorie, gegenüber den statischen, entwicklungslosen Modellen.

Trotzdem müssen die Bilder, die Hubble aus dieser weit zurückliegenden Vergangenheit gebracht hat, mit größter Vorsicht genossen werden. Relativistische Effekte können die Interpretation der Hubble-Daten, wie auch weiterer Tiefensondierungen, die mit anderen großen Teleskopen durchgeführt wurden, erheblich erschweren. Die Bilder von Galaxien, die sich jenseits von $z = 2$ oder $z = 3$ befinden, können beispielsweise nicht direkt mit denjenigen heutiger Galaxien verglichen werden. Das Bild der Galaxie HDF 151 bei $z = 3{,}18$ zeigt in Wirklichkeit – aufgrund der durch die Expansion des Universums hervorgerufenen, kosmologischen Rotverschiebung – die Galaxie, so wie sie früher glänzte, im ultravioletten Bereich, obwohl sie von Hubble

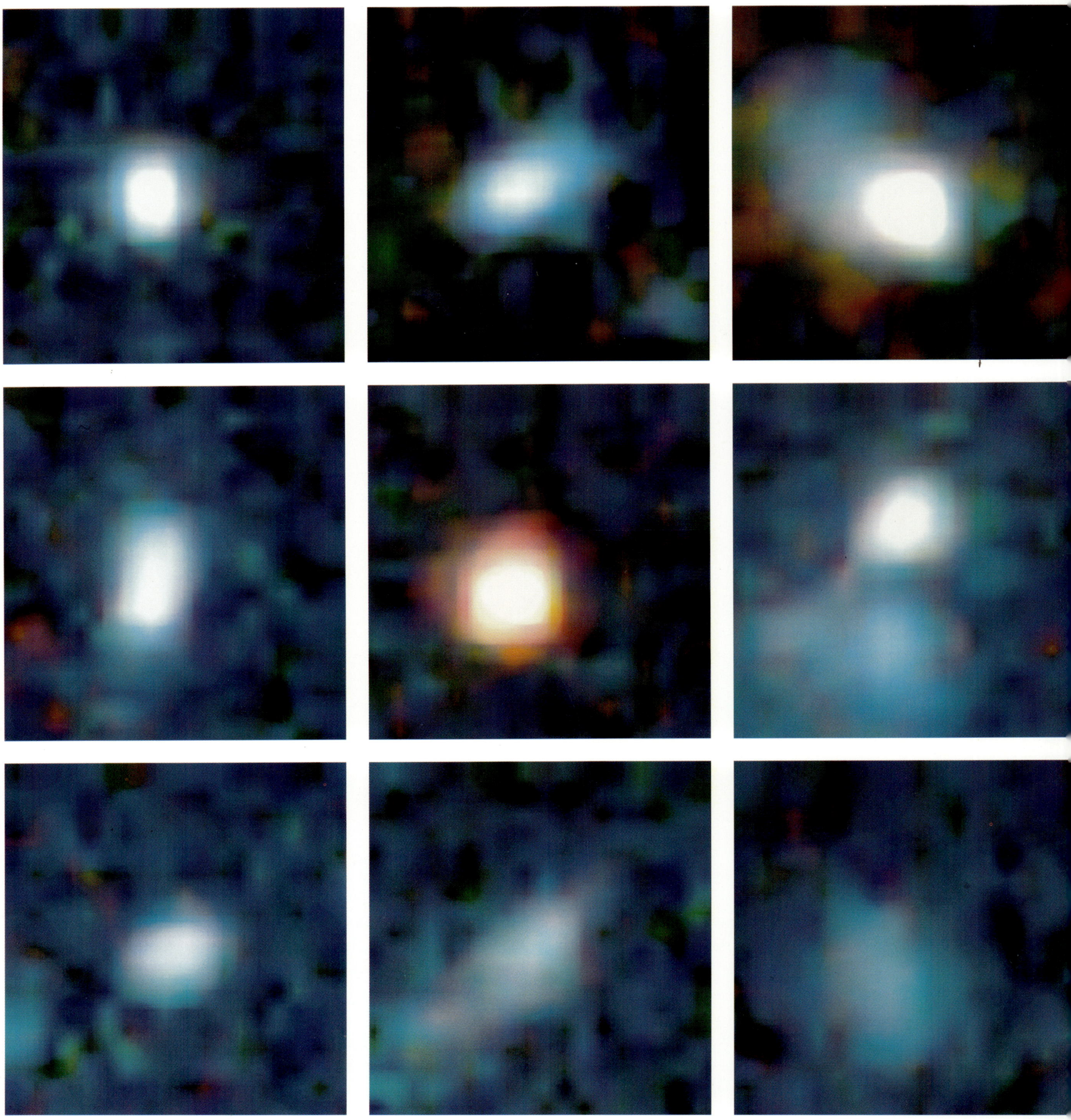

■ Obige achtzehn Himmelsobjekte wurden von Hubble im Sternbild Herkules entdeckt. Sie befinden sich alle bei $z = 2{,}39$, was einem Blick in die Vergangenheit von 80 % entspricht. Sie sind in einer Region von nur 2 Millionen Lichtjahren

im sichtbaren Teil des elektromagnetischen Spektrums photographiert wurde. In diesem Strahlungsbereich ist der Himmel aber den Astronomen noch recht unbekannt, da er von der Erdoberfläche aus nicht beobachtet werden kann.

Um diesem problematischen Sichtfehler entgegenzuwirken, wurde eine Mission der Raumfähre Endeavour 1995 der ultravioletten Aufnahme von erdnahen Galaxien gewidmet, um ihre Aufnahmen mit denen, die Hubble in den Tiefen des Alls gemacht hat, vergleichen zu können. Diese Bilder unterscheiden sich von den traditionellen optischen Bildern, denn sie werden von den jüngsten und heißesten Sternen beherrscht. Der weit entfernte Kosmos, der durch das Hubble Deep Field offenbart wurde, zeigt nicht nur gewaltige und majestätische galaktische Feuerwerke. Myriaden von winzigen, bläulichen, kompakten Galaxien, die einen Durchmesser von weniger als 2 000 Lichtjahren haben, sind auch zu finden. Von diesen Himmelskörpern denken die Astronomen, daß es sich um die ersten Zellen der heutigen Riesengalaxien, wie der Milchstraße, handelt. Wie alle Riesenspiralen dürfte sich die Milchstraße im Laufe der Jahre nach zahlreichen galaktischen Fusionen gebildet haben.

Die Astronomen warten jetzt auf neue Aufnahmen des Hubble Deep Field, die noch vor Ende dieses Jahrtausends vom Hubble-

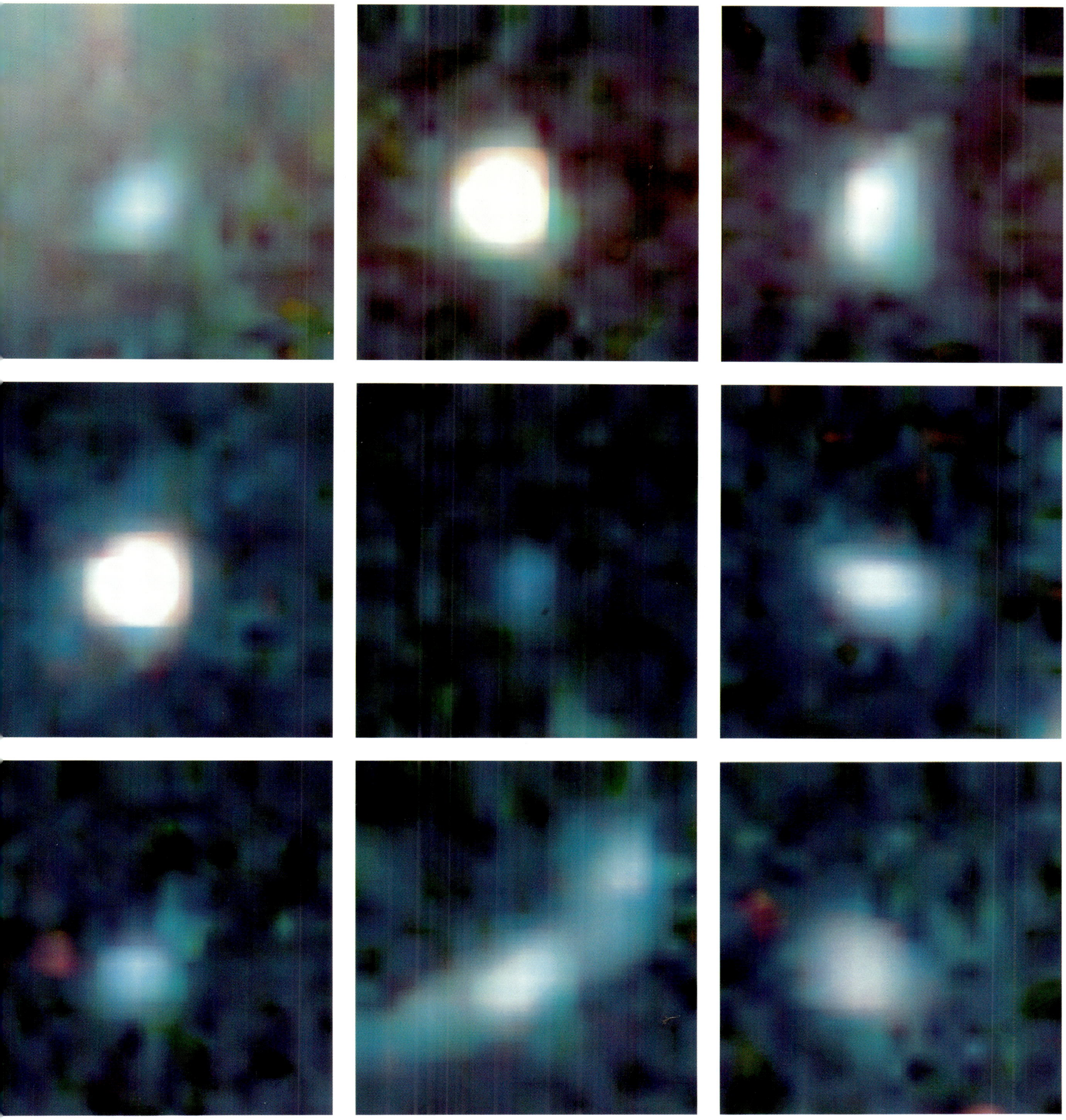

Durchmesser gruppiert. Ihr Durchmesser beträgt weniger als 2 000 Lichtjahre. Es handelt sich vielleicht um die ersten Bausteine von Galaxien. Im heutigen Kosmos ist Ähnliches nicht mehr vorhanden.

Weltraumteleskop übermittelt werden müßten. Dieses ist seit März 1997 mit einer neuen Infrarotkamera, NICMOS, ausgestattet, die es ihm ermöglicht, die von den Galaxien bei $z = 5$, 6 oder 7 ausgesendete Strahlung im sichtbaren Licht, die jedoch durch die Expansion in den infraroten Bereich verschoben wurde, zu beobachten.

Die Quasare: Primordiale Galaxien

Die entferntesten Himmelskörper des Universums wurden jedoch nicht im winzigen Feld des Großen Bären entdeckt, sondern überall am Himmelsgewölbe verteilt: Es handelt sich um die sogenannten Quasare. Diese sternförmigen Objekte sind extrem helle Galaxienkerne. Ihre Leuchtkraft entspricht derjenigen von 100 bis 1 000 Galaxien. Sie läßt sich möglicherweise durch das Vorhandensein eines überdimensionalen Schwarzen Lochs im Zentrum der Quasare erklären, das das interstellare Gas aus der Umgebung verschlingt. Bei der Erwärmung des Gases, das mit einer Geschwindigkeit nahe der Lichtgeschwindigkeit in das Schwarze Loch stürzt, wird mehr Energie erzeugt als bei der nuklearen Verbrennung in Sternen. Möglicherweise haben alle Riesengalaxien im Laufe ihrer Entwicklung ein Quasarstadium durchgemacht. Im Kern der Milchstraße – beispielsweise – befindet sich wahrscheinlich ein Schwarzes Loch von mehr als 1 Million Sonnenmassen, das sich jedoch möglicherweise bereits den größten Teil seiner interstellaren Umgebung einverleibt hat, so daß es heute nahezu inaktiv zu sein scheint. Hingegen besitzt die Riesengalaxie M 87 im Sternbild Jungfrau einen äußerst aktiven Kern, aus dem ein gigantischer Plasmajet herausgeschleudert wird. Im Zentrum der Galaxie befindet sich wahrscheinlich ein Schwarzes Loch von 3 Milliarden Sonnenmassen. Dieser aktive Kern, der nicht hell genug ist, um als Quasar bezeichnet zu werden, zeigt jedoch recht anschaulich, wie der Quasar einer Galaxie – nur 100mal heller – aussehen dürfte. Seit ihrer Entdeckung 1963 dienen die Quasare aufgrund ihrer phantastischen Leuchtkraft als glänzende Leuchtfeuer in der tiefen Dunkelheit des Alls. Sie halten außerdem die Entfernungsrekorde. Der am weitesten entfernte Quasar, PC 1247+3406, befindet sich im Sternbild Jagdhunde und zeigt eine Rotverschiebung von z = 4,9. Diesen Himmelskörper sehen wir mit einer zeitlichen Verschiebung von mehr als 90 %. Ist das Universum 15 Milliarden Jahre alt, beobachten wir PC 1247+3406 in dem Zustand, den er vor etwa 14 Milliarden Jahren erreicht hatte.

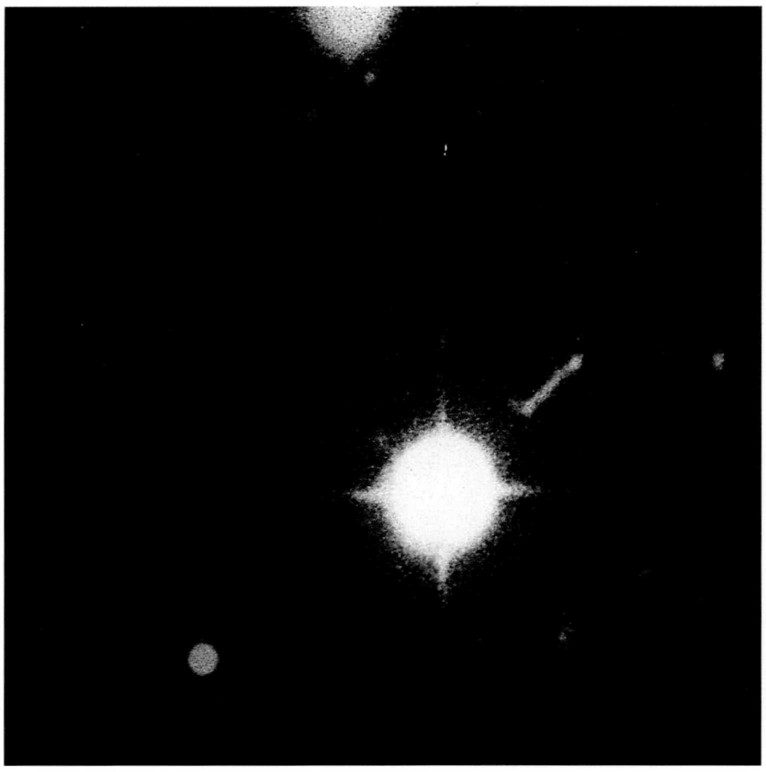

■ In nur 2 Milliarden Lichtjahren Entfernung befindet sich der nächste Quasar, 3C273. Seine Leuchtkraft entspricht derjenigen von mehr als 100 Galaxien. Ein Plasmajet von fast 100 000 Lichtjahren Länge entweicht aus 3C273 mit einer Geschwindigkeit von mehreren tausend Kilometern pro Sekunde.

Die Verteilung der Quasare hat lange Zeit die Astronomen stutzig gemacht. Im Gegensatz zu den „normalen" Galaxien nämlich befinden sich diese Himmelskörper allesamt in sehr großen Entfernungen von der Erde. Der nächste unter ihnen, der berühmte Quasar 3C273, befindet sich in etwa 2 Milliarden Lichtjahren Entfernung (z = 0,16) von der Erde. Er stellt damit eine Ausnahme dar, da die große Mehrheit der Quasare mit ihren Rotverschiebungen von z = 1 bis z = 3 in viel tieferen Schichten der Geschichte zu suchen sind. Zwischen dieser weit zurückliegenden Zeit und heute nimmt die Menge der Quasare pro genormter Volumeneinheit – d. h. unter Berücksichtigung der Expansion des Universums – stetig ab. Genau in dieser Spannbreite der Rotverschiebung erlebte die Aktivität der Galaxien ihren Höhepunkt. Daraus kann man schließen, daß sich Quasare dann im Herzen der Galaxien einschalten, wenn diese sich begegnen oder fusionieren. Zur Zeit hat man allerdings erst etwa 10 000 Quasare im gesamten Universum entdeckt, während es mehrere Dutzend Milliarden Galaxien gibt. Ist denn in der Geschichte einer Riesengalaxie die Phase als Quasar so kurz, daß sich die Seltenheit dieser Himmelskörper dadurch erklären ließe?

■ Der Quasar PKS 2349 wurde im Herzen eines Galaxienhaufens entdeckt. Er ist aus der Kollision zweier Spiralen entstanden. PKS 2349 präsentiert sich als ein vierzackiger, heller Stern. Es handelt sich dabei um Beugungserscheinungen, die auf das optische System des Weltraumteleskops zurückzuführen sind.

Bis wohin kann man mit Hilfe der Quasare als Leuchtfeuer in der Zeit zurückgehen? Rasch stellten die Forscher fest, daß jenseits einer Rotverschiebung von z = 3 – dem Bereich, in dem die Quasare am zahlreichsten sind – die Quasarpopulation immer weiter abnimmt, je tiefer man in der Zeit zurückgeht. Jenseits von z = 4, entsprechend einer zeitlichen Verschiebung von beinahe 90 %, können die Astronomen nur noch einige wenige davon beobachten. Der Quasar PC 1247+3406 hält diesbezüglich mit z = 4,9 den Entfernungsrekord seit 1990, obwohl nichts unversucht geblieben ist, noch weiter in die Geschichte des Universums vorzudringen.

Anfang 1997 veröffentlichte ein internationales Team unter der Leitung des Astronomen Peter Shaver die überraschenden Ergebnisse einer systematischen, nichtsdestotrotz jedoch erfolglosen Suche nach entfernten Quasaren, die mit dem Parkes-Radioteleskop in Australien und dem 3,6-m-ESO-Teleskop von La Silla in

Chile durchgeführt wurde. Mit den modernen Instrumenten – optischen und Radioteleskopen –, die den Forschern heutzutage zur Verfügung stehen, hätte es ihrer Meinung nach möglich sein sollen, unter den etwa tausend Himmelskörpern, deren spektrale Rotverschiebung sie gemessen hatten, helle, auch sehr weit entfernte Quasare mit einer Rotverschiebung von $z = 5, 6, 7$ oder gar noch mehr zu entdecken. Wenn sie nichts in dieser weit zurückliegenden Vergangenheit des Universums gefunden haben, so deshalb, weil es nichts zu sehen gab. Das meinen zumindest Peter Shaver und seine Arbeitsgruppe. Mit anderen Worten: Damals gab es noch keine Quasare. Diese Entdeckung – oder besser gesagt, diese fehlende Entdeckung – bestätigt die Urknalltheorie. Sie hebt einmal mehr die zeitliche Entwicklung des Kosmos hervor. Sie erlaubt es außerdem erstmals, die Epoche zu schätzen, in der die ersten riesigen Schwarzen Löcher vielleicht im Zentrum von Riesengalaxien, irgendwo zwischen $z = 4$ und $z = 5$, entstanden sind, sprich vor 13,5 Milliarden Jahren bei einem 15 Milliarden Jahre alten Universum – eine erstaunlich kurze Zeit nach dem Urknall. Vor zwanzig bis dreißig Jahren hätte kein Astronom geahnt, daß man so nah am „Zeitpunkt Null" vollständig gebildete, massive und extrem helle Himmelskörper beobachten würde. Alle aktuellen Daten scheinen jedoch diese verblüffende Frühentwicklung des Universums zu bestätigen. Die Quasare, die zu selten und zu atypisch sind, als daß sie eine repräsentative Auswahl der Population des Universums darstellen könnten, werden sehr wahrscheinlich in den kommenden Jahren von normalen Galaxien ohne aktiven Riesenkern überholt werden.

■ Diese einzigartige Photographie führt uns in eine sehr weit zurückliegende Vergangenheit des Universums. Der Quasar Q0000–263, im Sternbild Bildhauer, zeigt eine Rotverschiebung von $z = 4{,}1$ oder einen Blick in die Vergangenheit um 90 %. Rechts davon erscheint eine mit $z = 3{,}3$ vorgelagerte Galaxie.

Nach solchen Himmelskörpern suchen zur Zeit Forscherteams im Hubble Deep Field. Sie versuchen hierbei, die von der Empfindlichkeit der Spektrographen vorgegebene Entfernungsgrenze zu überschreiten, indem sie ein neues Analyseverfahren anwenden: Die entfernten Galaxien werden allein durch die Beobachtung ihrer Färbung durch Spezialfilter unterschieden. Die Abbildung des Hubble Deep Field ist eine Aufnahme in vier Schichten, die jeweils mit einem ultravioletten, einem blauen, einem roten und einem infraroten Filter gemacht wurden. Aus dieser vierschichtigen Aufnahme wurden die Bilder rekonstruiert, die in diesem Kapitel zu sehen sind. Da alle Galaxien in etwa die gleichen Licht- und Farbeigenschaften, sprich ein gewisses photometrisches Profil, aufweisen, suchen die Astronomen nach denjenigen, die scheinbar eine spektrale Verschiebung zum roten Bereich hin zeigen. Die statistische Analyse des Hubble Deep Field erlaubte es, einige Galaxien auszumachen, die eine Rotverschiebung von $z = 5$, 6 und 7 haben könnten. Da aber eine formelle Spektralmessung noch fehlt, ist die Schätzung ihrer raumzeitlichen Entfernung leider noch hypothetisch. Die Kosmologen fangen immerhin an, sich über die physikalischen Prozesse Gedanken zu machen, die innerhalb von nur 750 Millionen Jahren – bei einem 15 Milliarden Jahre alten Universum – die Bildung von Galaxien aus dem homogenen, beim Urknall entstandenen Plasma erlaubt haben könnten. Manche Theoretiker, denen diese Situation nicht geheuer ist, stellen übrigens eine schwerwiegende Inkompatibilität bezüglich des ermittelten Alters des Universums zwischen den relativistischen Gleichungen und den Sternbeobachtungen fest. In zahl-

■ Mit $z = 4{,}9$ ist PC 1247–3406 im Sternbild Jagdhunde der am weitesten entfernte, heute bekannte Quasar. Dieser helle Galaxienkern, der mit dem 10-m-Keck-Teleskop von Hawaii photographiert wurde, erscheint uns heute in dem Zustand, den er aufwies, als das Universum 10 % seines heutigen Alters erreicht hatte.

reichen kosmologischen Modellen scheint das Universum jünger zu sein als seine ältesten Sterne.

DIE HUBBLE-KONSTANTE UND DAS ALTER DES UNIVERSUMS

Das Paradoxon des Weltalters stellt für manche Wissenschaftler die größte Herausforderung dar, der sich die Befürworter einer relativistischen Sichtweise des Universums zu stellen haben. Es läßt sich vielleicht durch die unterschiedlichen Ansätze zur Datierung des Universums erklären. Die Kosmologen gehen geometrisch, die Astronomen physikalisch und chemisch heran. Letztere versuchen, die Sternentwicklung zu quantifizieren.

In den einfacheren kosmologischen Modellen, in denen der Dichteparameter (Ω) 0,1 beträgt, wird das Weltalter, das auch als Hubble-Zeit bezeichnet wird, als Kehrwert der Hubble-Konstanten H_0 definiert. Wenn hingegen $\Omega = 1$ ist, beträgt die Hubble-Zeit $2/(3\Omega H_0)$. Alle Modelle hängen jedenfalls zunächst einmal vom angenommenen Wert der Hubble-Konstanten ab. Die Ermittlung dieser Konstanten gehört zu den ältesten, kosmologischen Programmen. Sie gestaltet sich als äußerst knifflig, denn die Distanz ausreichend entfernter Galaxien und ihre scheinbare Fluchtgeschwindigkeit müssen exakt ermittelt werden. Die Entfernungen der Galaxien, die durch den Vergleich der absoluten mit der scheinbaren Leuchtkraft ihrer Sterne geschätzt werden, waren bis vor einigen Jahren nur mit einem Unsicherheitsfaktor von 2 bekannt. Die Himmelskörper, die als „Standardkerzen" in den Galaxien dienen, sind die wohlbekannten Cepheiden, die Supernovae und die Kugelsternhaufen. Die maximale, absolute Leuchtkraft beider letztgenannten Himmelskörperarten ist stets etwa gleich. In den letzten Jahren erlaubte es das Hubble-Weltraumteleskop, die Leuchtkraft einzelner Sterne des Virgo-Haufens direkt zu messen, obwohl sich dieser in 50 Millionen Lichtjahren Entfernung von der Milchstraße befindet. Mit demselben Instrument gelang es außerdem, Anfang 1997 die Kugelsternhaufen des Coma-Galaxienhaufens in mehr als 300 Millionen Lichtjahren Entfernung zu photographieren. Anhand dieser Messungen schätzten die Astronomen zu Anfang 1997 den Wert der Hubble-Konstanten auf 75 km/s · Mpc. Einfacher ausgedrückt bedeutet dies, daß zwei durch 3,26 Millionen Lichtjahre getrennte Punkte im Weltraum sich mit einer Geschwindigkeit von 75 km/s voneinander entfernen. So fliehen die Galaxien des Virgo-Haufens mit 1 200 km/s von uns, diejenigen vom Coma-Galaxienhaufen mit 7 000 km/s. Es ist die Expansionsgeschwindigkeit des Universums. Es ist heute noch unmöglich, den Wert der Hubble-Konstanten in der Vergangenheit zu messen, obwohl die Astronomen bereits darüber nachdenken. Aber die Kosmologen müssen in ihren Berechnungen einen Abbremsparameter q_0 berücksichtigen, die Antwort der Gravitation auf die gewaltige Freisetzung von Energie während des Urknalls.

Je nach den kosmologischen Modellen, das heißt je nach den angenommenen Werten für den Abbremsparameter q_0 und den Krümmungsparameter W, und bei einer Hubble-Konstanten H_0 von 75 km/s·Mpc, liegt das Alter des Universums zwischen 9 und 13 Milliarden Jahren. Die Astrophysiker aber schätzten bis heute das Alter der ältesten Sterne – zum größten Verdruß der Kosmologen – auf 12 bis 18 Milliarden Jahre. Da die Modelle stellarer Nukleosynthese zu den sichersten Modellen der Physik gehören, weigerten sich die Astronomen, Ergebnisse zu „erzwingen", nur um das Alter der Sterne zu senken. Bis 1997 wußten die Wissenschaftler nicht, wie sie jene unterschiedlichen astrophysikalischen Ansätze miteinander verknüpfen konnten, die sich nur in den Randbereichen beider Theorien trafen. Schon befürchteten sie, die relativistische Kosmologie sei in eine tiefe Krise geraten. Andere Astronomen hingegen stellten fest, daß die Werte – obwohl unterschiedlich – doch außergewöhnlich nah beieinander lagen und dadurch die Urknalltheorie untermauerten. Trotzdem tat es not, jene Diskrepanz zu klären und die astronomischen Beobachtungen mit dem Modell eines jungen Universums in Einklang zu bringen.

■ Die Astronomen hoffen, die entferntesten Himmelskörper des Universums dank des Lupeneffektes, den die Galaxienhaufen als Gravitationslinsen verursachen, zu entdecken. Diese Galaxie bei $z = 2{,}5$ wurde im Hintergrund des Abell 2218-Haufens entdeckt (Siehe Seiten 140–141).

DIE HIPPARCOS-REVOLUTION

Im Mai 1997 veröffentlichte die European Space Agency (ESA) die Ergebnisse der mit dem Hipparcos-Satellit ausgeführten Beobachtungen. Diese stellen möglicherweise die Lösung des Problems der „beiden Alter" des Universums dar. Während seiner Mission, die von 1989 bis 1993 dauerte, maß Hipparcos die Distanz und die wirkliche Leuchtkraft von fast 1 Million Sternen in unserer Milch-

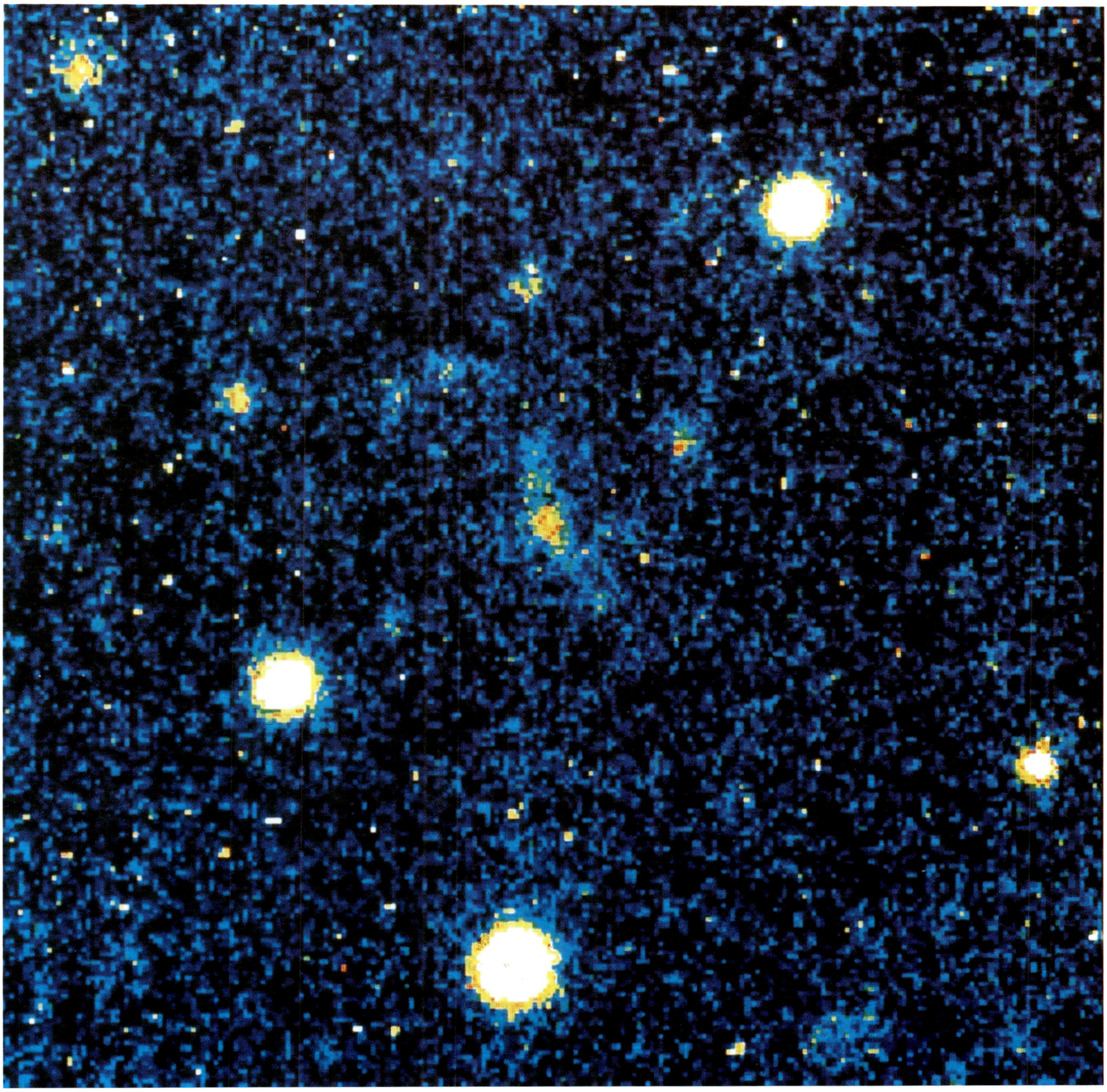

■ 4C41.17, im Infrarotbereich mit dem 10-m-Keck-Teleskop gesehen, ist eine der entferntesten, bekannten Galaxien. Die Rotverschiebung dieser Galaxie vom Ende der Welt beträgt $z = 3{,}8$. Dies bedeutet eine zeitliche Verschiebung von beinahe 90 %: 13,5 Milliarden Jahre, bei einem 15 Milliarden Jahre alten Universum.

straße. Die Astronomen waren somit zum ersten Mal in der Lage, die Entfernung der Cepheiden genauer festzustellen. Diese sind veränderliche Sterne, die als Entfernungseichmaß bei der Berechnung der Hubble-Konstanten dienen. Die überraschten europäischen Wissenschaftler entdeckten, daß die Entfernung der Cepheiden bis dato systematisch unterschätzt worden war. Dieses Ergebnis ist von grundlegender Bedeutung, denn es zeigt an, daß die Entfernung der Galaxien – wie die der Cepheiden – nach oben korrigiert werden muß. Und die Hubble-Konstante muß ihrerseits entsprechend nach unten korrigiert werden. Ihr Wert dürfte eher zwischen 60 und 70 km/s·Mpc liegen. Damit könnte das Universum zwischen 13 und 15 Milliarden Jahren alt sein, was mit dem Alter der ältesten Sterne vereinbar ist. Dies um so mehr, als die vom Hipparcos-Satellit durchgeführten Messungen außerdem zeigten, daß die Astronomen das Alter der ältesten Sterne überschätzt hatten! Als Hipparcos die genaue Entfernung der ältesten Sterne der Galaxis ermittelte, kam heraus, daß diese systematisch unterschätzt worden war. Dies bedeutet, daß jene alten Sterne eine viel höhere absolute Leuchtkraft aufweisen, als es die Astronomen vermutet hatten. Somit verbrauchen sie erheblich mehr Energie als angenommen, so daß sich ihre Lebenserwartung verkürzt. Ihr Alter dürfte also bei 11 bis 13 Milliarden Jahren liegen und dadurch mit dem anhand der Hubble-Konstante geschätzten Alter des Universums vereinbar sein.

Die Tiefensondierungen der letzten Jahre haben zwar neue Erkenntnisse über unsere Vergangenheit, aber auch eine Menge neuer Probleme hervorgebracht. Noch vor Veröffentlichung der

■ Das Hubble Deep Field erlaubte zwar den Astronomen, Galaxien mit sehr großen Rotverschiebungen zu photographieren. Doch ist deren Leuchtkraft zu schwach, um spektroskopisch untersucht zu werden. Eine neue Analysemethode jedoch, die sich auf die Untersuchung der Farben

Hipparcos-Ergebnisse machte das Team um Olivier Le Fèvre und David Crampton am Hawaii-Observatorium eine verwirrende Entdeckung: Die vom französisch-kanadischen Teleskop ermittelten Daten zeigten eindeutig, daß die elliptischen Galaxien bei $z = 1$ denjenigen des heutigen Universums gleichen. Dabei werden die elliptischen Galaxien als die ältesten Strukturen des Universums erachtet. Sie besitzen kein Gas und weisen nur noch alte Sterne, meist Rote Zwerge und Riesen, auf. Bei $z = 1$ geht man allerdings, gemäß den Standardmodellen des Urknalls, um 8 bis 10 Milliarden Jahre in die Vergangenheit zurück. Wie läßt sich das Vorhandensein von elliptischen, mehrere Milliarden Jahre alten Galaxien so früh in der Geschichte des Universums erklären? 1996 gerieten die Astronomen bei der Entdeckung der Galaxie 53W091 in allergrößte Verlegenheit. Sie befindet sich im Sternbild Drache und ist heute die am weitesten entfernte, bekannte elliptische Galaxie. Mit $z = 1{,}55$ weist der Himmelskörper eine zeitliche Verschiebung von 70 bis 75 % auf. Aber die Spektralanalyse von 53W091 zeigt, daß diese Galaxie hauptsächlich aus 4 Milliarden Jahre alten Sternen besteht. Die Galaxie im Sternbild Drache setzt die Astronomen in eine sehr unbequeme Lage, denn mit der Entdeckung einer solchen Rotverschiebung bei einer so alten Galaxie werden die meisten Weltmodelle unhaltbar!

Jenseits des Hubble Deep Field

In einem Modell, in dem das Universum 15 Milliarden Jahre alt ist, entspricht eine Rotverschiebung von $z = 1{,}55$ einem Blick in die Vergangenheit von beinahe 11 Milliarden Jahren. Hinzu kommen die 4 Milliarden Jahre der Galaxie. Die Summe beider Zahlen (15 Milliarden Jahre) bringt uns, selbst unter Berücksichtigung der neuesten Hipparcos-Daten, gefährlich nah an den Urknall heran. Wann konnte sich bloß diese Galaxie bilden?

Heute suchen Beobachter und Theoretiker nach neuen Wegen, um aus dieser Sackgasse zu entkommen. Mit ihren Be-

der Galaxien stützt, erlaubt es den Forschern, deren Entfernungen indirekt zu schätzen. Diese rötliche Galaxie, vermuten manche Astronomen, könnte das entfernteste Objekt des Universums sein, bei $z = 6$ oder 7.

obachtungen möchten die Astronomen endlich in der Lage sein, in das „Dunkle Zeitalter" vordringen zu können, das sich von $z = 5$ bis $z = 1\,000$ erstreckt. Genau dieses Niemandsland, in dem das Schicksal des Universums entschieden wurde, wollten die Verantwortlichen des Hubble Deep Field-Projekts erreichen ... Doch auch die phantastische Empfindlichkeit von Hubble reichte nicht aus, um die Schleier der Zeit zu lüften: Die statistische Zählung der Galaxien im Hubble Deep Field zeigt, daß selbst im Bereich der schwächsten Helligkeiten, das heißt im Bereich der größten raumzeitlichen Distanzen, die Zahl der registrierten Galaxien nicht sinkt. Es ist der Beweis, so die Wissenschaftler, daß es noch weiter weg etwas zu sehen gibt und daß das Weltraumteleskop nicht das ganze Universum durchdrungen hat. Wo befinden sich die ersten Galaxien, wann leuchtete die erste Sternengeneration auf? Diese Fragen werden ihre Antwort wohl erst im nächsten Jahrtausend erfahren.

Die numerischen Simulationen haben gezeigt, daß die Galaxien, wenn sie sich weniger als 1 Milliarde Jahre nach dem Urknall gebildet haben, heute Rotverschiebungen von $z = 10$ bis $z = 15$ aufweisen. Um solche Himmelskörper heute wahrnehmen zu können, müßten die Astronomen über Teleskope verfügen, die Beobachtungen bei Wellenlängen von 4,4 bis 6,4 Mikrometern durchführen können, das heißt weit im infraroten Bereich, wohin das Licht ihrer hellsten Sterne heute verschoben ist. Diese Galaxien am Ende des Universums dürften außerdem nicht heller als 30^m bis 31^m sein. Bis heute gibt es weder auf der Erde noch im Weltall Instrumente, die in der Lage wären, so schwache, infrarote Himmelskörper zu erkennen. Es sei denn, die gravitationsbedingten Trugbilder würden den Astronomen noch einmal zu Hilfe kommen, indem sie es ihnen möglich machen würden, sich von diesen zu großen raumzeitlichen Distanzen unabhängig zu machen. Vielleicht werden eines Tages die Astronomen in einem Himmelsfeld, das uns durch den Lupeneffekt der Raumkrümmung näher zu sein scheint, die allerersten Galaxien entdecken.

Kosmologischer Horizont

■ Aus Einfachheitsgründen schreiben die Wissenschaftler, daß das Universum vor etwa fünfzehn Milliarden Jahren erschienen ist. Zwar existieren kosmologische Modelle, in denen das Universum spontan aus dem Nichts auftaucht, jedoch projizieren andere Theorien den Ursprung des Universums in eine unendliche Vergangenheit. Stellt der Urknall den Anfang der Zeit oder nur einen einzelnen Augenblick in der Geschichte des Universums dar? Vielleicht lassen sich in der Teilchenforschung Ansätze für eine Antwort finden.

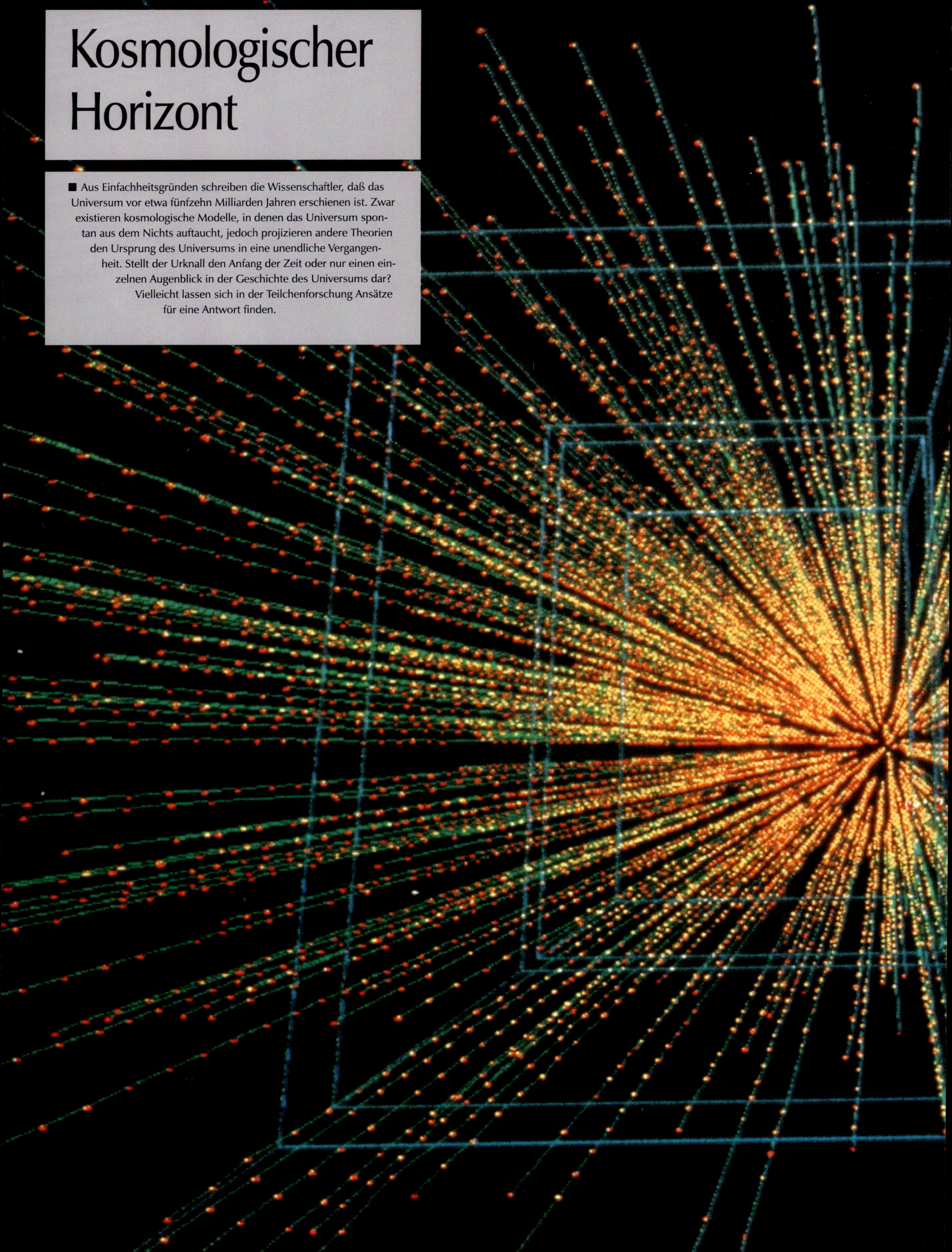

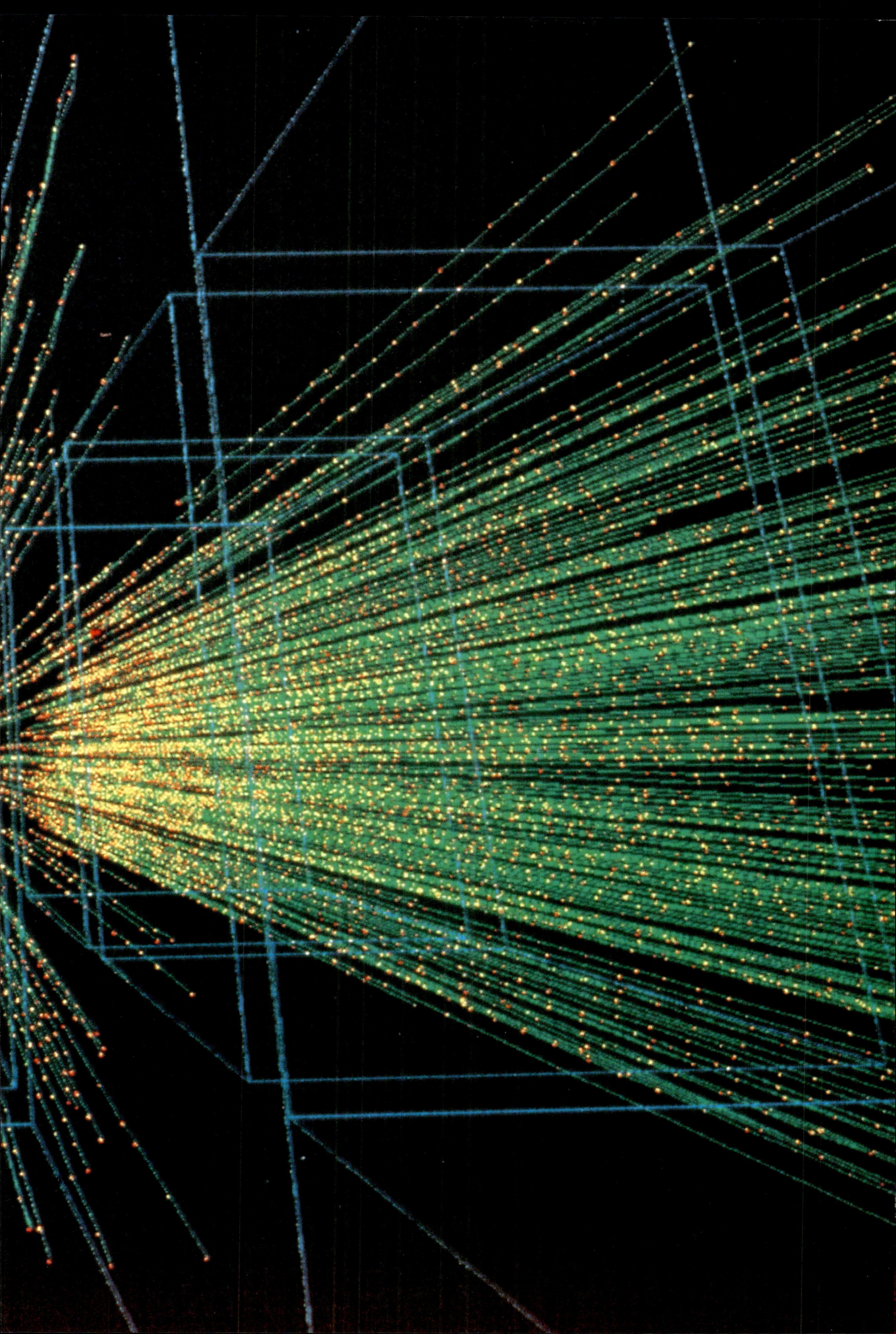

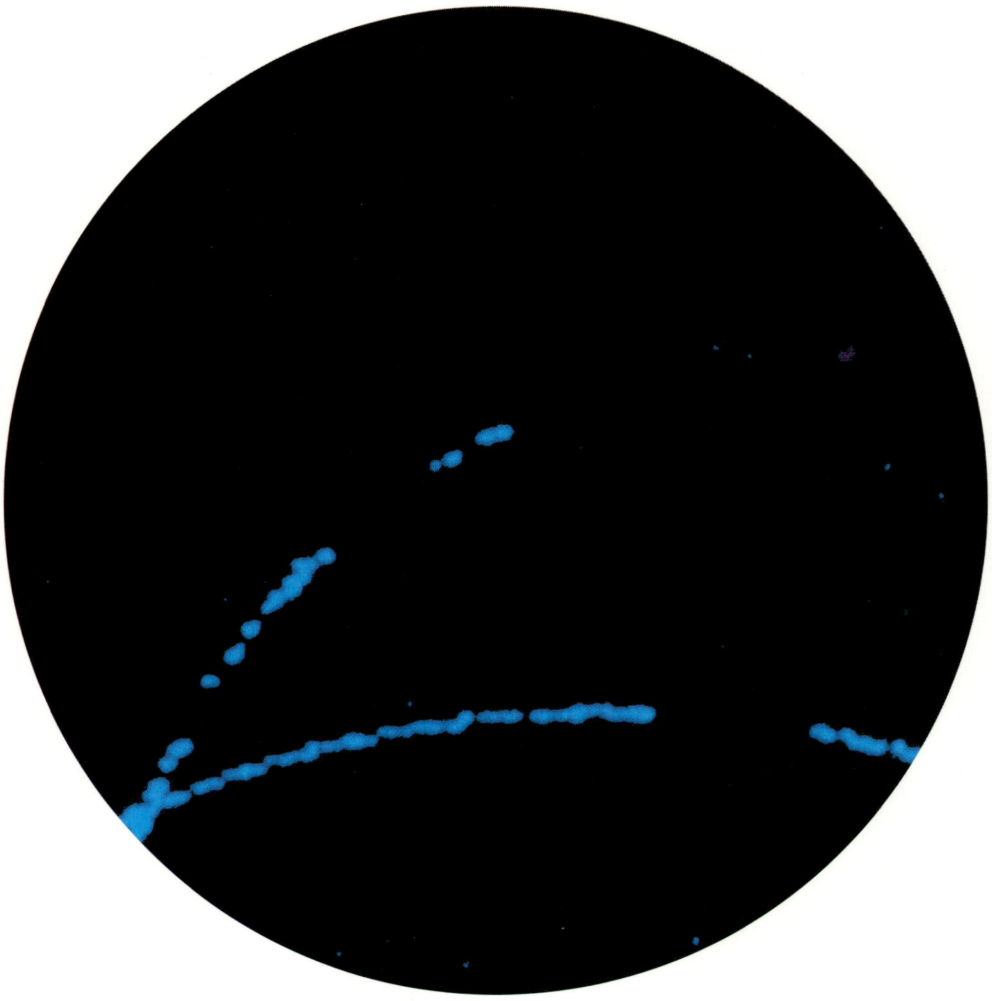

■ Wie kann man sich den Urknall vorstellen? Aus einem unbekannten Anderswo taucht plötzlich das Universum auf. Die Physiker versuchen nachzuvollziehen, was sich „vor" dem Zeitpunkt 10^{-43} s, der heutigen bekannten Grenze, abspielte. Doch ergeben die Raum- und Zeitbegriffe in dieser weit zurückliegenden Vergangenheit des Universums möglicherweise keinen Sinn.

Der erste Augenblick. Das ganze Universum ist in einem Punkt von unendlichen Dimensionen enthalten ... Ein Ozean aus Energie, aus einem Abgrund aus Finsternis und Chaos hervorgesprungen. Der Urknall ist eine gewaltige Herausforderung für die menschliche Intelligenz. Dieses Ereignis aus der Geschichte übersteigt unser Denkvermögen, weil es dem Kausalitätsprinzip nicht unterliegt; es widersetzt sich jeglichem Versuch einer mathematischen oder auch symbolischen Beschreibung.

Was ist der Urknall? Handelt es sich um den explosiven Ursprung der Welt, um den anfänglichen *Fiat lux!,* wie er oft von astronomischen Fachbüchern dargestellt wird? Zeigt er wirklich den Beginn der Geschichte an? Ist er nicht eher ein einfaches, in eine unendliche Zeit getauchtes Ereignis in der universellen Evolution? Die blanke Wahrheit ist, daß keiner es weiß. Um besser zu erfassen, was der Urknall darstellt, muß man vielleicht zunächst begreifen, was er mit Sicherheit nicht ist. Der Urknall ist nicht die Explosion, in einem unendlichen und leeren Raum, eines primitiven Atoms, in dem das gesamte Universum damals konzentriert war. Vor allem zeigt der Urknall nicht, oder nicht unbedingt, die Geburt des Universums an. Diese vereinfachenden, reduzierenden, und zwangsläufig falschen Darstellungen fügten einer Theorie, die es nicht verdient hatte, große Schäden zu. Das intuitive, sozusagen Newtonsche Bild eines Universums, das plötzlich in einer leeren, äußeren und bereits dagewesenen Raumzeit entsteht, hält sich jedoch hartnäckig. Es ruft insbesondere eine naive Frage hervor: Werden die Teleskope einmal den Ort am Himmel erfassen können, wo der Urknall stattfand?

In den Gleichungen der Relativitätstheorie zeigt der Urknall den eigentlichen Ursprung der Raumzeit und der Energie, die sie enthält. Dabei ist er nicht zu lokalisieren: Der Urknall findet überall statt. Wenn der Raum, wie manche kosmologischen Modelle es annehmen, heute unendlich ist, war er es bereits zum Zeitpunkt des Urknalls; aber in dieser Zeit war eine x-beliebige Dimension des Universums – sagen wir 1 Milliarde Lichtjahre – in einem unendlich kleinen Raum enthalten. Dies stößt gegen den gesunden Menschenverstand, läßt sich jedoch in den Gleichungen der Relativitätstheorie bestens beweisen. Dehnung des Raumes im Laufe der Zeit, Absinken der Dichte und der Temperatur: Dies sind heute die einzigen präzisen und wahrscheinlich wahren Bilder, die die Kosmologen vom Anfang des Universums liefern können. Aus Einfachheitsgründen, und auch weil man sich

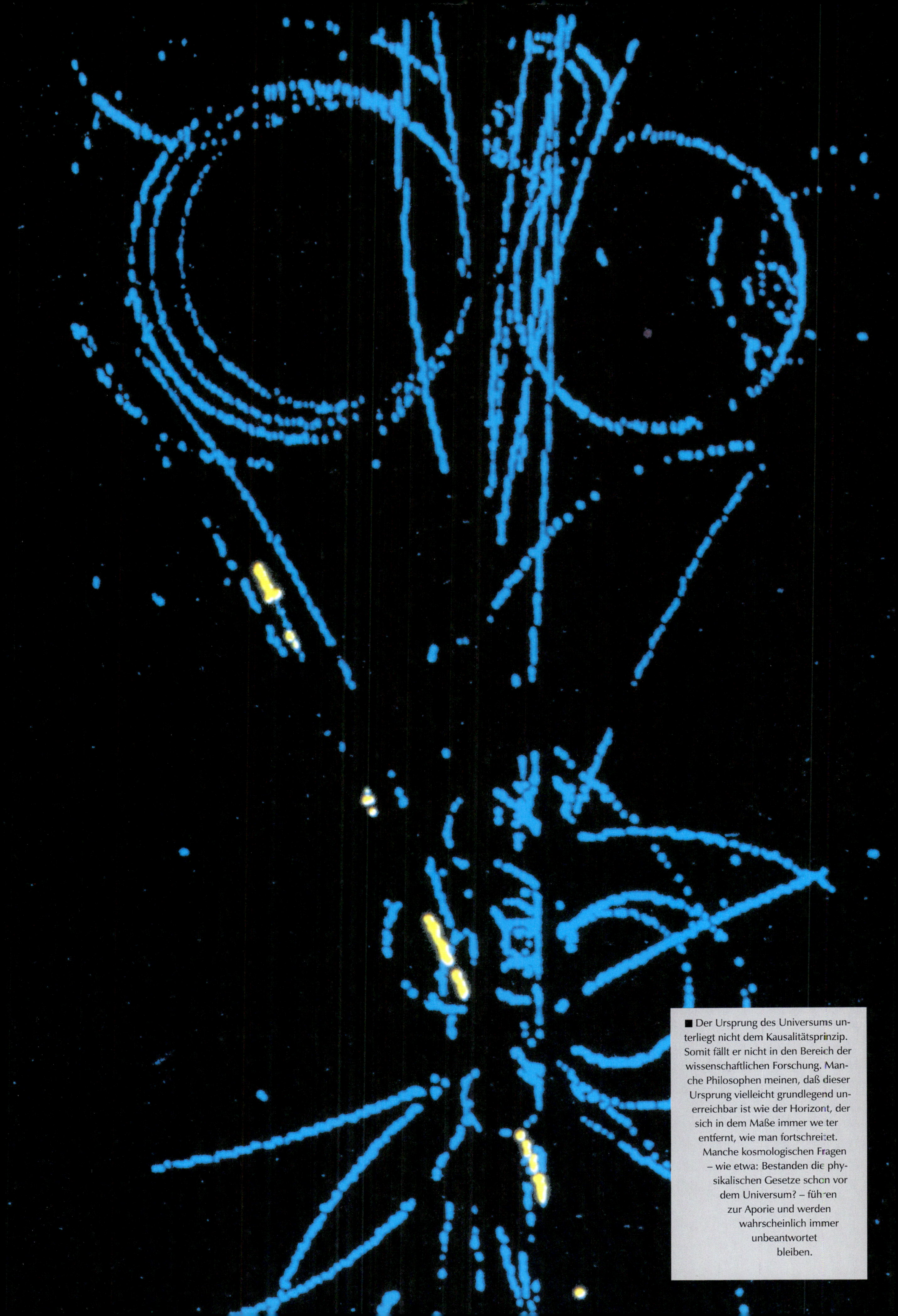

■ Der Ursprung des Universums unterliegt nicht dem Kausalitätsprinzip. Somit fällt er nicht in den Bereich der wissenschaftlichen Forschung. Manche Philosophen meinen, daß dieser Ursprung vielleicht grundlegend unerreichbar ist wie der Horizont, der sich in dem Maße immer weiter entfernt, wie man fortschreitet. Manche kosmologischen Fragen – wie etwa: Bestanden die physikalischen Gesetze schon vor dem Universum? – führen zur Aporie und werden wahrscheinlich immer unbeantwortet bleiben.

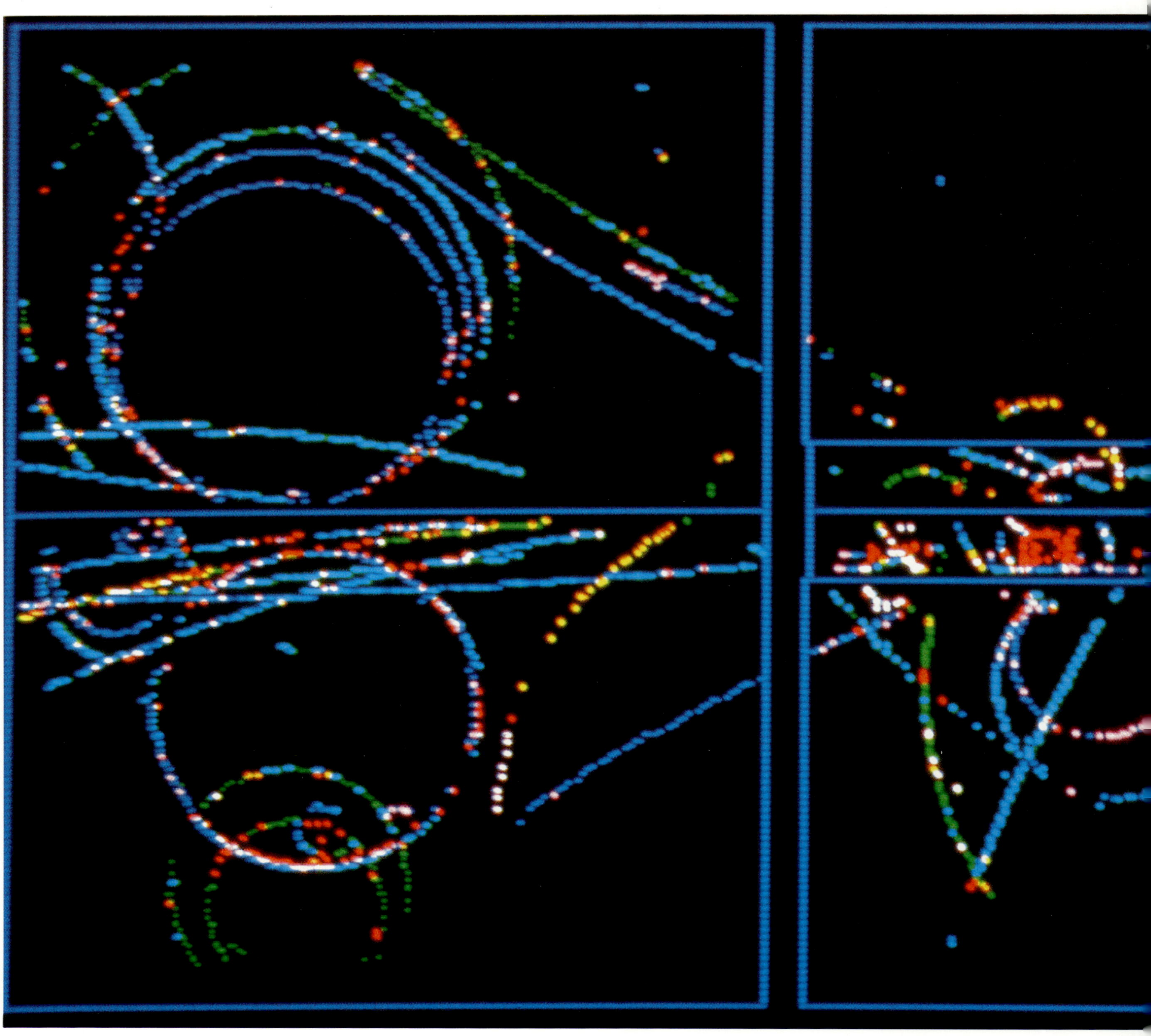

■ Die Physiker erforschen die physikalischen Bedingungen, die in der weitesten Vergangenheit des Universums herrschten. Nach dem Urknall

nicht anders zu helfen weiß, wird der Urknall als Zeitpunkt Null der Geschichte, als das erste „Ticken" der kosmischen Uhr dargestellt. Wie wir jedoch auf den folgenden Seiten sehen werden, verfälscht dieses Szenario eine weitaus subtilere, physikalische Realität, die wesentlich schwerer zu begreifen ist.

Die Kosmologie strebt danach, das ganze Universum zu beschreiben, das heißt sowohl seine aktuellen Strukturen als auch seine Evolution im Laufe der Geschichte. Die gesamte heutige Astrophysik stützt sich auf die Gleichungen der Allgemeinen Relativitätstheorie, die numerische Lösungen für die Modelle des Universums liefern und sie dadurch mehr oder minder stützen. Vielleicht leben wir wirklich in einem jener theoretischen Modelle, die von den Kosmologen vorgeschlagen wurden. Vielleicht aber auch nicht. Das grundlegende Problem, das der Urknall der Kosmologie stellt, besteht darin, daß er nicht in ihren theoretischen Rahmen hinein gehört. Im Prinzip ist die Kosmologie in der Lage, anhand der Teleskopbeobachtungen in die Zeit zurückzublicken, indem sie dem vom Licht in der Raumzeit gesponnenen Ariadnefaden bis zum Anbeginn unserer Geschichte folgt. Wenn ein Astronom meldet, daß er einen Quasar mit einer spektralen Rotverschiebung von $z = 4{,}9$ beobachtet hat, spricht er von einer weit zurückliegenden Vergangenheit: Er überblickt nämlich 90 % der Geschichte des Universums. Wenn er die kosmische Drei-Kelvin-Strahlung in $z = 1\,000$ beobachtet, nimmt er den entfernten Schimmer des Urknalls, der nur 100 000 Jahre nach dem hypothetischen Zeitpunkt Null ausgesendet wurde, wahr. Es ist in der Tat das letzte Echo des

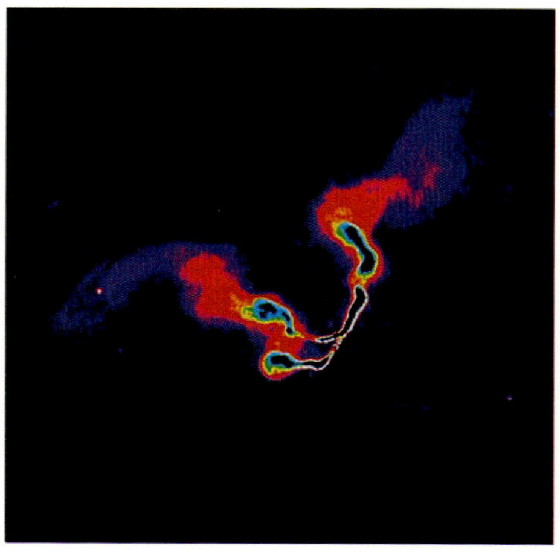

■ Die Galaxie 3C75, mit den Radioantennen des VLA gesehen. Zwei mehrere Zehntausend Lichtjahre lange Plasmajets entweichen aus ihrem Kern, der ein riesiges Schwarzes Loch enthält.

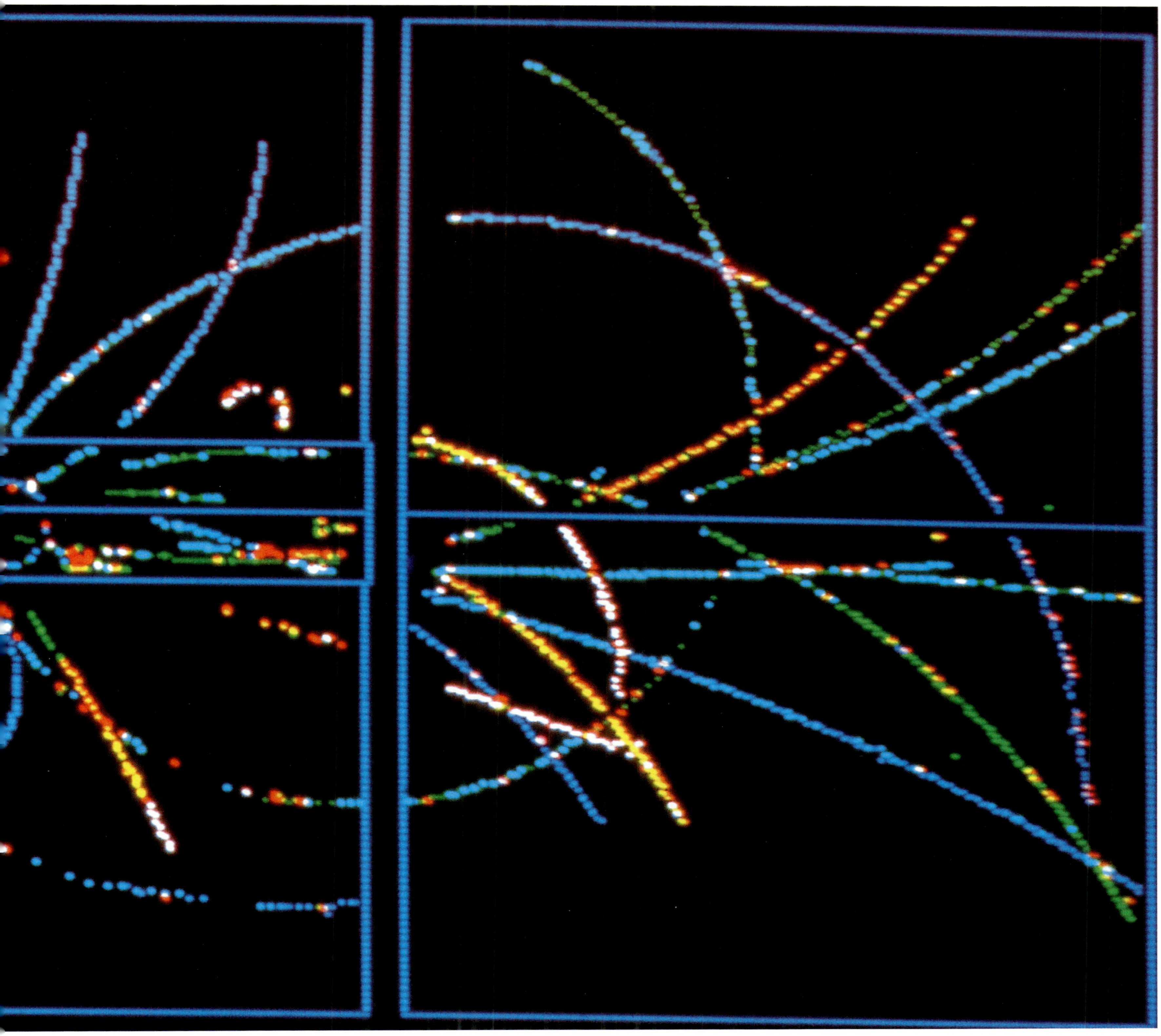

war das Universum ein dichtes und heißes Plasma, das man versucht, in den Teilchenbeschleunigern nachzustellen.

Urknalls: All das, was sich vor dieser Zeit abgespielt hat, ist für unsere Instrumente unerreichbar und wird es auch in den nächsten Jahrzehnten bleiben. Die Gleichungen der Relativitätstheorie hingegen erlauben es, ohne größere Schwierigkeiten vorherzusagen, was sich „davor" abgespielt hat: Man hat die allmähliche Erhöhung von Temperatur und Dichte des Universums während des Countdowns bis zum Urknall berechnet.

Bis wohin kann jedoch der Physiker in die Zeit zurückgehen? 100 000 Jahre nach dem Urknall betrug die Temperatur des flüssigen Universums beinahe 3 000 °C: Es ist die Oberflächentemperatur eines Sterns. In einer noch früheren Phase, etwa eine Viertelstunde nach dem Urknall, betrug die Temperatur einige hundert Millionen Grad. Diese Temperatur kann man im aktuellen Universum noch im Herzen von Überriesen vorfinden. Wie kann man sich jedoch das ganze Universum als ein heißes Plasma, ähnlich dem im Herzen von Rigel, vorstellen? Noch früher, etwa 1 Tausendstelsekunde nach dem Urknall, betrug die Temperatur etwa 1 000 Milliarden Grad. Physiker können diese Zahl noch akzeptieren. Eine vergleichbare Temperatur läßt sich im heutigen Universum jedoch nirgends finden. Die Physiker können ein ungeheuerlich dichtes und heißes Universum bis in eine extrem weit zurückliegende Zeit beschreiben. Das Verhalten jenes Plasmas und der Teilchen, aus dem es besteht, kann von den Gleichungen vorhergesagt werden und sogar zum Teil im Labor mit Teilchenbeschleunigern nachgestellt werden. In der Nähe des Urknalls wird das Universum nicht mehr mit dem Teleskop erforscht, sondern mit dem Werkzeug des unendlich Kleinen.

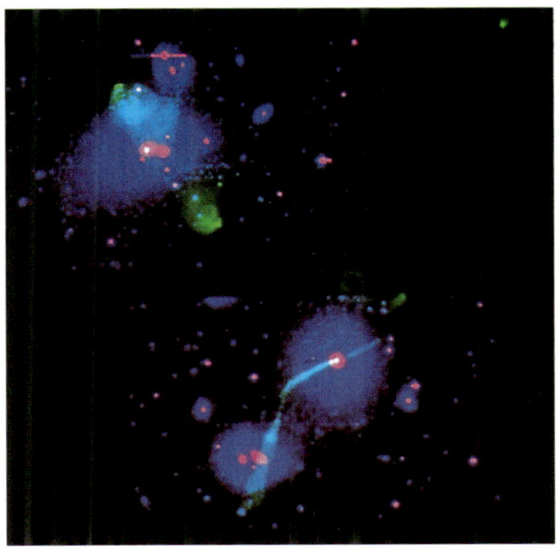

■ Der Galaxienhaufen PKS 2104–25. Dieses Falschfarben-Bild wurde mit einem Radiobild, in grün, und mit Photographien in sichtbarem Licht, in blau und in rot, realisiert.

Wenn die Physiker in der Zeit zurückgehen, entdecken sie ein Universum, das sich vereinfacht und sich vereinheitlicht. Heute beherrschen vier fundamentale Naturkräfte die physikalischen Phänomene. Starke und schwache Kernkraft gewähren die Kohäsion der Atomkerne. Beide Kräfte haben eine begrenzte Reichweite, die praktisch auf die Größe der Atomkerne beschränkt ist. Die elektromagnetische Kraft besitzt hingegen eine unendliche Reichweite. Sie ist für die Anordnung der Elektronen um die Atomkerne verantwortlich und verursacht die Wechselwirkungen zwischen den Atomen in Molekülen. Schließlich ist die Gravitationskraft mit ihrer sehr schwachen Intensität (sie ist 1 000 Milliarden Milliarden Milliarden Milliarden mal schwächer als die starke Kernkraft), aber ihrer unendlichen Reichweite für die Struktur der Welt im großen Maßstab verantwortlich.

Die Physiker vermuten, daß diese Kräfte nur die Auswirkungen einer einzigen fundamentalen Kraft sind, die direkt aus dem Urknall entstand und sämtliche Phänomene erklären könnte. Die Vereinheitlichung der elektromagnetischen Kraft mit der schwachen Kernkraft in eine elektroschwache Kraft ereignet sich spontan in der Natur bei 10^{15} K. Diese Temperatur erreichte das Universum in der ersten Tausend Milliardstel Sekunde nach dem Urknall. Mit ihrer Vorhersage der Vereinheitlichung jener beiden Kräfte, die am Teilchenbeschleuniger des Europäischen Kernforschungszentrums (CERN) bewiesen wurde, erhielten Steven Weinberg, Abdus Salam und Sheldon Glashow 1979 den Nobelpreis. Kein Teilchenbeschleuniger scheint hingegen in der Lage zu sein, die Vereinigung der elektroschwachen Kraft mit der starken Kernkraft in eine einzige Elektrokernkraft bei 10^{28} K experimentell nachzuweisen. In der Geschichte des Universums dürfte diese Elektrokernkraft spontan zum Zeitpunkt 10^{-35} s zerfallen sein.

Dieser Augenblick in der Ewigkeit ist die letzte bekannte zeitliche Weiche auf dem langen Weg zurück zum Urknall. Zu diesem Zeitpunkt sind 10 Milliarden Lichtjahre auf 10^{-33} m komprimiert, ist das Universum einer Temperatur von 10^{32} K und einer unglaublichen Dichte von 10^{94} g/cm³ ausgesetzt. Wie kann man sich einen so kleinen Raum vorstellen? Der Skalen-Unterschied zwischen einem Atomkern und einer Strecke von 10^{-33} m ist größer als zwischen jenem Atomkern und der Dimension des heutigen Universums! Diese schwindelerregenden, ja sogar abwegigen Werte werden aber von den Kosmologen akzeptiert, denn sie besitzen anscheinend noch eine physikalische Bedeutung.

■ Am weitesten entfernt liegt nach heutigem Wissen die 1998 von Hubble und dem Keck-II-Teleskop im Sternbild Großer Bär entdeckte Galaxie HDF4-473,0. Bei einer Rotverschiebung von z = 5,6 blicken wir weit in die Vergangenheit des Universums.

Relativitätstheorie und Quantenmechanik

Was gab es aber vorher? Zur Zeit sind die Physiker nicht in der Lage, in die Planck-Ära einzudringen. Ihre Gleichungen sind außerstande, die Ereignisse zu beschreiben, die in dieser Terra incognita des primordialen Universums stattfanden.

Hier stößt die relativistische Kosmologie sogar an die eigenen Grenzen der Relativitätstheorie. Diese beschreibt die Raumzeit als eine ununterbrochene Textur: Im relativistischen Universum zum Beispiel ist eine Ebene genauso vollkommen plan wie in den Idealvorstellungen der Landvermesser. In der Tat erfüllen die kosmologischen Gleichungen die Einsteinschen Vorstellungen, wenn sie bis zum Urknall in der Zeit zurückgehen, das heißt, wenn sie den Anstieg von Dichte und Temperatur im Verhältnis zur Abnahme der räumlichen Skala beschreiben. Zum Zeitpunkt Null, so sagen die Gleichungen, weist das Universum keine Dimension mehr auf. Seine Temperatur und seine Dichte nehmen unendliche Werte an ... Mit dem Urknall stießen die Wissenschaftler also an eine mathematische Singularität, an eine Art Unort der Wissenschaft.

In Wirklichkeit zeigt uns hier die Relativitätstheorie nicht die primordialen Bedingungen, sondern nur ihre eigenen Grenzen. In der Tat entdeckten die Physiker, daß Einsteins Theorie auf sehr kleinen Skalen ungültig wird. Das Reich der Atome wird heute von den Physikern kreuz und quer erforscht. Sie bedienen sich dafür eines anderen begrifflichen Werkzeugs, der Theorie der Quantenmechanik, deren mathematische Struktur sich grundlegend von derjenigen der Relativität unterscheidet. Der quantenmechanische Mikrokosmos, den man in unserem eigenen Maßstab unmöglich begreifen kann, wird von der Heisenbergschen Unschärferelation beherrscht, nach welcher plötzliche und unvorhersehbare Fluktuationen auf sehr kleinen Skalen spontan erscheinen. Diese Fluktuationen verhindern die Lokalisierung eines Teilchens im Raum. Dem Kontinuum der Relativität wird eine nichtkontinuierliche Atomstruktur in der Quantentheorie entgegengesetzt. Einer präzisen

Lokalisierung von Teilchen in der gekrümmten Raumzeit der Relativitätstheorie wird eine Aufenthaltswahrscheinlichkeit der Teilchen in einer statischen, passiven, sozusagen Newtonschen Raumzeit der Quantentheorie entgegengesetzt. Diese Theorien, die sich wunderbar ergänzen, wenn es sich darum handelt, die beiden Unendlichkeiten des aktuellen Universums zu entschlüsseln, widersprechen und schwächen sich gegenseitig ab, wenn sie die Planck-Ära erläutern sollen. Denn die Relativitätstheorie scheitert am unendlich Kleinen, während die Quantenmechanik die raumzeitliche Struktur des Universums außer acht läßt.

Einstein suchte sein Leben lang nach einer globalen, vereinheitlichenden Theorie. Und nach ihm geben die Kosmologen die Hoffnung nicht auf, diese beiden Bereiche der Physik, so unterschiedlich sie auch sind, miteinander zu versöhnen. Sie erforschen neue Theorien, die es ihnen erlauben würden, die Errungenschaften der Quantenmechanik mit denjenigen der Relativitätstheorie zu verbinden. Die Quantengravitation stellt einen der neuen theoretischen Ansätze dar. Eine ihrer sonderbarsten und faszinierendsten Eigenschaften liegt in dem Postulat, daß die Raumzeit selbst eine Struktur aufweist. Die Theoretiker der Quantengravitation vermuten, daß die Schwierigkeiten der Kosmologen, die Planck-Ära zu verstehen, daherrühren, daß in diesem Maßstab des Universums die kontinuierliche Raumzeit der Relativität, die wie die Teilchen dem Wahrscheinlichkeitsprinzip der Quantenmechanik unterworfen ist, zufällige Schwankungen erlebt. Von weitem gesehen, in unserem Maßstab, würde die Raumzeit vollkommen glatt, ruhig und krumm – wie ein Ozean vom Flugzeug aus betrachtet – aussehen. Von nahem aber, im Quantenmaßstab, wäre der Gischt auf den vom Sturm aufgewühlten Wellen zu sehen.

Einer der vielversprechendsten und jüngsten Versuche einer Vereinheitlichung von Relativitätstheorie und Quantenmechanik ist die Theorie der Superstrings, die ein revolutionäres und verwirrendes Bild des unendlich Kleinen entwirft. In dieser Theorie werden die Elementarteilchen, die in der herkömmlichen Teilchenphysik als punktförmige, unendlich kleine und nulldimensionale Gebilde aufgefaßt werden, von unendlich schmalen und winzigen Strängen ersetzt, deren Länge weniger als 10^{-35} m betragen soll. Diese Theorie steht im Zentrum aller Spekulationen, denn ihr mathematischer Formalismus integriert auf natürliche Art und Weise die Relativität und die Quantenmechanik; außerdem erlaubt sie es, die vier Naturkräfte zu vereinheitlichen. Schließlich sagt sie die Eigenschaften der Gesamtheit aller Elementarteilchen vorher. In dieser seltsamen Welt stellen die Teilchen in Wirklichkeit nur die unterschiedlichen Schwingungsmodi dieser unendlich kleinen Stränge dar. Die Theorie der Superstrings, deren mathematische Schönheit und innere Konsistenz die Physiker fasziniert, leidet unter einem einzigen Nachteil: sie ist unverifizierbar. Die zum Beweis der Existenz der vereinheitlichten Kraft und der Realität der Strings benötigten Energiemengen sind in den Teilchenbeschleunigern unerreichbar und verhindern jegliche Überprüfung der Theorie.

Mit der Superstring-Theorie und den weiteren Variationen zum Thema der Quantengravitation nimmt der schwindelerregende Abgrund des Urknalls eine neue und sonderbare Dimension an: In der Planck-Ära verschwinden die Chronologie und das Kausalitätsprinzip im Chaos einer schwankenden Raumzeit. In der Theorie der Quantengravitation tauchen Raum und Zeit einfach aus der Planck-Ära auf, ungefähr zum Zeitpunkt 10^{-43} s. Ein Kosmos, der aus einem „Anderswo", in dem die Zeit nicht fließt, hervorspringt, existiert nicht. Einen Zeitpunkt Null gibt es auch nicht. Das ist eine andere Art zu sagen, daß der Urknall nie stattgefunden hat.

Heute noch scheint sich der Urknall der wissenschaftlichen Methodologie zu entziehen – und wenn es nur aufgrund seines einzigartigen Status als ursachenloses Ereignis sei, mit dem er sich über das Kausalitätsprinzip hinwegsetzt. Trotzdem hören die Kosmologen nicht auf, Überlegungen zur Architektur des Universums anzustellen, die in dem Maße neue Probleme aufwirft, wie Theorie und Beobachtung Fortschritte machen. Zusätzlich zum Rätsel der fehlenden Masse kämpfen die Theoretiker mit zwei genauso faszinierenden Geheimnissen – dem Horizont und der Krümmung des Universums. Die klassische Theorie des Urknalls, so stellten sie kürzlich fest, erlaubt es nicht, die heutige Struktur des Universums zu beschreiben. Der Himmel ist in allen Richtungen identisch: überall sind die Galaxienhaufen am Himmelsgewölbe

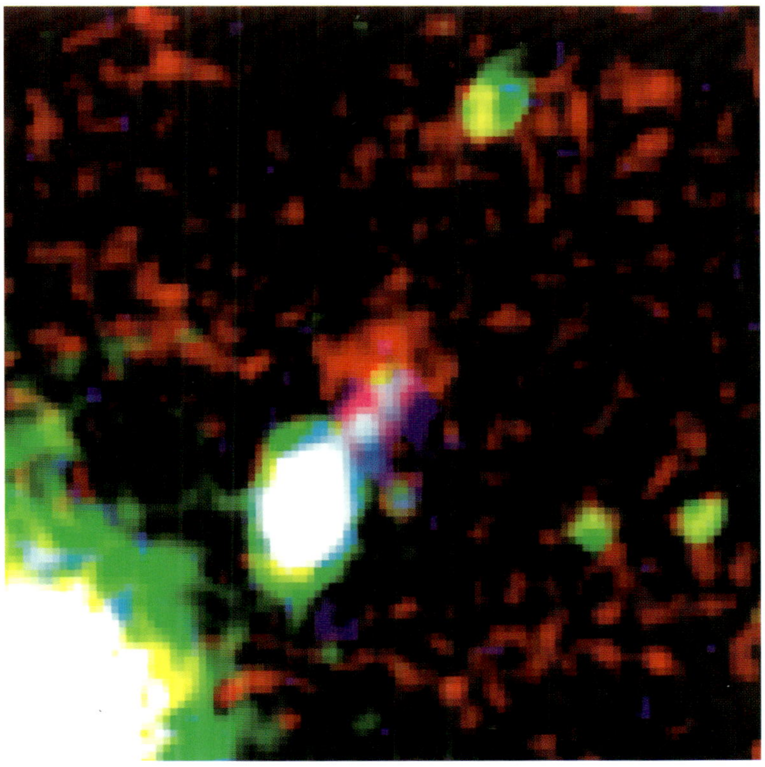

■ 8C1435+63 – als schwacher, roter Fleck im Zentrum des Bildes erkennbar – ist eine der entferntesten, bekannten Galaxien, in z = 4,2. Dieses Kompositbild, das im Bereich der sichtbaren und infraroten Strahlung aufgenommen wurde, wurde mit dem 10-m-Keck-Teleskop des Mauna Kea-Observatoriums gewonnen.

gleich verteilt, im Norden, Süden, Osten oder Westen, in Entfernungen bis zu mehreren Milliarden Lichtjahren. Ebenso erscheint die kosmische Hintergrundstrahlung, die ausgesendet wurde, als das Universum nur 100 000 Jahre alt war, am Himmel isotrop. Diese Homogenität verwundert die Wissenschaftler. Sie stellen nämlich fest, daß in einer sehr fernen Vergangenheit jene Regionen, deren Licht wir heute empfangen, nicht miteinander in Verbindung standen. Im Universum breiten sich Informationen mit der Geschwindigkeit des Lichtes aus. Ein Himmelskörper teilt sein Vorhandensein durch die Strahlung mit, die er aussendet, aber auch vor allem durch sein Gravitationsfeld, das sich – wie die elektromagnetische Strahlung – mit der Geschwindigkeit von 300 000 km/s fortpflanzt. Zu jeder Zeit ist also unsere Sicht der Welt durch einen Horizont begrenzt, der sich seit dem Zeitpunkt des Urknalls mit 300 000 km/s ausdehnt. Eine Sekunde nach dem Urknall befand sich der Horizont eines beliebigen Punktes des Universums 300 000 km von ihm entfernt. Dieser kosmische Horizont bewegt sich viel schneller, als das Universum expandiert. Anders ausgedrückt: In jeder Sekunde, die vergeht, erscheinen neue Regionen des Universums, die mit der Vergangenheit nicht verbunden waren. Die aktuellen kosmischen Strukturen weisen jedoch eine außergewöhnliche, vergangene Homogenität auf, die sich nicht mit Gleichungen formulieren läßt. Wie konnten sich verschiedene Regionen des Universums, die nicht miteinander in Verbindung standen, „verständigen", um in dem Moment, wo ihre kosmischen Horizonte sich kreuzen, und sie in Verbindung treten, absolut gleiche Eigenschaften vorzuweisen? Noch vor zwanzig Jahren war dieses Problem für die Physiker unlösbar.

Das Rätsel um die Krümmung des Universums ist gleicher Natur. Wie wir gesehen haben, liegt die mittlere Dichte des Universums, oder der Dichteparameter Ω der Astronomen, zwischen 0,1 und 1. Dies bedeutet, daß die Raumzeit flach oder fast flach ist. Warum, fragten sich 1979 Robert Dicke und Paul Peebles, ist das Universum so außergewöhnlich gut geregelt? Nach den Berechnungen der beiden amerikanischen Astrophysiker hätte Ω 1 Sekunde nach dem Urknall einen Wert nahe 1 aufweisen müssen, um heute einen Wert etwa gleich 1 zu haben! Manche Wissenschaftler sind jedoch der Meinung, daß das Rätsel des Horizonts und der Krümmung des Universums ein falsches Problem ist: Sie nehmen an, daß der heutige Kosmos einfach das Ergebnis der ursprünglichen Bedingungen des Urknalls sind. Wenn Ω, behaupten sie ironisch, einen Wert 0 oder 1 000 hatte, gäbe es heute keine Kosmologen, um seinen Wert zu berechnen: Im erstgenannten Fall wäre das Universum leer, im zweiten wäre es in einer gewaltigen Implosion unmittelbar nach dem Urknall verschwunden. Die meisten Kosmologen vermuten eher, daß beide Eigenschaften der Raumzeit, nämlich die Homogenität und die Flachheit, auf eine einzige, physikalische Ursache zurückzuführen sind.

Modelle eines inflationären Universums

Zu Beginn der achtziger Jahre wurden neue Urknallmodelle zunächst vom Russen Alexei Starobinski, dann von den Amerikanern Alan Guth und Paul Steinhardt, schließlich vom Russen Andrei Linde vorgeschlagen. In ihren Gleichungen eines primordialen Universums entdeckten diese Forscher, daß sich die Expansion des Universums nicht gleichmäßig ereignet haben dürfte. Die Struktur der Raumzeit ungefähr zum Zeitpunkt 10^{-35} s hätte spontan eine exponentielle Beschleunigung der kosmischen Expansion nach sich gezogen. Dieses blitzartige Phänomen – das von den Wissenschaftlern Inflation genannt wurde – kann grob mit der Phasenumwandlung des Wassers verglichen werden, das bei 0 °C vom flüssigen in einen festen Zustand wechselt. Dieser plötzliche Zustandswechsel der Expansion des Universums hätte nur einen winzigen Augenblick gedauert: Im Augenblick 10^{-33} s hätte die Inflation bereits aufgehört, und der Kosmos hätte die langsame Expansion wieder aufgenommen, die man heute von ihm kennt. In der Zwischenzeit, so berechneten die Kosmologen, könnten sich die Ausdehnungen des Universums in gigantischen Maßen – um das 10^{25}- bis 10^{100}fache – vervielfacht haben! Die inflationären Szenarien haben unter anderem den Vorteil, daß sie es den Forschern erlauben, die Homogenität und die fehlende Krümmung des Universums zu erklären. Wenn nämlich das primordiale Universum tatsächlich eine solche Phase der Inflation erlebt hat, spielte sich die Expansion des Raums erheblich schneller ab als das Fortschreiten des kosmischen Horizonts. Anders

■ Herauszufinden, wann und wie die ersten Galaxien entstanden sind, ist eines der größten Probleme der Kosmologie. Dazu werden Riesenteleskope eingesetzt, die einzig in der Lage sind, diese schwachen Objekte aufzuspüren. Hier die Galaxie RD1 (z = 5,34), aufgenommen durch das Keck-II-Teleskop.

■ Das Herschel Deep Field, eine der tiefsten kosmischen Sondierungen, die jemals durchgeführt wurde. 50 Stunden Belichtungszeit waren notwendig, um dieses Bild mit dem 4,20-m-Teleskop des La Palma-Observatoriums aufzunehmen. Die statistische Auswertung der Galaxienzahl in jeder Helligkeitsklasse erlaubt es, die Krümmung des Universums und den Parameter Ω zu untersuchen. Tausende Galaxien bis zu einer Helligkeit von 29^m sind hier zu sehen.

ausgedrückt: Unser heutiger Horizont, der bei ungefähr 12 Milliarden Lichtjahren liegt, umfaßt nur einen winzigen Bruchteil des realen Universums. Alle heute sichtbaren Regionen des Universums stammen aus dem Volumen eines primordialen Universums, in dem sie kausal vor der Inflation miteinander verbunden waren. Auch die flache Geometrie des Kosmos läßt sich genauso elegant durch die Inflation erklären. Die Inflation vervielfachte die Skala des Universums abrupt um das mehrere Milliarden Milliarden Milliarden Milliarden-fache. Dadurch löschte sie buchstäblich seine Krümmung, wie stark auch immer diese zum Zeitpunkt des Urknalls gewesen sein mag. Ähnlich verhält es sich mit einem Tennisball. Seine Oberfläche erscheint zunächst sehr stark gekrümmt. Wird jedoch der Ball bis zur Größe der Erde vergrößert, ist die Krümmung der Oberfläche kaum noch meßbar. Die Dimensionen des Universums vor und nach der inflationären Phase nahmen jedoch unermeßlich größere, mit denjenigen des Tennisballs und der Erde nicht vergleichbare Ausmaße an …

Die Inflationstheorien reizen heute zahlreiche Wissenschaftler; im Gegensatz zu manchen kosmologischen Modellen können sie durch Beobachtungen überprüft werden. Ihre bedeutungsschwerste Vorhersage betrifft natürlich den Krümmungsparameter: Erlebte das Universum wirklich eine inflationäre Phase, dann ist $\Omega = 1$. Wie wir gesehen haben, bestätigen die Astronomen diesen Wert jedoch nicht. Die neuesten Schätzungen sprechen dem Universum einen Krümmungsparameter zu, der

■ Die Entdeckung der Gravitationslinseneffekte ließ die Kosmologie in den letzten Jahren spektakuläre Fortschritte erzielen. So konnten die Universumsmodelle, die sich auf die Allgemeine Relativitätstheorie stützten, untermauert werden. Dies ist der Galaxienhaufen Cl 0024+1654 mit seinem Kranz aus Gravitationsbögen.

zwar nahe bei 1, jedoch eher zwischen 0,1 und 0,3 liegt. Vielleicht wird Albert Einstein selbst die Kosmologie aus dieser Sackgasse führen. Als er 1917 das allererste kosmologische Modell vorschlug, fügte er in seine Berechnungen einen Term λ ein, der seitdem als kosmologische Konstante bezeichnet wird. Dieser sollte einen statischen Kosmos gewähren, von dem der Vater der Relativität in seinen Gleichungen entdeckt hatte, daß er sonst instabil sei. Als Einstein zu einem späteren Zeitpunkt von Hubbles Arbeiten erfuhr, die eine Expansion des Universums nachwiesen, bereute er, das λ-Glied eingeführt zu haben, und sprach ihm im nachhinein jegliche physikalische Bedeutung und kosmologische Rechtfertigung ab. Seltsamerweise werden die Fortschritte der modernen Physik die Einsteinsche kosmologische Konstante erneut legitimieren. Die Theoretiker fangen an, sich zu fragen, ob λ vielleicht zu den grundlegenden, kosmologischen Parametern – ähnlich der Hubble-Konstante H_0, dem Abbremsparameter q_0 und dem Krümmungsparameter Ω – gehören könnte. Heute sehen die Physiker nämlich in jener kosmologischen Konstante ein der Raumzeit zugehöriges Energiefeld, das sozusagen als Expansionsbeschleuniger fungiert. Theoretiker fühlen sich versucht, die kosmologische Konstante in ihre Modelle einzuführen, denn diese bietet – zumindest bei manchen Werten – den erheblichen Vorteil, zwei wesentliche kosmologische Probleme lösen zu können. Das erste betrifft die Diskrepanz in der Schätzung des Alters des Universums nach dem Alter seiner ältesten Sterne und nach der Hubble-Konstante. Ein Wert ungleich Null der kosmologischen Konstante würde es erlauben,

■ Die Trugbilder des Galaxienhaufens Cl 0024+1654: Es sind die vier beinahe identischen Abbildungen einer sehr weit entfernten Galaxie mit noch unbekannter Rotverschiebung. Diese einzigartigen Bilder brachten den endgültigen Beweis dafür, daß wir uns in einer gekrümmten Raumzeit befinden.

das Universum um einige Milliarden Jahre „älter" zu machen und somit das kosmologische Alter mit dem Alter der Sterne in Einklang zu bringen.

Vor allem aber wird die kosmologische Konstante in den relativistischen Gleichungen bei der Berechnung des Krümmungsparameters mitberücksichtigt, der sich sodann $\Omega + \lambda$ schreibt. Anders ausgedrückt, wenn die mittlere Dichte des Universums nicht höher liegt als $\Omega = 0{,}3$, reicht es aus, Ω den Wert $\lambda = 0{,}7$ hinzuzufügen, um für den Krümmungsparameter den von den Anhängern der inflationären Modelle so sehnsüchtig erwarteten Wert 1 zu erhalten.

Wie H_0, q_0 und Ω ist λ eine meßbare, physikalische Größe. 1997 benutzten die französischen Astronomen Bernard Fort und Yannick Mellier zum ersten Mal die Gravitationslinseneffekte bei ihrem Versuch, die kosmologische Konstante nachzuweisen. Sie versuchten, die Masse eines Galaxienhaufens auf zwei unterschiedlichen Wegen zu bestimmen und die Ergebnisse sodann zu vergleichen. Einmal ermittelten sie die Masse mit Hilfe der Gravitationsbögen um den Haufen und einmal mit Hilfe der Bewegungsgeschwindigkeit einzelner Galaxien des Haufens. Wenn die Werte sich unterscheiden sollten, würde dies die Theorie der kosmologischen Konstante untermauern.

Diese Forscher fanden tatsächlich einen Wert von Null verschieden für die kosmologische Konstante. $\lambda = 0{,}7$ stellt ein noch sehr frühes Ergebnis dar, das verifiziert werden muß. Es ist jedoch für die inflationären Modelle ein sehr ermutigendes Ergebnis. Mit der Verbesserung der Reichweite der Teleskope und

■ Der blasse, orangefarbene Gravitationsbogen ist das am weitesten entfernte derzeit bekannte Objekt. Es wurde 1997 zufällig im Hintergrund des Galaxienhaufens Cl 1358 + 62 ent-

der allmählichen Annäherung an die Grenzen des Universums hatten wir uns im Laufe dieses Jahrhunderts daran gewöhnt, den Kosmos mit einem einzigen Blick zu erfassen. Dies war auch zugegebenermaßen eines der Ziele des Hubble Deep Field, das uns ein Bild des Universums bietet, das etwa 90 % seiner Geschichte abdeckt. Das sichtbare Universum ist eine Art räumlich-zeitliche Sphäre mit der Erde als Zentrum, mit einem Radius von 12 Milliarden Jahren (genauso viele Lichtjahre, vereinfacht gesagt, wenn man die von der Expansion verursachte Verzerrung außer acht läßt), und von 100 Milliarden Galaxien bevölkert. Diese Sphäre wird jedoch vom Horizont begrenzt, der sich mit der Geschwindigkeit des Lichtes ausdehnt. Wenn die inflationären Modelle stimmen, ist jene Blase – die wir bisher für das gesamte Universum gehalten haben – nichts anderes als ein Wassermolekül im Pazifischen Ozean. Alan Guth schätzt nämlich, daß sich der Kosmos jenseits von unserem Horizont in allen Richtungen weiter ausdehnt. Dieser Kosmos ist mit der Region des Universums, die wir sehen können, identisch. Er besteht ebenfalls aus Galaxien und Galaxienhaufen, bleibt jedoch für die Wissenschaft unerreichbar, da unser Horizont, der sich mit der Geschwindigkeit des Lichtes fortbewegt, ihn nur langsam, etwa mit 1 Lichtjahr pro Jahr, enthüllt.

Unendliches und ewiges Universum

Alan Guth vermutet, daß der Durchmesser dieser Region des Universums, die mit unserem lokalen Kosmos vergleichbar ist, wahrscheinlich noch größer als 10^{37} Lichtjahre ist. Anders ausgedrückt bedeutet dies, daß das Universum mit seinen bisher bekannten physikalischen Eigenschaften mindestens 1 Milliarde Milliarde Milliarde mal größer ist als der sichtbare Kosmos. Es ist zwecklos, sich zu fragen, was noch weiter weg passiert. Die Inflationstheorien sagen die Existenz weiterer Bereiche des Universums vorher, in denen möglicherweise sogar andere physika-

deckt; spektrale Rotverschiebung: $z = 4{,}92$. Wenn sich der Urknall vor 15 Milliarden Jahren ereignet hat, sehen wir diese Galaxie so, wie sie sich vor 14 Milliarden Jahren präsentierte.

lischen Gesetze herrschen könnten. Diese könnten sich bis zur Unendlichkeit fortsetzen. Doch wird man diese faszinierende Hypothese wohl nie nachweisen können.

Ebensowenig wird man wahrscheinlich die außergewöhnlichste aller kosmologischen Mutmaßungen, die vom Briten Stephen Hawking, von den Amerikanern Edward Tryon und James Hartle und vom Russen Alexander Vilenkin angestellt wurden, verifizieren können. Diese Physiker sind der Meinung, Urknall und Inflation würden ein einziges Phänomen darstellen: Die spontane Entstehung der Raumzeit und der Energie, die sie enthält, also das ganze Universum sei die Folge einer Quantenfluktuation. Denn: Selbst wenn dies die Logik und den gesunden Menschenverstand verletzt, stellt sich in der Theorie der Quantenmechanik das Huhn-Ei-Problem nicht: Partikel können grundlos aus dem Vakuum hervorspringen. So wird in den neuen Theorien des Urknalls, die sich auf die noch wackeligen Beine der Quantengravitation stützen, diese Eigenschaft zugrundegelegt, die für uns verwirrend, ja unannehmbar, im Bereich des unendlich Kleinen jedoch geradezu banal ist. Zahlreiche Physiker akzeptieren heute diese schier unglaubliche Eigenschaft des Universums: daß es aus dem Nichts entstanden sein könnte.

Kürzlich schlug Andrei Linde eine weitere kosmologische Variante vor, die noch schwindelerregender ist. In seiner Theorie des „ewigen, inflationären, sich selbst fortpflanzenden Universums" vergleicht der russische Physiker das Universum mit einem Satz russischer Puppen. Unser Kosmos wäre nur eine winzige Blase, verloren in einem unendlichen Universum, das man sogar eher Multiversum nennen sollte. Das Universum wäre aus einer Quantenfluktuation eines anderen Universums entstanden, das selbst von einem anderen Universum hervorgebracht worden wäre … Die Quantenfluktuationen der Raumzeit unseres eigenen Kosmos würden ihrerseits ebenso weitere Universen hervorbringen – und so weiter.

■ Der scheinbare Tanz der Sterne um den Himmelsnordpol wurde im Süden der Sahara bei langer Belichtungszeit aufgenommen. Das Universum birgt noch zahlreiche Geheimnisse, deren Entdeckung vielleicht den Astronomen des dritten Jahrtausends vorbehalten bleiben wird. Wann und wo haben sich die Galaxien gebildet? Woraus besteht die fehlende Masse? Wie alt ist das Universum und wie groß ist seine mittlere Dichte? Ist das Universum unbegrenzt und ewigwährend?

DIE GROSSEN OBSERVATORIEN DER WELT

Der riesige, eisig kalte und dunkle Saal scheint leer zu sein. Darüber wölbt sich die metallene Kuppel, groß wie eine Kathedrale, und öffnet sich zum Firmament. Der schwache Schimmer der Sterne macht – wie bei einem chinesischen Schattenspiel – die Umrisse der großen, leicht geneigten Maschine sichtbar, die im Zentrum des Gebäudes thront. Ein leises Surren ist aus diesem imposanten Instrument zu hören, das scheinbar unbeweglich ist, sich jedoch von Hundertstel Millimeter zu Hundertstel Millimeter um die eigene Achse dreht. Etwas höher weisen ein dumpfes Brummen und das Knarren der metallenen Konstruktion darauf hin, daß auch die Kuppel sich dreht.

Der lange, durchbrochene Metalltubus ist auf einen sternenleeren Punkt des Himmels, am Rand der Sternenbilder Walfisch und Eridanus, gerichtet. Eine winzige Variation in der Geräuschkulisse, das Klappern oder kurze Knacken eines Schiebers, der sich öffnet und sofort wieder schließt, das undeutliche Säuseln des unter Druck stehenden Ölfilms, der allein diese beeindruckende Metallmasse trägt: Das Instrument scheint ein Eigenleben zu besitzen. Hartnäckig bleibt der Spiegel des Canada-France-Hawaii-Teleskops (CFHT) mit seinem Durchmesser von 3,60 m auf jene Region des Himmels gerichtet, in der sich ein entfernter Galaxienhaufen, Abell 370, verbirgt. Die große Maschine vereinsamt in ihrer Kuppel, in der es von Tausenden leisen Geräuschen hallt.

Denn die Astronomen beobachten den Himmel nicht mehr. Oder besser ausgedrückt: Sie betreten selbst nicht mehr die riesigen, in ein erdrückendes Dämmerlicht getauchten Kuppeln und klettern nicht mehr in den langen, kalten Tubus des Teleskops, um zum Okular zu gelangen. Alles spielt sich heutzutage im Kontrollraum des Instrumentes ab, der – unterhalb des Teleskops – in einem anderen Stockwerk des 40 m hohen Turmes liegt, an dessen Spitze sich die Kuppel befindet. Hier, in der Milde eines beheizten, schwach beleuchteten Raumes, in dem des öfteren die Klänge einer Mahler-Symphonie oder einer langen Improvisation des Charles Mingus-Quintett ertönen, sitzt der Pilot des Teleskops vor seiner Steuerungstastatur und überwacht mehrere Bildschirme. Sie zeigen die atmosphärischen Parameter an – Windgeschwindigkeit und -richtung, Temperatur, Luftdruck und Luftfeuchte –, sowie die Konfiguration des Teleskops und schließlich einen Teil des vom Teleskop beobachteten Himmelsfeldes mit seinem Leitstern genau in der Mitte, welcher unter dem Einfluß der Turbulenz tanzt und glitzert. Neben dem Piloten vertieft sich ein Astronom in die numerischen Werte, die auf einem weiteren Bildschirm erscheinen.

■ Das französisch-kanadische Teleskop von Hawaii, auf dem Gipfel des Mauna Kea, ist mit einem Spiegel von 3,60 m Durchmesser ausgestattet. Es ist eines der leistungsfähigsten Teleskope der Welt.

Hier wird er in einigen Minuten das Bild des Galaxienhaufens, den er geduldig seit Anbruch der Dunkelheit aufgenommen hat, entdecken. Von Zeit zu Zeit wirft er einen Blick auf den Leitstern, der von seinem Partner überwacht wird. Eine unnötige Vorsichtsmaßnahme: Denn das Teleskop arbeitet automatisch. Es verfolgt mit einer unglaublichen Präzision die langsame, scheinbare Wanderung des Sterns – also des beobachteten Galaxienhaufens – am Himmelsgewölbe, die aufgrund der Rotation der Erde um sich selbst entsteht. Notfalls wäre jedoch der Operateur am Teleskop in der Lage, die Bewegung des Instruments mit einem dem Joystick eines Videospiels ähnlichen Steuerungsknüppel manuell zu korrigieren; Hier würde der Ingenieur allerdings mit einem einzigen, leichten Fingerdruck ein 15 m langes und 300 Tonnen schweres Teleskop zum Wenden bringen.

Am Ende dieses Jahrtausends existieren keine zehn Teleskope, die zu ähnlichen Leistungen fähig sind, wie sie in der halbschattigen Kuppel des CFH-Teleskops hervorgebracht werden. Dieses Instrument, das Ende 1980 an der Spitze des Mauna-Kea-Vulkans auf der Insel Hawaii in Betrieb genommen wurde, ist zweifelsohne eines der besten, die jemals konstruiert wurden.

Dabei hielt das CFH-Teleskop 1996 nur den zehnten Rang in der Top-Liste der Riesenteleskope inne. Sein 3,60-m-Spiegel sammelt nur halb soviel Licht wie derjenige des ehrenwerten 5-m-Teleskops am Mount Palomar. Heute ist jedoch Gigantismus nicht mehr gefragt: Nie wurde ein monumentaleres Instrument gebaut als das Hale-Teleskop; wahrscheinlich wird auch nie wieder ein vergleichbares gebaut. Die Entwicklung ging an anderer Stelle weiter: Anstatt immer größere und

■ Der Vulkan Mauna Kea ist der höchste Punkt der Insel Hawaii. Auf dem Bild sind, von links nach rechts, die Kuppeln des CFH-Teleskops, des 3-m-Teleskops der NASA, der beiden 10-m-Keck-Teleskope sowie des 8,30-m-Subaru-Teleskops zu sehen.

komplexere Instrumente zu erfinden, die Ingenieure vielleicht nicht hätten realisieren können und die auch nicht finanzierbar wären, zogen es die Astronomen vor, die Qualität der Forschungszentren und die optische und mechanische Präzision ihrer Instrumente zu verbessern. Vor allem aber erhöhten sie in phantastischen Maßen die Lichtempfindlichkeit der Bildempfänger.

Heutzutage haben elektronische Rezeptoren, die CCD-Detektoren, die früheren Photoplatten vorteilhaft ersetzt. Es sind lichtempfindliche Matrizen, die die einfallenden Photonen in elektrische Impulse verwandeln. Diese werden auf Magnetträger übertragen, was die Datenverarbeitung und -analyse erheblich erleichtert. Die CCD-Kameras, die eine Effizienz von nahezu 80 % aufweisen, sind zehnmal empfindlicher als die besten photographischen Emulsionen. CCD-Detektoren können heute mit dem CFH-Teleskop auch schwächste Galaxien mit einer Helligkeit von fast 28^{m} aufnehmen. Diese Verbesserung um fünf Helligkeitsklassen gegenüber den fünfziger Jahren entspricht dem Aufspüren von Himmelskörpern, die 100mal schwächer sind!

In den achtziger Jahren fand sodann eine wahre Kulturrevolution innerhalb der astronomischen Gemeinschaft statt. Zwei große, technologische Dogmen, denen sie seit über drei Jahrhunderten blind gehorchte, wurden gleichzeitig beiseite geschafft: Die parallaktische Montierung und der harte Spiegel.

Die neuen Teleskope

Die Teleskope der neuen Generation sind gleichzeitig erschwinglicher, leichter, kompakter, stabiler und erheblich leistungsfähiger als ihre Vorgänger. Zunächst der Spiegel: Der Spiegel eines klassischen Instruments wie des CFH-Teleskops ist eine sehr harte Scheibe aus Pyrex oder Glaskeramik, die bei einem Durchmesser von 3,60 m etwa 60 Zentimeter dick ist. Er wiegt 14 t. Die Präzision seiner parabolischen Form, in einer Größenordnung von 10 Millionstel Millimetern, wird durch die extreme Schleifqualität bewerkstelligt und durch die Härte des Glases aufrechterhalten. Zum Vergleich dazu sind die größten Spiegel, die zur Zeit geschliffen werden, feine, nur etwa zwanzig Zentimeter dicke Menisken von 8,20 m Durchmesser. Bei einer Oberfläche, die das fünffache von derjenigen des CFHT-Spiegels beträgt, erreichen sie ein Gewicht von weniger als 20 t. Sieben feine 8,20 m-Spiegel befinden sich zur Zeit in der Endphase ihrer Herstellung. Die unvermeidliche Folge ihrer extremen Feinheit und ihrer Leichtigkeit ist ihre Weichheit, doch stellt ihre Zerbrechlichkeit für die Optiker kein Hindernis mehr dar. Sie bauen ihren verformbaren Spiegel in eine Trommel ein, die von

■ In La Silla, Chile, in 2 400 m Höhe, befindet sich die größte Ansammlung an Teleskopen der Welt. Dieses Forschungszentrum wurde von der Europäischen Südsternwarte (ESO) gegründet. Heute sind dort 13 astronomische Instrumente aufgestellt.

Hunderten von mikrometrischen Winden gehalten wird, die von einem Schnellrechner gesteuert werden. Die Form des Spiegels wird minütlich überprüft und korrigiert, damit dieser – unter welchen Beobachtungsbedingungen auch immer – sein parabolisches Profil behält und perfekte Bilder vom Himmel liefert. Es ist sehr schwierig, sich die großartige Präzision vorzustellen, die die Optiker jenen großen optischen Geräten verleihen. Wenn man die Oberfläche des CFHT-Spiegels mit derjenigen eines Sees von 360 km Durchmesser vergleicht, entsprechen die Schleiffehler im Glas des Spiegels Kräuselungen von weniger als 1 mm Höhe auf dem Wasser.

Auch das Stützsystem der Teleskope erlebte eine radikale Konstruktionsänderung; alle Teleskope werden heutzutage mit sogenannten azimutalen Montierungen ausgestattet. Diese Montierungen haben zwei Achsen, eine Vertikal- und eine Horizontalachse, und ersparen den Spiegeln die Biegungen und Überhänge, die durch das langsame Schwenken der parallaktischen Montierungen auf ihrer einzigen Rotationsachse verursacht wurden. Für die Ingenieure stellte dieser Fortschritt einen unschätzbaren Gewinn bezüglich der Größe, des Gewichtes und des Preises dar. Dabei war es noch vor einigen Jahrzehnten unmöglich, sich eine solche technologische Lösung vorzustellen. Die Nachführung der Himmelskörper, natürlich und elegant für eine parallaktische Montierung, die sich um ihre Achse entgegengesetzt der Erdrotation dreht, wird zugunsten einer azimutalen Montierung mit drei simultanen Rotationen ersetzt. Die Steuerung dieser Bewegungen, deren Geschwindigkeit sich in jedem Augenblick verändern kann, erfordert einen Computer.

Selbstverständlich erfordert die Beobachtung von Himmelskörpern, die um das 500 Millionenfache schwächer sind als der schwächste, mit bloßem Auge sichtbare Stern, drastische Maßnahmen: Während der Aufnahme, die mehrere Dutzend Minuten, ja sogar Stunden dauern kann, muß der Himmel kristallklar und vollkommen ruhig sein.

In der Tat zeichnet sich das CFH-Teleskop nicht nur durch seine technischen Leistungen gegenüber den anderen gleichwertigen optischen Instrumenten aus, die auf der ganzen Erde verteilt sind. Das CFH-Teleskop, das in mehr als 4 200 m Höhe, auf dem Gipfel der hawaiischen Inselgruppe, errichtet ist, beobachtet einen Himmel von einzigartiger Reinheit. Die hochgelegene Wüste von extremer Trockenheit mitten im Pazifischen Ozean, in der das französisch-kanadische Instrument steht, ist vom Rest der Welt abgeschnitten. Hier herrscht eine dünne Atmosphäre, die fast nur halb so dicht ist wie auf Meereshöhe. Der Wasserdampf,

■ Manche Teleskope von La Silla widmen sich einer besonderen Aufgabe. So werden die 1-m-Teleskope der Denis- und Eros-2-Experimente dazu genutzt, eine infrarote Kartographie des südlichen Himmels anzufertigen und nach der fehlenden Masse zu suchen.

der einen Teil der infraroten und ultravioletten Strahlung blockiert, und die Aerosole, die die Atmosphäre undurchsichtig machen, sind in den Wolken und Nebeln gefangen, die stets an den Hängen des erloschenen Vulkans kondensieren. Nachts beruhigt dieses Meer aus Wolken, das sich unterhalb des Vulkangipfels bildet, die atmosphärische Turbulenz und blockiert die wenigen Lichter der Küstendörfer, die die Beobachtung sehr schwacher Himmelskörper beeinträchtigen könnten.

Der Gipfel des Mauna Kea ist somit das beste Beobachtungszentrum, das die Astronomen auf der Nordhalbkugel unseres Planeten gefunden haben. Im Laufe der Jahre seit seiner Entdeckung zu Beginn der sechziger Jahre haben die Forscher dort immer größere und leistungsfähigere Instrumente errichtet. Zwei kalifornische Instrumente mit einem Spiegeldurchmesser von 10 m (Keck-Teleskope) gesellten sich zwischenzeitlich zum 3,60-m-Teleskop der Canada-France-Hawaii-Gesellschaft. Es sind zur Zeit die größten Teleskope der Welt.

Jene Zwillingsteleskope sind das Ergebnis einer avantgardistischen Technologie, die endgültig mit den Regeln der klassischen Optik bricht. Zur Zeit sind die Optiker außerstande, astronomische, monolithische Spiegel von mehr als 8,30 m Durchmesser zu schmelzen, zu gießen, zu verarbeiten und schließlich präzise zu schleifen. Um jedoch Instrumente mit einem noch größeren Durchmesser zu realisieren, haben amerikanische Wissenschaftler einen revolutionären Einfall gehabt: Sie haben einen sechseckigen 10-m-Spiegel aus einem Mosaik aus 36 kleinen sechseckigen Spiegeln von jeweils 1,80 m zusammengesetzt. Die hyperbolische Form dieses segmentierten Spiegels von 10 m Durchmesser, der nur 7,5 cm dick ist, wird alle zwei Sekunden von 168 Sensoren mit nanometrischer Genauigkeit überprüft und von 108 Winden justiert.

Vor Ende dieses Jahrtausends werden zwei weitere, neue Instrumente – das japanische 8,30-m-Teleskop und Gemini I, ein internationales 8,20-m-Teleskop – am Hawaii-Observatorium in Betrieb gehen.

In einigen Jahren werden wir auf der Erde nur noch einige große internationale Astronomiezentren haben. Die modernen Teleskope erfordern einen Himmel von zu seltener Reinheit und Stabilität. Auf der Nordhalbkugel des Planeten sammeln sich allein am Mauna Kea die meisten optischen Riesengeräte. In diesem Observatorium befindet sich die weltweit beste Ausstattung. Einige bedeutende Beobachtungsstationen existieren auch in Arizona: Zum Beispiel das Observatorium von Kitt Peak und die ganz neue Station am Mount Graham, in 3 300 m Höhe, oder am Mount Hopkins. Hier soll 1998 ein 6,50-

m-Teleskop in Betrieb gehen. In Europa erwiesen sich die atmosphärischen Bedingungen auf den Kanaren als fast so gut wie auf dem Mauna Kea. Dort wurden in 2 400 m Höhe die Observatorien von Teneriffa und La Palma gegründet.

Auf der Südhalbkugel entwickelten sich erst in der jüngsten Zeit große Observatorien, obwohl sie mitunter die interessantesten Himmelsobjekte bietet, die ihresgleichen am nördlichen Himmel suchen: Die beiden Magellanschen Wolken, jene außergewöhnlich nahen Galaxien zum Beispiel, oder die Kugelsternhaufen Omega Centauri und 47 Tucanae, die von einzigartigem Sternenreichtum sind. Abgesehen vom bemerkenswerten angloaustralischen Observatorium von Siding Spring, das in einem Wald aus Eukalyptusbäumen in nur 1 150 m Höhe eingerichtet ist, befinden sich alle Observatorien der Südhalbkugel im chilenischen Teil der Anden. Die Vereinigten Staaten und mehrere südamerikanische Staaten einerseits, sowie Europa und Chile andererseits haben insgesamt fünf große Observatorien in mehr als 2 000 m Höhe entlang der pazifischen Küste, zwischen La Serena und Antofagasta, errichtet. Cerro Tololo, Las Campanas und La Silla, die mit etwa zwanzig Teleskopen ausgestattet sind, waren in den letzten Jahren Anlaufstellen für mehrere tausend Astronomen. Die Entdeckungen, die dort gemacht wurden, können nicht mehr gezählt werden. Beispielsweise konnte die einzigartige Supernova in der Großen Magellanschen Wolke ab Februar 1987 nur von der Südhalbkugel aus beobachtet werden …

Zwei neue Zentren werden zur Zeit für den Empfang neuer Riesenteleskope vorbereitet. Auf dem Gipfel des Cerro Pachon baut ein internationales Team das zweite 8,20-m-Teleskop des Gemini-Projektes, während Gemini I zur Zeit auf Hawaii entsteht. Diese sich ergänzenden Instrumente, die eine vollständige Beobachtung des nördlichen und südlichen Sternenhimmels ermöglichen sollen, werden Anfang des 21. Jahrhunderts in Betrieb genommen.

Die grossen Observatorien

Das ehrgeizigste Projekt der Astronomie zu Beginn des nächsten Jahrtausends ist jedoch zweifelsfrei europäischer Natur. Das Very Large Telescope (VLT) der Europäischen Südsternwarte (European Southern Observatory, ESO) wird zur Zeit auf dem Gipfel des 2 500 m hohen Cerro Paranal mitten in der Abgeschiedenheit der Atacama-Wüste gebaut. Es handelt sich um das einzige astronomische Forschungszentrum, das zur Zeit mit dem Mauna Kea rivalisieren kann. Seit 1983 ist ein Meteorologenteam im Dauereinsatz. Cerro Paranal erweist sich als ein Platz von außergewöhnlicher Qualität: Die Atmosphäre dort ist genauso ruhig und durchsichtig wie am Mauna Kea, und die Zahl der für Beobachtungen geeigneten Nächte ist außerordentlich hoch: Auf dem Cerro Paranal ist der Himmel beinahe 340 Nächte pro Jahr klar! Das VLT ist ein Netz von vier Teleskopen mit jeweils 8 m Durchmesser. Sie sind auf der 1 ha großen Ebene auf dem Gipfel des Cerro Paranal errichtet, der dafür um etwa dreißig Meter abgetragen wurde. Die vier Instrumente können unabhängig voneinander benutzt werden oder aber ein gemeinsames Ziel am Himmel beobachten. In diesem Fall wird die Gesamtempfindlichkeit des VLT dieselbe sein wie die eines 16-m-Teleskops. Diese riesige astronomische Maschine, die etwa 750 Millionen Mark gekostet haben wird, wird allmählich zwischen 1998 und 2001 ihren Betrieb aufnehmen.

■ Die Atacama-Wüste, vom Cerro Paranal aus gesehen. Im Hintergrund ist der Ort eines zukünftigen Forschungszentrums zu sehen: der Cerro Armazones, ein 3 000 m hoher Gipfel.

Der Mauna Kea auf der Nord- und der Cerro Paranal auf der Südhalbkugel versprechen, in Zukunft die beiden Pole astronomischer Beobachtungen zu werden. Trotz der großen Zahl klarer Nächte, die ihnen beschieden sind, werden sie den Astronomen jedoch nie ideale Beobachtungsbedingungen bieten können. Denn, wie groß auch immer der Durchmesser ihres Spiegels sein mag, die Leistungsfähigkeit der Erdteleskope ist stets durch die atmosphärische Turbulenz beeinträchtigt, insbesondere wenn sie stundenlang die schwache Strahlung von Himmelskörpern aufnehmen. Wenn ein Lichtstrahl die letzten 20 000 Meter der Erdatmosphäre durchquert, begegnet er Luftmassen verschiedener Temperatur und Druckverhältnisse, die ständig von Strudeln umgewälzt und vom Wind aufgewirbelt werden. Bei jeder winzigen Änderung des atmosphärischen Brechungsindex wird der Lichtstrahl leicht abgelenkt, und das Bild verschwimmt, wie das Spiegelbild auf einer vom Wind aufgewühlten Wasserfläche. Die Turbulenz ist mit bloßem Auge in Form eines leichten Flimmerns der Sterne zu beobachten. Wenn man dieses Flimmern jedoch mit einem Teleskop um das 100- oder 1 000fache vergrößert, wird daraus ein wahres Brodeln, aus dem es unmöglich ist, auch nur die geringste Information herauszulesen. Hier liegt die größte Schwierigkeit der astronomischen Beobachtung: Je größer die Teleskope, desto leistungsfähiger; aber je leistungsfähiger, desto empfindlicher gegenüber den Luftbewegungen.

Das Weltraumteleskop

Die radikalste Methode besteht darin, ein Teleskop jenseits der Erdatmosphäre in die Leere des Alls zu senden. So ent-

■ Das NTT (New Technology Telescope) wurde 1990 am La Silla-Observatorium in Betrieb genommen. Dieses ultraleichte, kompakte Instrument ist mit einem 3,50-m-Spiegel ausgestattet und gibt einen Vorgeschmack auf die vier 8-m-Teleskope des europäischen VLT-Projekts (Very Large Telescope), die Anfang des nächsten Jahrtausends auf dem Cerro Paranal in Betrieb gehen werden.

stand das Projekt des Hubble-Weltraumteleskops. Dieses Instrument füllte etwa zwanzig Jahre lang alle Entdeckungsträume der Astronomen. Es wurde von amerikanischen Wissenschaftlern in den sechziger Jahren angedacht, seine Konstruktion wurde 1977 von der NASA und der European Space Agency (ESA) beschlossen. Es handelt sich um ein klassisches Teleskop, das mit einem 2,40-m-Spiegel ausgestattet ist. Zu seiner Ausstattung gehören darüber hinaus vier Meßinstrumente, darunter zwei Kameras, eine amerikanische und eine europäische. Selbst wenn die Größe der optischen Geräte relativ bescheiden erscheint, erlaubt die Beobachtungsposition des Teleskops auf seiner Umlaufbahn in 600 km Höhe die Erforschung eines vollkommen leeren und schwarzen Himmels, der frei ist von jeglicher Turbulenz. Das gesamte Instrument, das 14 m lang und 12 t schwer ist, wurde nicht rechtzeitig für seine zunächst für 1983 geplanten Inbetriebnahme fertiggestellt. Nach der Explosion der Raumfähre Challenger im Jahr 1986, bei der sieben Astronauten den Tod fanden, wurde das amerikanische Programm für die bemannte Raumfahrt vorübergehend gestoppt, so daß sich die Astronomen vier weitere Jahre gedulden mußten, und Hubble wurde bis zur Wiederaufnahme der Weltraumflüge eingemottet.

Im April 1990 konnte dann das so sehnsüchtig erwartete Teleskop endlich seinen Weg ins All an Bord der Raumfähre Discovery antreten. Leider mußten die bestürzten Astronomen feststellen, daß die parabolische Form des Spiegels, aufgrund falscher optischer Tests, mit der falschen Krümmung geschliffen worden war. Hubble, das mit seinem Gesamtpreis von mehr als 7 Milliarden Mark teuerste, wissenschaftliche Instrument, das je gebaut wurde, erwies sich als kurzsichtig. Das Teleskop wurde schließlich im Dezember 1993 im All während einer Inspektion, die von den sieben Astronauten der Raumfähre Endeavour durchgeführt wurde, repariert. Seitdem erfüllt das Weltraumteleskop mit großer Perfektion das Programm, wofür es konzipiert wurde: Die kosmischen Horizonte mit einer noch nie dagewesenen Sehschärfe absuchen. Seine Leistungen überragen diejenigen der besten irdischen Teleskope bei weitem. In vier Stunden Belichtungszeit können seine Kameras Himmelskörper mit einer Helligkeit von 27^m aufnehmen. In zwanzig Stunden erreichen sie die Helligkeit von 29^m. Vor allem aber wird diese außergewöhnliche Empfindlichkeit von einem Auflösungsvermögen begleitet, das von Instrumenten am Boden noch nie auch nur annähernd erreicht worden ist. Zur Zeit gewinnt Hubble im Vergleich zum CFH-Teleskop mehr als eine Helligkeitsklasse. Damit können dreimal entferntere Galaxien entdeckt, oder Sterne, Haufen, Nebel oder Galaxien schärfer gesehen werden, wo ein Teleskop auf der Erde nur einen schwachen Schimmer wahrnimmt.

Trotz seiner einmaligen Leistungen ist Hubble jedoch nicht in der Lage, alle Beobachtungsprogramme zu vollbringen, die die wissenschaftliche Gemeinschaft mit ihm gern durchführen möchte. Als einziges Teleskop in einer Erdumlaufbahn wird es zur Erforschung aller Himmelskörper unserer Galaxie, aber auch zur Beobachtung von Sternen naher Galaxien, oder von sonderbaren oder weit entfernten Himmelskörpern wie Galaxienhaufen, Quasaren oder Gravitationslinsen benutzt. Es sind viel zu viele Ziele für ein einziges Objektiv, sei es auch das präziseste auf der Welt. Das Feld, das vom Weltraumteleskop abgedeckt wird, ist nämlich winzig: Es handelt sich um ein kleines Viereck am Himmelsgewölbe von $3'' \times 3''$. Wenn die Astronomen beschließen würden, das ganze Himmelsgewölbe mit Hubble abzusuchen, würden sie – bei einer Belichtungszeit von acht Stunden pro Feld – mehr als 50 000 Jahre ununterbrochener Beobachtung brauchen!

■ Das Hubble-Weltraumteleskop, das 1990 von der Raumfähre Discovery ins All gebracht worden war, wurde 1993 und 1997 von Astronauten in Augenschein genommen.

Niemand stellt die absolut unvergleichliche Qualität der kosmischen Bilder, die Hubble liefert, in Frage. Die Wissenschaftler stellen jedoch fest, daß sein bescheidener Spiegel keine wissenschaftlichen Messungen erlaubt, da diese eine intensive Lichtzufuhr verlangen. Mit anderen Worten: Selbst wenn die Astronomen sich über wunderschöne Photographien des Himmels freuen, wünschen sie vor allem die untersuchten Himmelskörper genauer zu analysieren. Allein die Spektroskopie ermöglicht den Zugang zur chemischen Zusammensetzung der Himmelskörper, zu ihrer Rotationsgeschwindigkeit, zu ihrer Entfernung. Doch verbraucht ein Spektrum wegen der Dispersion – sprich der Zerlegung – des Lichtes, die es verursacht, sehr viele Lichtteilchen. Kein Spektrograph ist zur Zeit in der Lage, das Licht der schwächsten Sterne und Galaxien zu analysieren, die vom CFH-Teleskop oder Hubble registriert wird. Die Astronomen können sehr wohl Himmelskörper mit einer Helligkeit von 28^m, 29^m oder gar 30^m photographieren, aber nicht ihre physikalische Natur feststellen. Diese unbefriedigende Situation weckte ihre Neugier für jene Himmelskörper, die sich an der Grenze des Sichtbaren befinden, und sie war der Anlaß für den Bau jener gigantischen Photonenkollektoren in der Gestalt der Keck-, Gemini-, Subaru- oder VLT-Teleskope.

Das Keck-Teleskop besitzt einen Spiegel mit einer Oberfläche von 80 m^2, der in jeder Sekunde 3 Millionen mal mehr Photonen auffängt als das menschliche Auge! Da zur Erhaltung eines Spektrums allein die Fähigkeit des Teleskops zählt, mög-

■ Das Hubble-Weltraumteleskop hat von seiner Position in 600 km Höhe einen ungetrübten Blick. Das Instrument ist mit einem Spiegel von nur 2,40 m Durchmesser ausgestattet und nimmt noch Galaxien der Helligkeit 30^m wahr.

lichst schnell möglichst viel Licht einzufangen, ziehen es die Astronomen oft vor, die großen Erdteleskope anstelle von Hubble zu benutzen. Das CFHT ist auf spektrographischer Ebene bereits zweimal schneller als Hubble. Das Keck-Teleskop mit seinem 10-m-Spiegel entwickelt sogar in weniger als einer Stunde ein Spektrum, für das Hubble sechzehn Stunden benötigen würde. Jedoch ist die Nachfrage nach Beobachtungszeit am einzigen optischen Weltraumteleskop seitens der Wissenschaftler so groß, daß einem Team eine so lange Beobachtungszeit so gut wie nie gewährt wird. Die Zukunft der Astronomie wird sich also auf der Erde abspielen: Zu Beginn des 21. Jahrhunderts werden die Beobachter auf unserem Planeten zwanzig Teleskope von 2,50 m bis 5 m, sowie fünfzehn Teleskope von 5 m bis 10 m Durchmesser zur Verfügung haben. Damit können sie mehrere hundertmal mehr Photonen einfangen als das auf seiner Erdumlaufbahn vereinsamende Hubble. Da die Forscher die Hoffnung aufgeben mußten, ihre Observatorien nebst wertvoller Apparatur im Weltall errichten zu können, wo sie ideale Beobachtungsbedingungen vorgefunden und die optischen Leistungen ihrer Instrumente um das 100- oder sogar 1 000fache verbessert hätten, versuchten

■ Die Keck-1- und Keck-2-Teleskope sind die leistungsfähigsten Teleskope unserer Zeit. Sie wurden 1991 und 1996 am Mauna Kea-Observatorium von kalifornischen Astronomen eingerichtet und sind mit sechseckigen Spiegeln von 10 m Durchmesser ausgestattet. Den Keck-Teleskopen, die vornehmlich für Spektralmessungen genutzt werden, verdanken wir die Beobachtung der entferntesten Galaxien des Universums.

■ Nicht weit von Albuquerque in New Mexico beginnen die Astronomen, Teleskope zu benutzen, die von der US Army entwickelt wurden. Diese Instrumente sind mit adaptiven Optiken ausgestattet, die von leistungsfähigen Laserstrahlen gesteuert werden.

sie seit Beginn der achtziger Jahre gute Miene zum bösen Spiel zu machen und die Störungen der atmosphärischen Turbulenz auszugleichen.

Die in einigen europäischen und amerikanischen Labors entwickelte Technik wendet eine sogenannte „adaptive" Optik an. Es handelt sich um Systeme, die ein Bildanalyseprogramm, einen ultraschnellen Rechner und einen kleinen, flexiblen Spiegel mit verformbarer Oberfläche, der auf einem Netz von Winden montiert ist, einsetzen. Die adaptive Optik funktioniert nach einem einfachen und raffinierten Prinzip: Das Teleskop beobachtet einen Stern, und ein EDV-Programm, das mit der Kamera verbunden ist, analysiert im ultraschnellen Tempo das Bild, das flimmert, sich verformt oder gar bewegt, je nach den atmosphärischen Störungen. Dann vergleicht der Computer das verschwommene Bild mit dem theoretischen, perfekt punktförmigen Stern, den das Teleskop ohne die Turbulenzen aufnehmen würde. Automatisch korrigiert der Computer die Form des Bildes so lange, bis es dem des theoretischen Sterns ähnelt. Innerhalb einiger Sekunden ist das System fertig: Der Spiegel, der durch die computergesteuerten Winden verformt ist, gibt dem Stern die Gestalt zurück, die er vor der atmosphärischen Verformung innehatte. Das Bildanalyseprogramm stellt das Aussehen des neuen Bildes fest, übermittelt es dem Computer, und so weiter.

Verschiedene Systeme adaptiver Optik funktionieren bereits heute, insbesondere die Instrumente Pueo am CFH-Teleskop und Adonis am 3,60-m-Teleskop des La Silla-Observatoriums in Chile. Diese beiden Teleskope schafften Aufnahmen von Doppelsternen, von Nebeln und sogar von Galaxien, die mit denjenigen von Hubble vergleichbar sind. Aber die Inbetriebnahme der Systeme mit verformbaren Spiegeln ist schwierig, und diese sind in den Observatorien nur einige Dutzend Nächte pro Jahr funktionsfähig. Die Wissenschaftler benötigen noch einige Jahre für ihre Entwicklungsarbeiten, damit aus diesen Geräten genauso zuverlässige und praktische Bildrezeptoren werden wie eine einfache CCD-Kamera.

Die Radioteleskope

Das Licht – das heißt, die mit dem menschlichen Auge sichtbare Strahlung – ist nicht der einzige Informationsträger, den es im Universum gibt. Das Licht, das die Astronomen mit sogenannten „optischen" Teleskopen einfangen, stellt sogar nur einen winzigen Ausschnitt aus dem Spektrum der von Himmelskörpern ausgesandten elektromagnetischen Strahlung dar. Das menschliche Auge besitzt von Natur aus einen Bildrezeptor, dessen

■ Das VLA-Netz (Very Large Array) wurde 1980 in New Mexico in Betrieb genommen. Es handelt sich um ein Radiointerferometer, das aus 27 Antennen von je 25 m Durchmesser besteht. Das Instrument kann ein virtuelles Radioteleskop von 27 km Durchmesser synthetisieren.

Empfindlichkeit genau auf das Strahlungsspektrum der Sonne angepaßt ist. Das menschliche Auge sieht Strahlung zwischen 400 und 700 nm (Nanometer) Wellenlänge („Lichtwellen" von 0,5 Tausendstel Millimeter). Es ist der Bereich, in dem die Sonne die meiste Energie abstrahlt ... Das Gehirn übersetzt sie in Farben, violett und blau für die kürzesten, rot für die längsten Wellenlängen. Unsere Sicht ist zwar beschränkt, die Sonne und die anderen Himmelskörper erzeugen jedoch eine viel größere Strahlungspalette, die von gleicher Natur ist wie das sichtbare Licht. Je energiereicher diese Strahlen sind, desto größer ist ihre Frequenz, und desto kürzer ist ihre Wellenlänge. Jenseits des Sichtbaren erstreckt sich der Bereich der ultravioletten Strahlung, dann der Röntgen-, schließlich der Gammastrahlung, die im Herzen der Sterne bei der thermonuklearen Feuersbrunst erzeugt werden. Auf der anderen Seite des sichtbaren Lichtes erstreckt sich der infrarote Bereich. Im Sommer erwärmt die Infrarot-Strahlung unsere Haut auf angenehme Weise. Die Bräunung wird jedoch von den viel durchdringenderen, ultravioletten Strahlen verursacht, die sogar zu Verbrennungen führen können. Jenseits des infraroten Bereichs erstreckt sich schließlich der weite Bereich der Radio-Strahlung, mit dem sich die Radioastronomen beschäftigen.

Die Aufnahme scharfer Bilder im Radio-Bereich ist schwierig. Das Auflösungsvermögen eines Teleskops hängt vom Verhältnis der Öffnung des Instruments zur Wellenlänge der ankommenden Strahlung ab. Optische Teleskope beobachten Licht mit einer winzigen Wellenlänge von durchschnittlich 0,5 Tausendstel Millimeter. Die Radio-Strahlung, für die sich die Astronomen interessieren, erstreckt sich aber im Wellenlängenbereich von 1 cm bis 1 m. Um den Himmel im Radiowellenbereich genauso präzise beobachten zu können wie im optischen, brauchten die Astronomen also Radioteleskope mit überdimensionalen Parabolantennen, deren metallene Parabolspiegel die Radiowellen reflektieren und sammeln. Wie ließe sich nun ein Instrument von mehreren Kilometern Durchmesser bauen?

Die Astronomen schafften es, jenes scheinbar unumgängliche Hindernis zu überwinden. Zunächst wurden aus den Radioteleskopen tatsächlich gigantische Maschinen. Auf demselben Prinzip beruhend wie optische Teleskope sind die Radioteleskope von Parkes in Australien, Jodrell Bank in England und Effelsberg in Deutschland mit metallenen Spiegeln von 64 m, 76 m bzw. 100 m ausgestattet. Diese Antennen – die von Effelsberg wiegt 3 200 t – sind auf zwei Achsen schwenkbar und können innerhalb weniger Minuten in jede beliebige Richtung des Him-

■ Eine der zehn 25-m-Antennen des VLBA-Netzes (Very Long Baseline Array). Dieses Radiointerferometer von 8 000 km Durchmesser ist eines der leistungsfähigsten der Welt. Es erstreckt sich auf dem gesamten amerikanischen Territorium, von den Jungferninseln bis nach Hawaii.

mels orientiert werden. Der größte astronomische Spiegel der Welt ist – mit seinem Durchmesser von 300 m – noch beeindruckender. Der riesige, unbewegliche Metallspiegel wurde von den Amerikanern in einen natürlichen Talkessel bei Arecibo, Puerto Rico, gebaut. Der Radioempfänger im Antennenbrennpunkt schwebt über der Erde in einem metallenen Käfig, der von einem Drahtseilsystem und drei riesigen Betonpfeilern gehalten wird. Der Empfänger bewegt sich langsam, um der scheinbaren Bewegung der Himmelskörper zu folgen. Mit ihrer außerordentlichen Empfindlichkeit sind diese einäugigen Riesen zwar in der Lage, Radiosignale zu empfangen, die in mehr als 10 Milliarden Lichtjahren Entfernung ausgesendet wurden, sind dafür aber außerstande, das Universum deutlich wahrzunehmen: Trotz ihrer kolossalen Ausmaße haben ihre Spiegel einen noch zu kleinen Durchmesser …

Die Radiointerferometer

Auf eine Radikallösung kamen die Wissenschaftler recht schnell; sie bestand darin, ein riesiges, aber virtuelles Teleskop anhand eines Netzes von kleinen, dafür realen Teleskopen zu synthetisieren. Jede Einzelantenne wird demnach als winziger Bestandteil eines großen, virtuellen Spiegels betrachtet, so daß die Astronomen nur noch das Bild, das vom imaginären Spiegel geliefert wird, wieder zusammenzusetzen brauchen. Je größer die Anzahl kleiner, elementarer Spiegel ist, um so harmonischer ist ihre Verteilung in der Ebene des virtuellen Riesenspiegels, und um so präziser sind die empfangenen Bilder oder die Spektren …

Diese Antennennetze werden Radiointerferometer genannt. Das berühmteste wurde 1980 in New Mexico errichtet. Das VLA (Very Large Array) registriert und datiert genau den Empfang des Radiosignales von einem Himmelskörper im Brennpunkt jeder einzelnen seiner siebenundzwanzig Parabolantennen, die einen Durchmesser von 25 m haben. Sodann kombiniert ein leistungsfähiger Rechner die separat aufgenommenen Daten und setzt das Bild des Himmelskörpers wieder zusammen, als wäre es von einem Teleskop gewonnen, dessen Durchmesser der maximalen Entfernung zwischen den Antennen entsprechen würde. Je nach beobachteter Wellenlänge und gewünschter Auflösung kann der Durchmesser des VLA variiert werden, da die Antennen auf Gleisen stehen und beweglich sind. Die Mindestgröße des Netzes beträgt 600 m, der maximale Durchmesser des Riesen aus New Mexico 27 km. Damit bieten die Aufnahmen von Galaxien, auf die sich das VLA spezialisiert hat, die gleiche Genauigkeit wie die der großen,

■ Das Interferometer des Plateau de Bure in den Alpen beobachtet die Millimeter-Strahlung, die von Galaxien mit sehr großer Rotverschiebung ausgesandt wird. In diesem Millimeter-Bereich hofft man, die allererste Galaxiengeneration zu entdecken.

optischen Teleskope. Jedoch ist seine Empfindlichkeit, das heißt seine Fähigkeit, sehr schwache Quellen wahrzunehmen, nicht mit derjenigen einer Antenne, die einen tatsächlichen Durchmesser von 27 km aufweisen würde, vergleichbar. In dieser Hinsicht sollte man das VLA eher mit einem Fotoobjektiv vergleichen, das mit einer überdimensionalen Blende ausgestattet ist. Bezüglich ihrer Oberfläche entsprechen die siebenundzwanzig Antennen des Netzes einem einzelnen Radiospiegel von 130 m Durchmesser, was in etwa dem – realen – Spiegel von Effelsberg entspricht. Beide Instrumenttypen ergänzen sich: Den Radiointerferometern bleiben die winzigen Objekte – insbesondere die Galaxienkerne – vorbehalten. Den großen Parabolantennen werden weitwinklige Beobachtungen oder spektrographische Untersuchungen, die eine große Empfindlichkeit verlangen, anvertraut.

Trotz seiner Ausdehnung – manche Autofahrer in New Mexico durchqueren das Antennennetz, ohne die kleinen, weit entfernten Parabolantennen zu bemerken – ist das VLA selbst nur ein winziger Bestandteil eines erheblich größeren Radiointerferometers, des VLBA (Very Long Baseline Array). Das größte Radiointerferometer der Welt, das 1994 in Betrieb genommen wurde, entspricht der Geographie der Neuen Welt: Es erstreckt sich über 8 000 km von Osten nach Westen, und über 4 000 km von Norden nach Süden. Im Osten steht die erste Antenne des VLBA auf einem Strand der Jungferninseln in der Karibik. Die letzte im Westen versteckt sich in einem eisigen, abgelegenen Tal in der Nähe des Mauna Kea auf Hawaii. Zwischen diesen Punkten verteilt sich das spinnwebenähnliche, radiointerferometrische Netz auf dem gesamten nordamerikanischen Kontinent, von New Hampshire bis nach Texas, von Iowa bis nach New Mexico, von Kalifornien nach Arizona. Die Empfindlichkeit seiner zehn Antennen – denen oft diejenigen des VLA hinzugefügt werden – überragt zwar nicht diejenige der anderen, großen, internationalen Antennen. Das Auflösungsvermögen des VLBA ist jedoch mit 0,03″ bis 0,0005″ einzigartig, ja geradezu verblüffend. Mit einer solchen Sehschärfe wäre es beispielsweise möglich, von Paris aus ein Buch in Dakar zu lesen. Auf dem Mond – um ein astronomisches Beispiel zu nennen – bedeuten 0,0005″ ein Detail von weniger als 1 m: Eine um das 100fache bessere Leistung als Hubble!

Diese interferometrische Methode, die es dem VLBA ermöglichte, erstmals bis ins Herz der Galaxien vorzudringen, um dort endlich den Beweis für die Existenz der Schwarzen Löcher zu entdecken, möchten die Astronomen auf die

■ Heute haben die Forscher alle Fenster des elektromagnetischen Spektrums, von der Gamma-Strahlung bis zu den Radiowellen, geöffnet. Mit der hier abgebildeten 64-m-Antenne von Parkes, Australien, haben die Astronomen Tausende Quasare entdeckt.

anderen Wellenlängen des elektromagnetischen Spektrums erweitern. Heute sind Radiowellen zwischen 1 mm und 1 m beobachtbar. Die interferometrische Beobachtung in kleineren Wellenlängenbereichen stellt einen technologischen Sprung dar, der gerade erst – nach drei Jahrzehnten der Forschung und den bahnbrechenden Arbeiten von Antoine Labeyrie in Frankreich – vollbracht wurde. Im Bereich des sichtbaren Lichtes und der infraroten Strahlung übersteigt die erforderliche, optisch-mechanische Präzision für Interferometer diejenige der Radiointerferometer um das 1 000fache.

Die Radio- und Infrarotstrahlung sowie das sichtbare Licht erreichen die Instrumente der Astronomen, nicht jedoch die energiereichen Strahlen, die fast vollständig von der Erdatmosphäre – glücklicherweise – abgefangen werden: Wäre die Erdoberfläche der Ultraviolett-, Röntgen- und Gammastrahlung ausgesetzt, hätte sich darauf keine Lebensform entwickeln können. Dieses unsichtbare „Licht" wird von extrem heißen Himmelskörpern ausgestrahlt, beispielsweise von Überriesen oder Schwarzen Löchern.

Seit den siebziger Jahren versuchen die Wissenschaftler, sich diese energiereiche Strahlung zugänglich zu machen. Hierfür installierten sie sehr komplexe Teleskope an Bord von Höhenballonen, ballistischen Raketen und Satelliten. Die Beherrschung der hochenergetischen Photonen ist recht schwierig. Die traditionellen, optischen Techniken können kaum eingesetzt werden, um Teilchen aufzufangen, die 1 000mal energiereicher sind als ein einfaches Lichtteilchen. Trotzdem haben die Weltraumobservatorien – Einstein, Compton und Granat – gewaltige, wissenschaftliche Fortschritte erlaubt, obwohl sie vom Himmel nur ein sehr verschwommenes Bild liefern: Sie offenbarten physikalische Prozesse, wie die Gamma-Burster, die man mit herkömmlichen Mitteln nie vermutet hätte.

Heute stehen alle elektromagnetischen Fenster, in Wellenlängenbereichen vom Nanometer bis zum Dekameter, offen oder zumindest halb offen. Wenn die Astronomen Himmelsphänomenen gegenüberstehen, die besonders schwierig anzugehen sind, öffnen sie all diese Fenster gleichzeitig. Dann kann man einige Stunden lang sehen, wie die optischen und infraroten Teleskope des Mauna Kea auf Hawaii, des VLA in New Mexico, und die Weltraumteleskope Hubble und Compton alle in dieselbe Himmelsrichtung blicken und verschiedenartige Signale empfangen, die von immer heißeren und tieferen Gasschichten ausgesendet werden, die das unberechenbare und geheimnisvolle Herz irgendeines fernen Quasars verbergen.

DAS WELTRAUMTELESKOP DER ZUKUNFT

Seit Ende der neunziger Jahre machen sich amerikanische und europäische Astronomen Gedanken über das Nachfolgemodell von Hubble. Dieses Instrument der Zukunft soll einer der Ecksteine des neuen Forschungsprogramms der NASA werden, das den Ursprüngen gewidmet ist: dem Ursprung der Planeten, der Sterne und der Galaxien. Wie sein berühmter Vorgänger dürfte sich Hubbles Nachfolger bereits ab 2006 dem kosmologischen Abschnitt jenes ehrgeizigen Programms zuwenden. Warum aber erwägt die NASA die Nachfolge von Hubble, obwohl die Forscher von der Qualität der Beobachtungen begeistert sind? Deshalb, weil Hubble lange vor dem für 2005 vorgesehenen Ende seiner Einsatzzeit die spektakulären Ergebnisse erzielt hat, die man von ihm erwartete. Gleichzeitig wurden auch seine Grenzen offenbar. Selbst wenn alle Bereiche der Astrophysik von Hubbles Ergebnissen betroffen sind, so waren die Erwartungen im kosmologischen Bereich am größten. Der Taufname, der für das Weltraumteleskop ausgesucht wurde, zeugt übrigens von den Hoffnungen, die die Forscher in es gesetzt hatten. Es wurde nach Edwin Hubble genannt, dem Mann, der die Galaxien und die Expansion des Universums entdeckte. Das vorrangige Programm des Weltraumteleskops bestand darin, die gleichnamige Konstante zu ermitteln und dadurch das Weltalter zu schätzen. Parallel dazu sollte Hubble die Evolution der im Raum, also in der Zeit, entfernten Galaxien beobachten.

Dieses ehrgeizige kosmologische Programm erzielte unbestreitbare Erfolge, selbst wenn es sich erheblich schwieriger gestaltete als vermutet, je mehr die Forscher von den Feinheiten und Widrigkeiten des Universums erfuhren. Hubble erlaubte die erfolgreiche Grundbeobachtung neuer Himmelsfelder, deren Existenz in so weiten Entfernungen man nicht einmal erahnt hatte. Aber heute ist Hubble nicht in der Lage, noch weitergehende Sondierungsarbeiten durchzuführen. Eine zweite Instandsetzung erfolgte zwar 1997 und erlaubte den Einbau zweier neuer Instrumente: Der STIS-Spektrograph und das neue Instrument NICMOS (Near Infrared Camera and Multi Object Spectrometer), das einen Vorgeschmack auf das NGST (Next Generation Space Telescope) liefert. Mit NICMOS konnte Hubble erstmals Infrarot-Strahlung im Wellenlängenbereich von 0,8 bis 2,5 Mikrometern empfangen. 1999 dürfte die dritte Instandsetzung den Einbau eines neuen Instruments, der Advanced Camera der NASA, ermöglichen. Die Leistungen dieser Kamera lassen sich spektakulär an: Sie ist mit einem noch größeren Weitwinkel ausgestattet als die aktuelle WFPC 2-Kamera und wird Hubble ein doppeltes Auflösungsvermögen und eine größere Lichtempfindlichkeit bescheren. Schließlich entwickeln die Europäer der ESA zur Zeit ein Instrument der neuen Generation für Hubble, dem eine Raumfähre 2002 einen erneuten Besuch abstatten dürfte. Hubble könnte somit mindestens bis zur Inbetriebnahme des NGST, die für 2006 vorgesehen ist, weiter funktionieren.

Trotz dieser Verbesserungen bleiben die Möglichkeiten des Weltraumteleskops beschränkt. Die Astronomen loben seine Qualitäten, machen allerdings kein Hehl aus seinen Fehlern: Sein 2,4-m-Spiegel ist zu klein. Außerdem wurde Hubble von der Raumfähre in nur 600 km Höhe ausgesetzt, so daß die Beobachtungen die Hälfte der Zeit vom Erd- oder Mondschein und von der Sonne beeinträchtigt sind.

Nicht zuletzt ist Hubble für die präzise Beobachtung der weit entfernten Regionen, deren Entdeckung es ermöglichte, nicht geeignet. Das Licht der Galaxien, die sich in mehr als 10 Milliarden Lichtjahren Entfernung befinden, ist durch die Expansion des Universums in den infraroten Bereich verschoben. Dies ist ein Spektralbereich, dem Hubble nahezu unempfindlich gegenübersteht, da sein bevorzugtes Untersuchungsfeld sich vom ultravioletten bis zum sichtbaren Licht erstreckt.

Anfang 1996 empfahl das Komitee „Hubble und die Zeit danach", dem der Astronom Alan Dressler vorsteht, die Konstruktion des NGST, eines neuen Weltraumteleskops, das erheblich leistungsfähiger als Hubble und infrarot-empfindlich sein wird. Die Hauptaufgabe des Instruments wird in der Erforschung der Entstehung der ersten Sterne und Galaxien liegen. Die Bestimmung der kosmologischen Konstanten – Hubble-Konstante, Abbrems- und Dichteparameter, sowie kosmologische Konstante – soll ermöglicht werden. Dadurch sollen die bedeutenden Fragen der heutigen Kosmologie ihre Antwort finden: Wie alt ist das Universum? Wie sieht seine Geometrie aus? Welche Zukunft steht ihm bevor? Die Kosmologie ist aber nur ein Teilbereich der Astronomie, und das NGST wird auch in der Lage sein, allerlei Himmelskörper zu beobachten, von den nahen Sternen bis zu den Quasaren, über Sternenembryonen in galaktischen Nebeln oder nahen extrasolaren Planeten.

Sofort nach Bekanntgabe der Empfehlungen des Dressler-Komitees 1997 veröffentlichte das Space Telescope Science Institute (STSI) einen detaillierten Rohentwurf des NGST-Projekts. Aufgrund von Kürzungen staatlicher Subventionen wird dafür, nach Einschätzung der NASA, ein Gesamtbudget von nur 1 Milliarde Dollar zur Verfügung stehen, das sowohl für den Start ins All, als auch für die Betriebskosten seiner fünf- bis zehnjährigen Lauf-

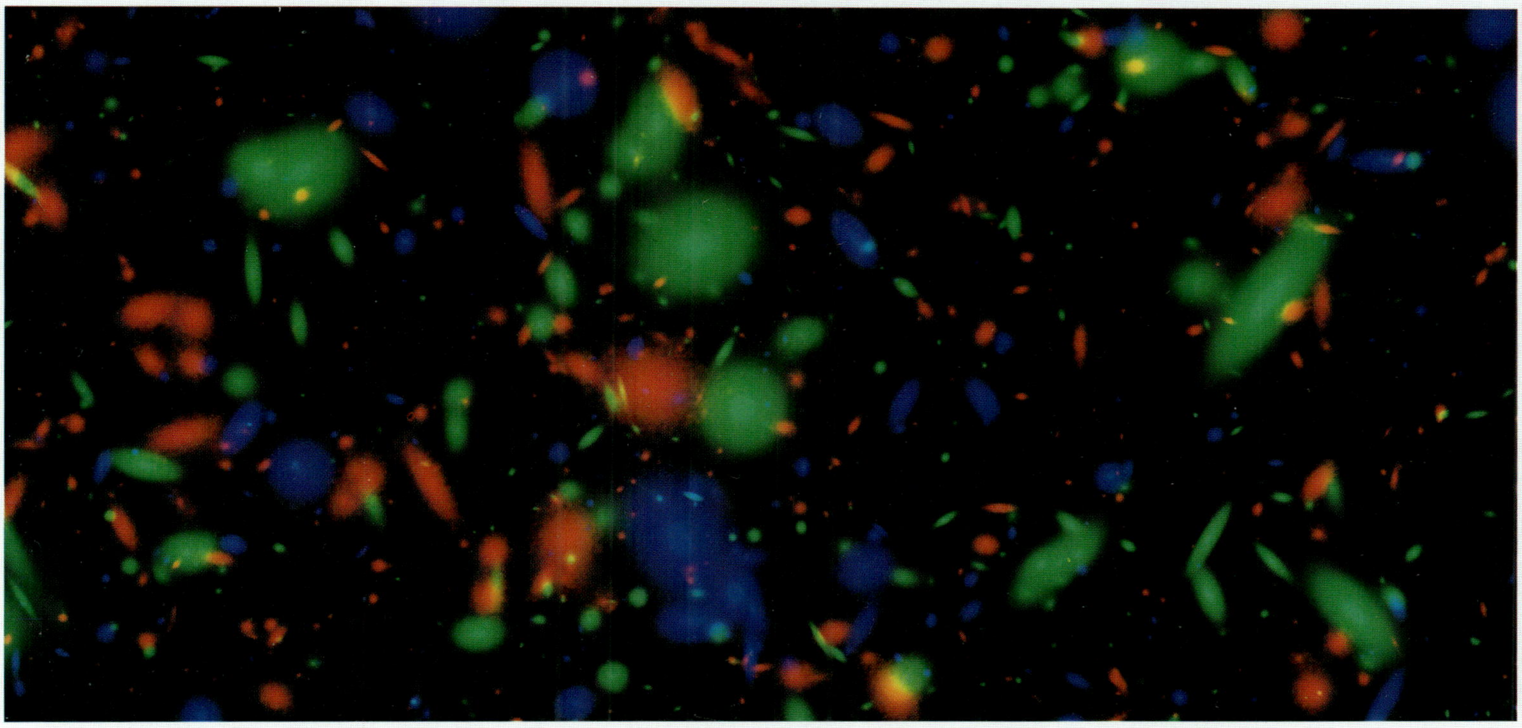

■ Eine numerische Simulation des Himmels, wie das NGST ihn sehen würde. Das zukünftige Weltraumteleskop dürfte Galaxien mit einer Helligkeit von 32^m bis in Rotverschiebungen von $z = 10$ bis 15 wahrnehmen.

bahn wird ausreichen müssen. Zum Vergleich: Hubble wird zum Zeitpunkt seiner Ausmusterung insgesamt mehr als 6 Milliarden Dollar gekostet haben. Das Instrument wird von einer klassischen Trägerrakete, wie Titan, Atlas oder Ariane 5, in eine Flugbahn zum Lagrange-Punkt L2 gebracht, von der aus es den Himmel rund um die Uhr wird beobachten können. Wie unser Planet wird es ein Jahr brauchen, um auf seiner Umlaufbahn in fast 2 Millionen Kilometern Entfernung von der Erde die Sonne zu umkreisen. Das NGST wird stets von der Sonne, der Erde und dem Mond abgewandt sein. Der Lagrange-Punkt L2 bringt zwei Vorteile: Zum einen ist in dieser Höhe der Himmel viel schwärzer als auf der niedrigeren Umlaufbahn, in der sich Hubble befindet; zum anderen wird das Teleskop, das vor der Sonne geschützt sein wird, auf natürliche Weise auf eine sehr niedrige Temperatur abgekühlt sein, was für die Beobachtung der Infrarotstrahlung geradezu ideal ist. Das NGST soll im Bereich zwischen 0,5 und 30 Mikrometern empfindlich sein (sprich vom sichtbaren Licht bis zum Infrarotbereich) und genauso scharfe Bilder in einem vergleichbaren Sichtfeld liefern wie Hubble im sichtbaren Licht. Abgesehen von seinem Spiegel, der wie beim Keck-Teleskop segmentiert ist, damit er zusammengefaltet in die Spitze der Rakete paßt, ist beim NGST alles vereinfacht worden. Die Schutzhülle des Instruments wurde aufs Einfachste reduziert und besteht nur noch aus zwei gespannten Stoffbahnen, die den der Leere des Alls direkt ausgelieferten Spiegel verdecken. Das Gewicht des NGST wird weniger als 2,8 t betragen. Hubble wiegt hingegen 11,6 t. Sechsmal billiger, viermal leichter – und doch wird das Nachfolgemodell von Hubble erheblich leistungsfähiger. Es wird in der Lage sein, Sterne und Galaxien mit einer Helligkeit von 32^m wahrzunehmen, und die Entwicklung milchstraßenähnlicher Galaxien bis in Rotverschiebungen von $z = 10$ oder 15 zurückzuverfolgen, sofern sie da schon existierten. Eine weitere, vorrangige Aufgabe des Instruments wird die Beobachtung von Supernovae in demselben Bereich sein. Anhand ihrer Lichtkrümmung soll dann die Krümmung des Universums ermittelt werden. Die ersten Supernovae könnten einige hundert Millionen Jahre nach dem Urknall bei $z = 10$, 20 oder 30 explodiert sein und dürften, nach manchen kosmologischen Modellen, im Wellenlängenbereich von 4 bis 10 Mikrometern beobachtbar sein … Das NGST könnte versuchen, bei einer Belichtungszeit von etwa 50 Stunden jene allerersten Lichtschimmer aus der Tiefe der Zeit aufzufangen … Statistisch gesehen erwarten die Astronomen, jenseits von $z = 5$ eine Supernova pro Jahr in einem Feld von 1′ beobachten zu können. Dies bedeutet mehr als 100 Millionen Supernovae pro Jahr auf dem ganzen Himmelsgewölbe. Schließlich soll das NGST mit Langzeitbelichtungen, ähnlich wie Hubble im sichtbaren Licht bis zu einer Helligkeit von 30^m, das entfernte Universum durch verschiedene Filter photographieren, um „raumzeitliche" Querschnitte nach den Rotverschiebungen zu realisieren. Damit soll ein besseres Verständnis der Architektur des Universums erreicht werden. Die Wissenschaftler und Ingenieure werden sich sehr schnell der endgültigen Beschreibung des Projekts widmen, da ihnen die Zeit wegläuft. Das NGST soll nämlich im Idealfall dann in Betrieb gesetzt werden, wenn Hubble, frühestens 2005, außer Betrieb gesetzt wird. Die letzte, schwierige Aufgabe wird darin bestehen, für das neue Weltraumteleskop einen Namen zu finden: Trotz der spektakulären Fortschritte der Beobachtungskosmologie scheint unser Zeitalter noch keinen Edwin Hubble hervorgebracht zu haben.

DAS HERTZSPRUNG

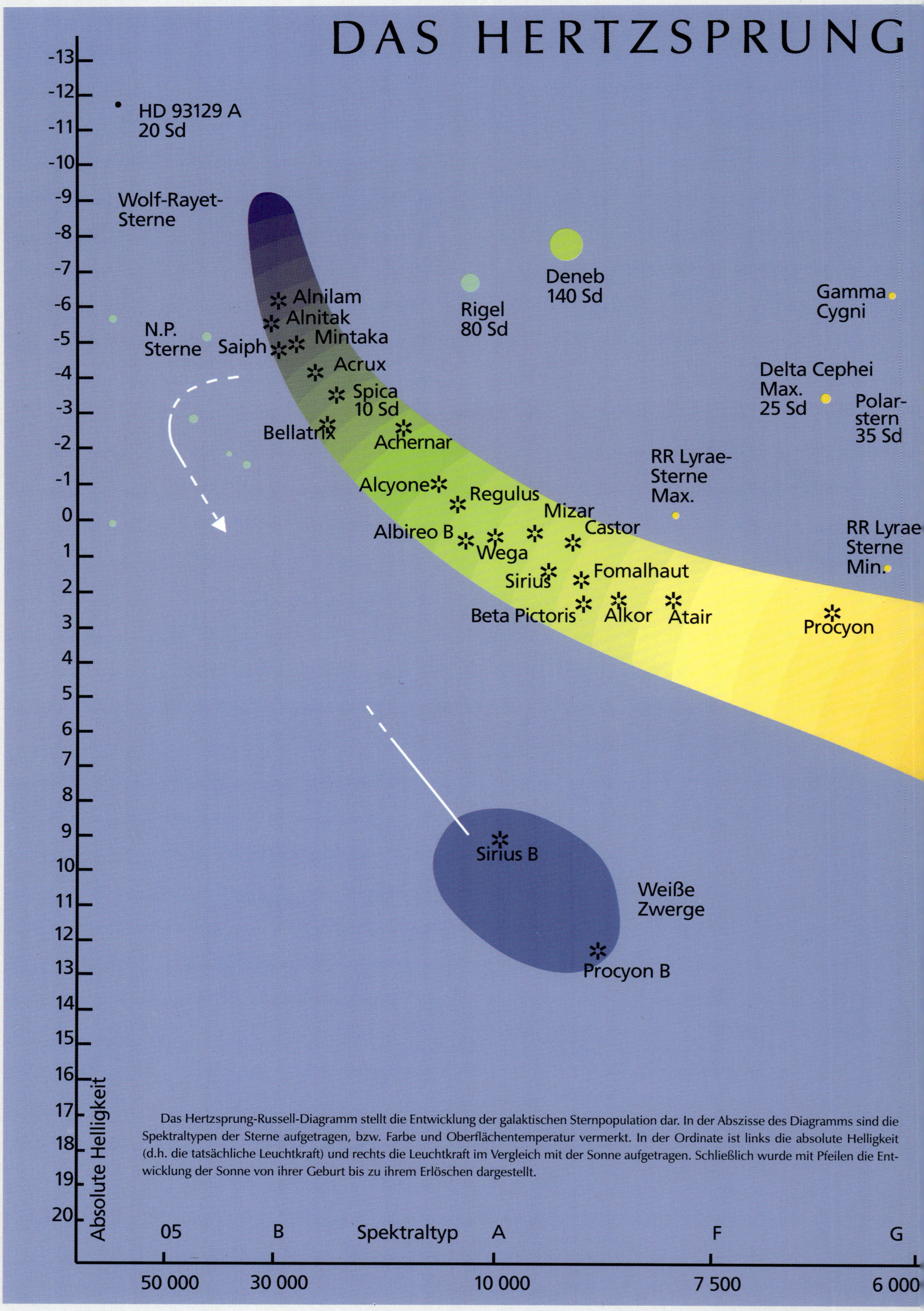

Das Hertzsprung-Russell-Diagramm stellt die Entwicklung der galaktischen Sternpopulation dar. In der Abszisse des Diagramms sind die Spektraltypen der Sterne aufgetragen, bzw. Farbe und Oberflächentemperatur vermerkt. In der Ordinate ist links die absolute Helligkeit (d.h. die tatsächliche Leuchtkraft) und rechts die Leuchtkraft im Vergleich mit der Sonne aufgetragen. Schließlich wurde mit Pfeilen die Entwicklung der Sonne von ihrer Geburt bis zu ihrem Erlöschen dargestellt.

-RUSSELL-DIAGRAMM

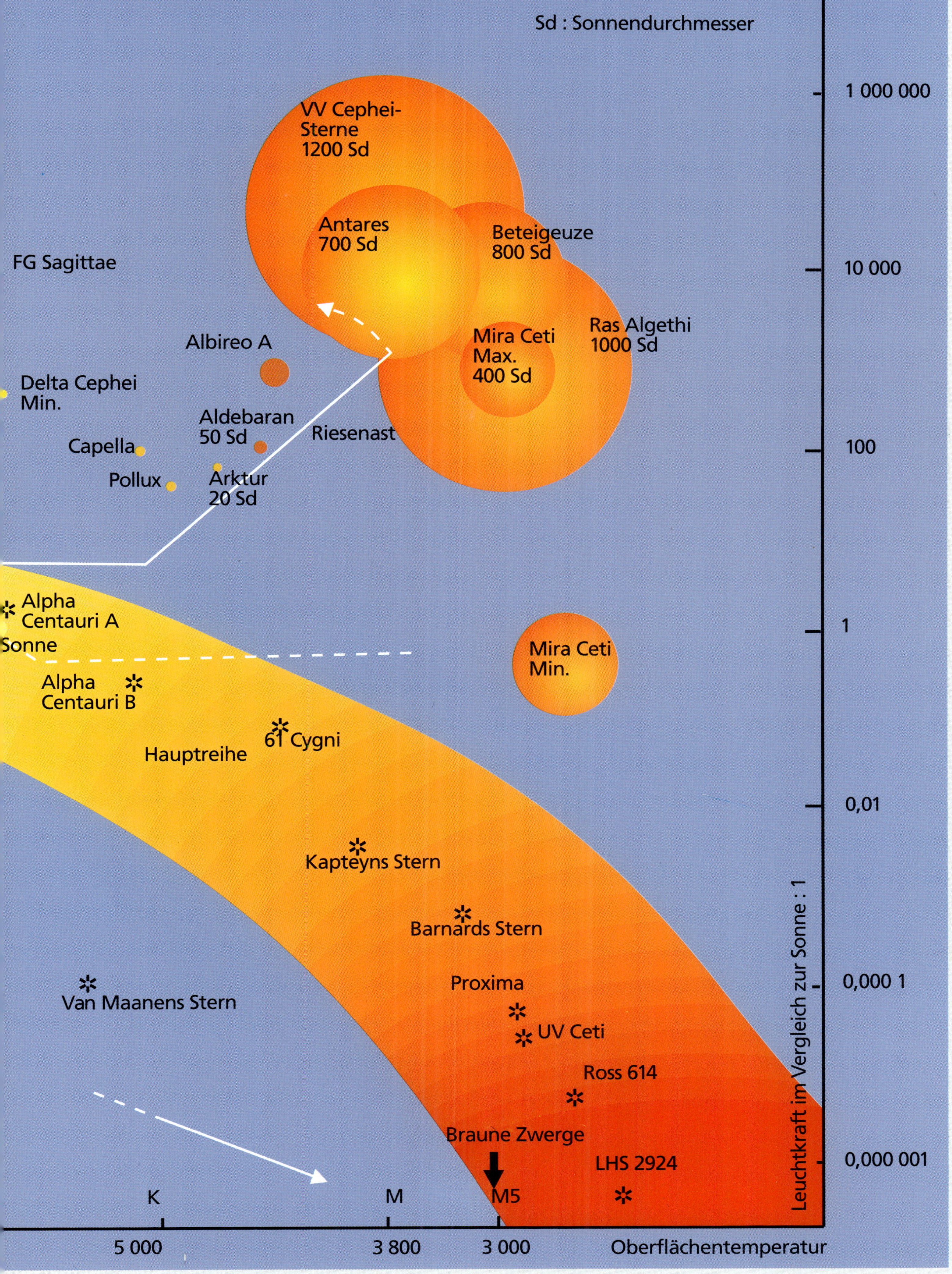

DIE HIMM

DER SÜDLICHE STERNENHIMMEL

LSKARTE

DER NÖRDLICHE STERNENHIMMEL

DIE SPEKTRALE ROTVERSCHIEBUNG Z

Ein Teleskop ist eine wunderbare Zeitmaschine, mit der man immer tiefer in die Vergangenheit des Universums schauen kann. Da die Lichtgeschwindigkeit eine bekannte Größe (30 0000 km/s) ist, wissen die Astronomen, daß die Aufnahme einer Galaxie, die sich in 1 Milliarde Lichtjahren (sprich etwa 10 000 Milliarden Milliarden Kilometern) Entfernung befindet, uns die Galaxie zeigt, wie sie vor 1 Milliarde Jahren ausgesehen hat. Bei noch größeren Entfernungen ist es unmöglich, die Entfernung eines Himmelskörpers in Lichtjahren zu messen. Einerseits müßte diese Distanz anhand von theoretischen Modellen berechnet werden, die u.a. die Expansionsgeschwindigkeit des Universums und seine mittlere Dichte berücksichtigen; andererseits vergrößert sich – wegen dieser Expansion – die Distanz einer ent-

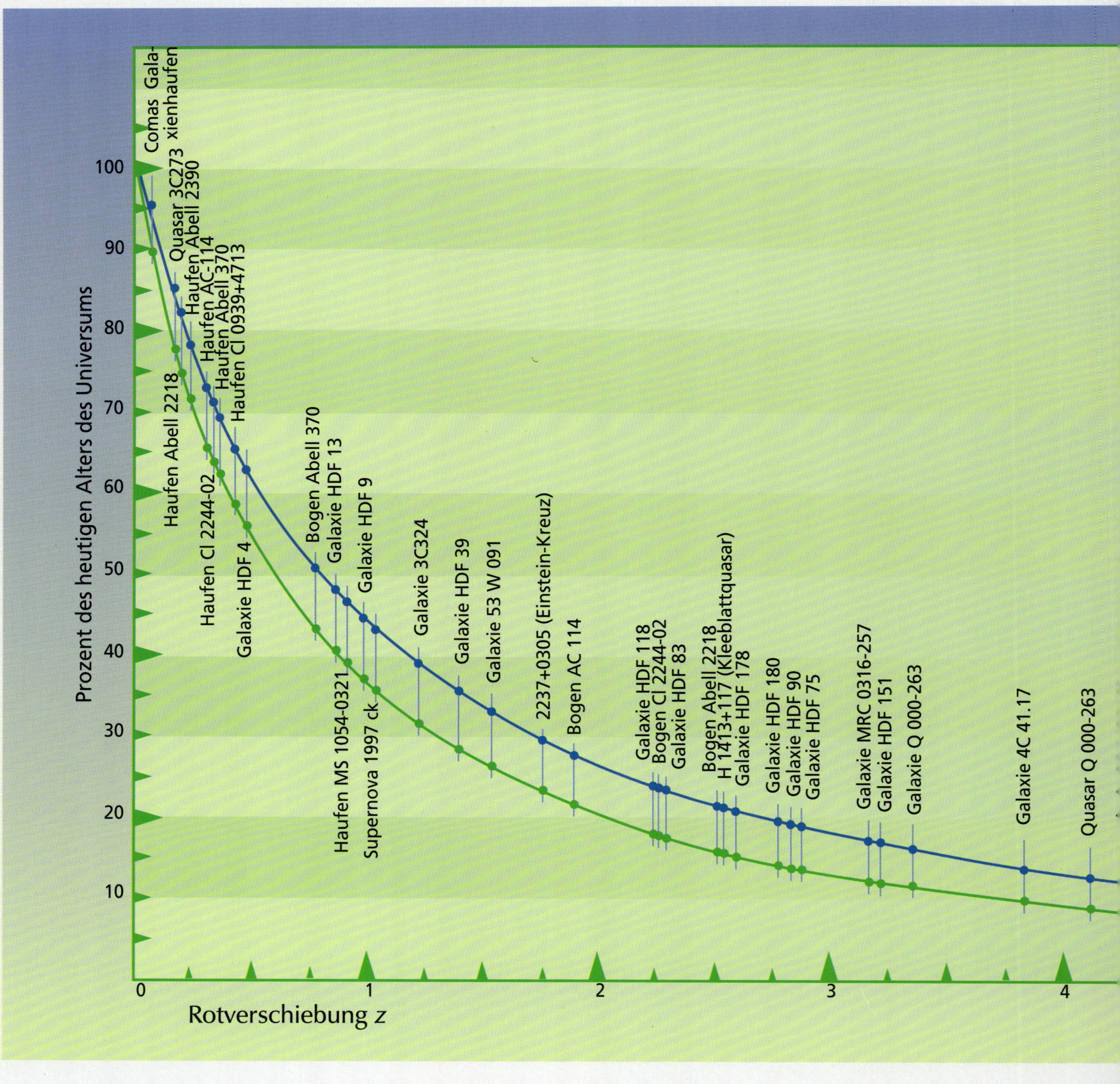

fernten Galaxie, bis uns ein von ihr ausgesendeter Lichtstrahl erreicht. Der Begriff der räumlichen Distanz ist in der Kosmologie de facto überholt. Die Astronomen haben ihn durch den Begriff der zeitlichen Verschiebung, oder des „Prozentsatzes des Blickes in die Vergangenheit" in Richtung Urknall im Verhältnis zu heute ersetzt. Diese Größe wird mittels der spektralen Rotverschiebung z berechnet. Sie drückt die scheinbare Bewegung der Galaxien im expandierenden Universum aus und vermeidet es, dem Weltalter einen Zahlenwert zuzuordnen. Die beiden unten stehenden Kurven zeigen (in der Ordinate) das aktuelle Alter des Universums in Prozent im Verhältnis zur Rotverschiebung z (in der Abszisse). Die untere Kurve entspricht dem sogenannten inflationären Modell, mit dem Krümmungsparameter $\Omega = 1$. Die obere Kurve entspricht einem Krümmungsparameter $\Omega = 0{,}2$. Zur Veranschaulichung: Eine Galaxie, die sich in $z = 1{,}0$ befindet, wird so wahrgenommen, wie sie existierte, als das Universum 40% seines heutigen Alters erreicht hatte. Wenn das Universum 15 Milliarden Jahre alt ist, sehen wir sie heute, als sie 6 Milliarden Jahre alt war. Bei $z = 2{,}0$ gehen wir 75 % in die Geschichte des Universums zurück, bei $z = 3{,}0$ sind es 80 %, bei $z = 5{,}0$ sogar 90 %, usw.

Die spektrale Rotverschiebung z ermöglicht es, das Alter einer Galaxie zu schätzen. Die beiden Kurven wurden für zwei kosmologische Modelle errechnet. Bei der oberen beträgt der Krümmungsparameter 0,2. Bei der unteren ist er, gemäß der inflationären Theorie, gleich 1. In der Ordinate wird das Alter des Universums in Prozenten seines heutigen Alters angegeben, da wir immer noch nicht wissen, wann der Urknall stattgefunden hat. Nach den Interpretationen der verschiedenen kosmologischen Parameter liegt das Alter des Universums zwischen 10 und 15 Milliarden Jahren.

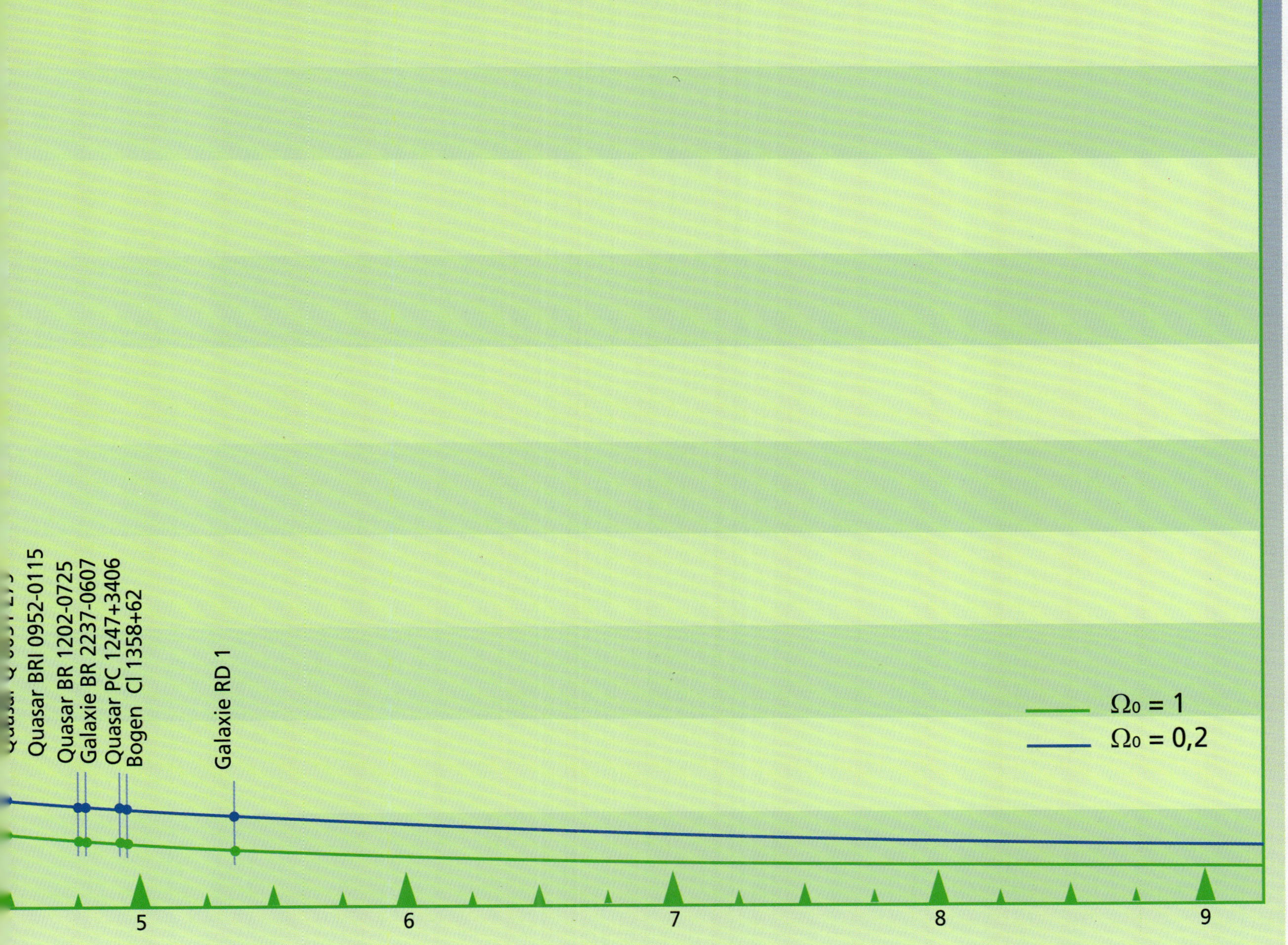

SCHEINBARES GESICHTSFELD UND AUFLÖSUNGSVERMÖGEN

Von der Erde aus gesehen erscheinen alle Himmelskörper in gleicher Entfernung auf das Himmelsgewölbe projiziert. Ihre scheinbaren Größen werden in Grad (°), Bogenminuten (′) und Bogensekunden (″) ausgedrückt. 1° ist gleich 60′, 1′ ist gleich 60″. Sonne, Mond und die Dreiecksgalaxie M 33 beispielsweise präsentieren sich unter dem gleichen Winkel von 0,5°, d.h. 30′ oder 1800″. Diese drei Himmelskörper haben selbstverständlich sehr unterschiedliche, tatsächliche Durchmesser. Die jeweilige Entfernung läßt sie uns unter dem gleichen Winkel erscheinen. Ein Beobachter kann mit bloßem Auge einen Winkel von etwa 1′ wahrnehmen. Die Mondmeere sind sichtbar, nicht jedoch die Krater, die zu klein sind.

Teleskope sind sozusagen Riesenaugen: Je größer der Durchmesser ihres Spiegels ist, desto kleiner sind die Details, die sie zu sehen erlauben (man spricht hier vom Auflösungsvermögen oder von der Winkelauflösung). Auf der Erde, wo die atmosphärische Turbulenz die Astronomen stört, sind die größten Teleskope in der Lage, im Durchschnitt Details von 1″ aufzulösen. Auf dem Mond wäre dies ein Krater von 1800 m Durchmesser.

Das Hubble-Weltraumteleskop, das sich in einer Erdumlaufbahn befindet, liefert dagegen Photographien mit einer Auflösung von 0,1″: 180 m auf dem Mond. Dies bedeutet auch 180 Millionen Kilometer in 30 Lichtjahren Entfernung. Die scheinbare Scheibe der Sterne hingegen ist immer kleiner als 0,1″. Abgesehen von Beteigeuze, dem Roten Überriesen, dessen Scheibe direkt vom Hubble-Weltraumteleskop photographiert wurde, zeigen sich die Sterne nur als leuchtende Punkte durch die Teleskope. Unter bestimmten Voraussetzungen jedoch können Spezialteleskope, die Interferometer, außergewöhnliche Auflösungen einer Größenordnung von 0,01″ bis 0,0005″ je nach beobachteter Wellenlänge erreichen. 0,0005″ stellt ein Detail von weniger als 1 m auf dem Mond dar. Diese interferometrischen Methoden erlaubten es den Astronomen, den reellen Durchmesser einiger Dutzend erdnaher Sterne zu messen.

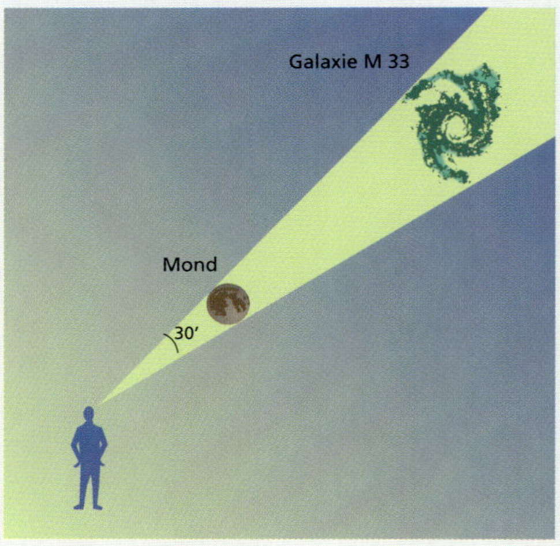

SCHEINBARE HELLIGKEIT UND ABSOLUTE HELLIGKEIT

Um die Helligkeit der Himmelskörper am Firmament zu messen und zu vergleichen, benutzen die Astronomen die logarithmische Skala der scheinbaren Helligkeit (m): Jeder Größenklasse entspricht eine Helligkeitsänderung um das 2,5fache. Alle fünf Größenklassen ändert sich die Leuchtkraft um das 100fache. Die hellsten Himmelskörper besitzen eine negative scheinbare Helligkeit: –26,7 für die Sonne, –12,8 für den Vollmond, –1,4 für Sirius. Wega hat eine scheinbare Helligkeit von 0,0, Deneb von 1,25, Beta Pictoris von 3,8 usw. Mit bloßem Auge kann ein Beobachter bei klarer Nacht Sterne mit einer scheinbaren Helligkeit von 5 bis 6 noch wahrnehmen. Zu Beginn des Jahrhunderts konnte man durch die größten Teleskope Sterne und Galaxien mit einer scheinbaren Helligkeit von 20 photographieren. In den fünfziger Jahren wurde die Grenze bis zu einer Helligkeit von 23 verbessert. Mit ihren elektronischen Kameras sind die heutigen Teleskope in der Lage, Himmelskörper mit einer scheinbaren Helligkeit von 28 wahrzunehmen. Schließlich überwand das Hubble-Weltraumteleskop 1995 die Schranke der 30. Größenklasse.

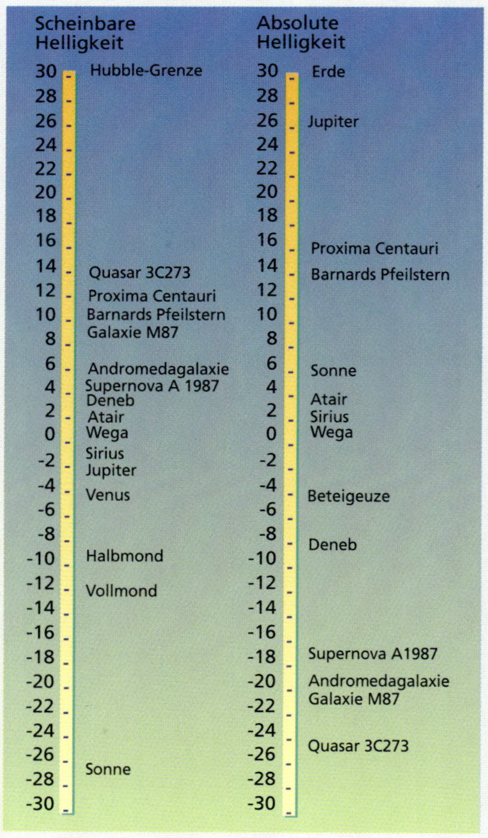

Um die tatsächliche Leuchtkraft der Himmelskörper vergleichen zu können, verwenden die Astronomen die Skala der absoluten Helligkeiten (M). Die absolute Helligkeit entspricht der Helligkeit, die ein Himmelskörper hätte, wenn er sich in einer Standard-Entfernung von 10 parsec, sprich 33 Lichtjahren, befinden würde. Die Sonne hat eine absolute Helligkeit von 4,7, Deneb eine von –8,7. Dies bedeutet, daß der Überriese im Schwan in Wirklichkeit gut 200 000mal heller leuchtet als unsere Sonne. Die Roten Zwerge weisen absolute Helligkeiten von 15 bis 20 auf. Die Andromedagalaxie von etwa –21, die Galaxie M 87 von –22. Die elliptischen Superriesengalaxien aus dem Coma-Galaxienhaufen haben eine absolute Helligkeit von –23, die hellsten Quasaren von –30.

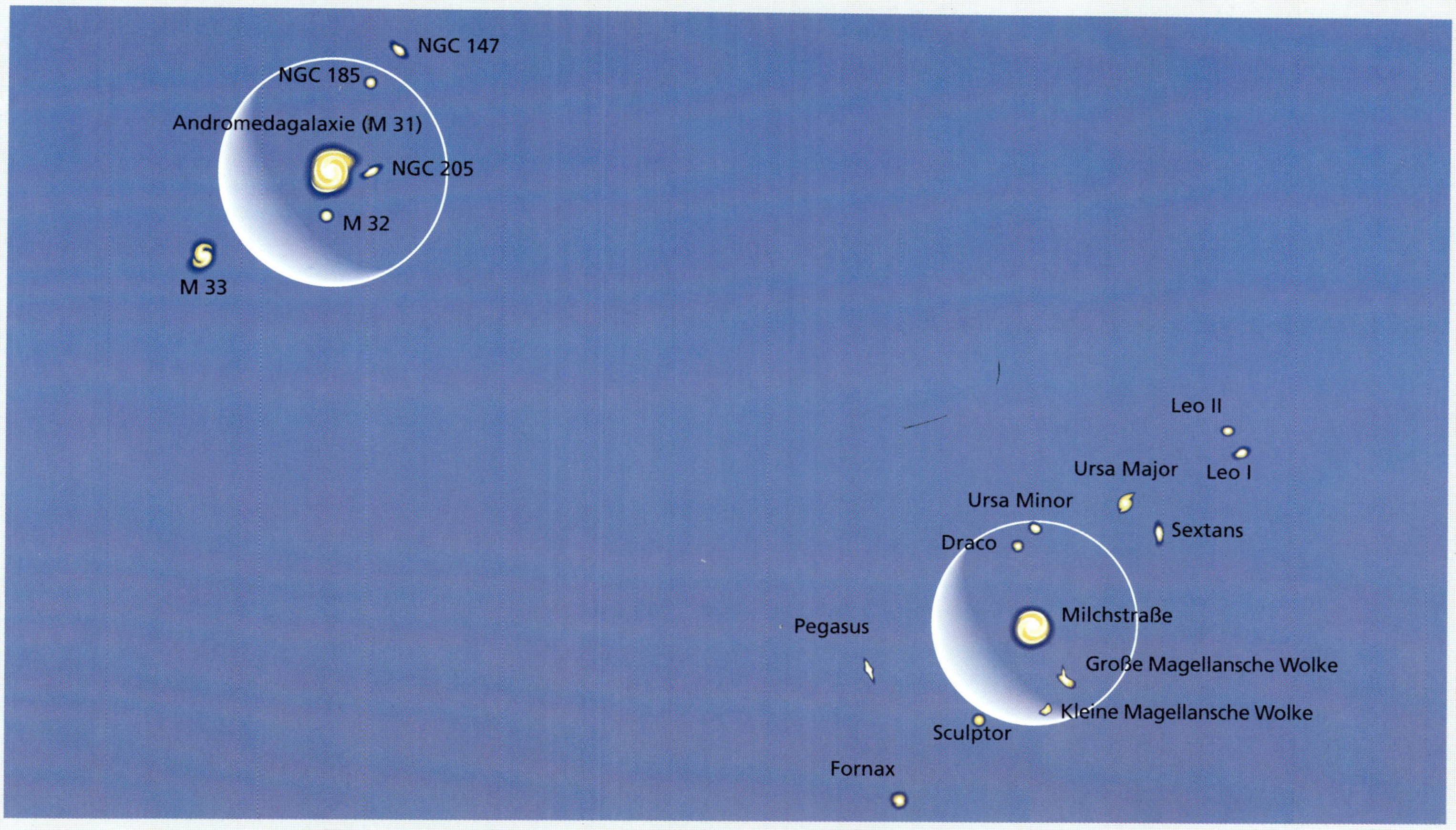

■ Die Lokale Gruppe wird von zwei Riesenspiralen beherrscht, der Andromedagalaxie M 31 und der Milchstraße. Beide Galaxien sind von einem massereichen Halo aus dunkler, unsichtbarer Materie umgeben. Auf dieser Abbildung wurden Durchmesser und jeweilige Entfernungen zwischen den Galaxien maßstäblich dargestellt.

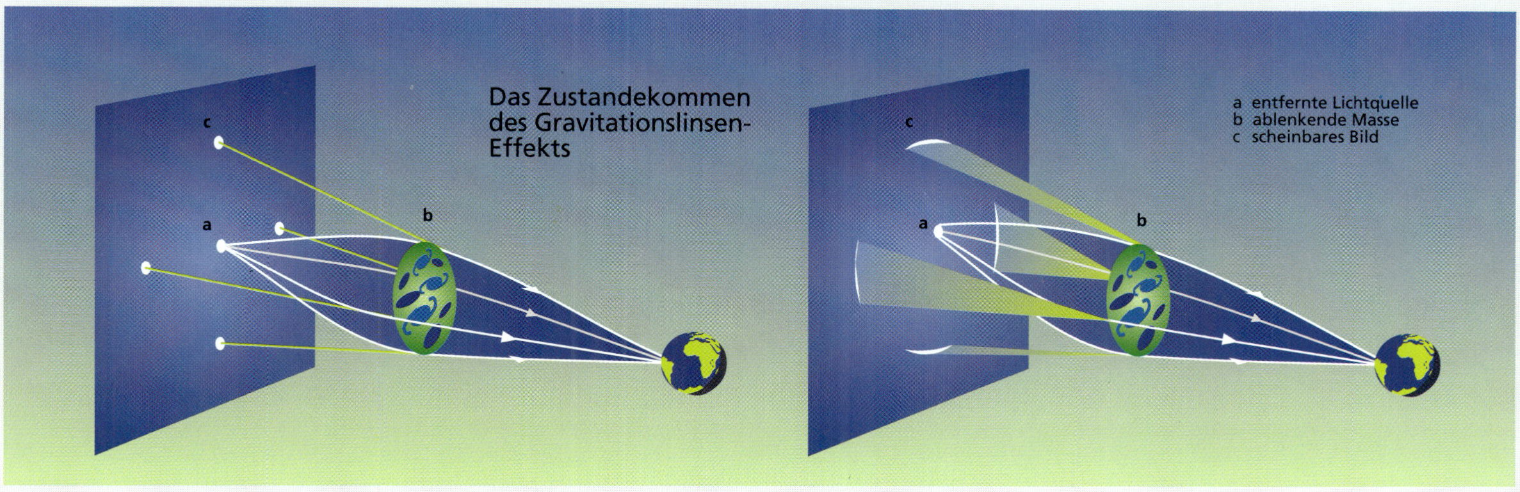

■ Das Zustandekommen des Gravitationslinsen-Effekts. Die Masse eines Galaxienhaufens krümmt den Raum um sich herum und deformiert die Bilder dahinterliegender Galaxien, indem er sie vergrößert. Je nach Anordnung von Galaxie-Galaxienhaufen-Erde ergeben sich Kreuze, Kreise oder Bögen.

■ Die Inflationstheorie. Innerhalb eines winzigen Sekundenbruchteils, unmittelbar nach dem Urknall, vervielfachte sich die Größe des Universums um Dutzende von Größenordnungen. Deshalb ist heute die Krümmung des Universums nicht spürbar: Der Krümmungsparameter, oder Dichteparameter, ist gleich 1.

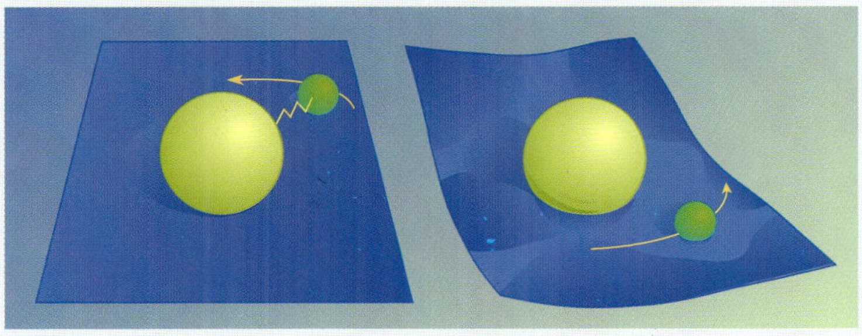

■ Zwei Darstellungen der Gravitation. Im Newtonschen Modell (links) handelt es sich um eine Kraft; im Einsteinschen Modell (rechts) ist es ein Effekt der Raumkrümmung.

DIE HELLSTEN STERNE AM HIMMEL – NACH

m : scheinbare Helligkeit. M : absolute Helligkeit. L : Leuchtstärke im Vergleich zur Sonne. p : Parallaxe in Millibogensekunden. D : Distanz in Lichtjahren.

Stern	Bez. Bayer	Sternbild	m	M	L (Sonne)	p (")	D (Lj.)
Adler							
Atair	α	Aql	0,76	2,20	11,2	194	16,8
Reda	γ	Aql	2,72	–3,03	1 000	7	500
	ζ	Aql	2,99	0,96	35	39	84
	θ	Aql	3,24	–1,48	300	11	300
Deneb Okab	δ	Aql	3,36	2,43	9	65	50
	λ	Aql	3,43	0,51	50	26	130
Altar							
	β	Ara	2,84	–3,49	2 000	5	700
	α	Ara	2,84	–1,51	300	13	250
	ζ	Ara	3,12	–3,11	1 000	6	500
	γ	Ara	3,31	–4,40	5 000	3	1 000
Andromeda							
Sirrah	α	And	2,07	–0,30	110	34	96
Mirach	β	And	2,07	–1,86	500	16	200
Alamak	γ[1]	And	2,10	–3,08	1 000	9	400
	δ	And	3,27	0,81	40	32	100
Drache							
Etamin	γ	Dra	2,24	–1,04	220	22	150
	η	Dra	2,73	0,58	50	37	88
Alwaid	β	Dra	2,79	–2,43	800	9	400
Nodus II	δ	Dra	3,07	0,63	50	33	99
Nodus I	ζ	Dra	3,17	–1,92	500	10	300
Edasich	ι	Dra	3,29	0,81	40	32	100
Dreieck							
	β	Tri	3	0,09	80	26	130
Metallah	α	Tri	3,42	1,95	14	51	64
Eridanus							
Achernar	α	Eri	0,45	–2,77	1 100	23	140
Cursa	β	Eri	2,78	0,60	49	37	88
Acamar	θ[1]	Eri	2,88	–0,59	150	20	160
Zaurak	γ	Eri	2,97	–1,19	300	15	220
Rana	δ	Eri	3,52	3,74	2,7	111	29,4
Fliege							
	α	Mus	2,69	–2,17	600	11	300
Cebalrai	β	Mus	3,04	–1,86	500	10	300
Fuhrmann							
Capella	α	Aur	0,08	–0,48	130	77	42
Menkalinan	β	Aur	1,9	–0,10	90	40	82
	θ	Aur	2,65	–0,98	210	19	170
Hassaleh	ι	Aur	2,69	–3,29	2 000	6	500
Al Anz	ε	Aur	3,03	–5,95	20 000	2	2 000
Hoedus	η	Aur	3,18	–0,96	210	15	220
Grosser Bär							
Alioth	ε	UMa	1,76	–0,21	100	40	82
Dubhe	α	UMa	1,81	–1,08	230	26	130
Benetnash	η	UMa	1,85	–0,60	150	32	100
Mizar	ζ	UMa	2,23	0,33	60	42	78
Merak	β	UMa	2,34	0,41	60	41	80
Phekda	γ	UMa	2,41	0,36	60	39	84
	y	UMa	3	–0,27	110	22	150
Tania Australis	μ	UMa	3,06	–1,35	300	13	250
Talitha	ι	UMa	3,12	2,29	10	68	48
	θ	UMa	3,17	2,52	8,3	74	44
Megrez	δ	UMa	3,32	1,33	25	40	82
Museida	ο	UMa	3,35	–0,40	120	18	180
Tania Borealis	λ	UMa	3,45	0,38	60	24	140
Alula Boreale	ν	UMa	3,49	–2,07	600	8	400
Grosser Hund							
Sirius	α	CMa	–1,44	1,45	22	379	8,61
Adara	ε	CMa	1,5	–4,10	4 000	8	400
Wezen	δ	CMa	1,83	–6,87	50 000	2	2 000
Mirzam	β	CMa	1,98	–3,95	3 000	7	500
Aludra	η	CMa	2,45	–7,51	100 000	1	3 000
Furud	ζ	CMa	3,02	–2,05	600	10	300
	o^2	CMa	3,02	–6,46	3 0000	1	3 000
	σ	CMa	3,49	–4,37	5 000	3	1 000
	κ	CMa	3,5	–3,42	2 000	4	800
Hase							
Arneb	α	Lep	2,58	–5,40	10 000	3	1 000
Nihal	β	Lep	2,81	–0,63	150	20	160
	ε	Lep	3,19	–1,02	200	14	230
	μ	Lep	3,29	–0,47	130	18	180
Herkules							
Rutilicus	β	Her	2,78	–0,50	130	22	150
Ras Algethi	α[1]	Her	2,78	–2,57	900	9	400
	ζ	Her	2,81	2,64	7,4	93	35
Sarin	δ	Her	3,12	1,21	28	42	78
	π	Her	3,16	–2,10	600	9	400
Hinterdeck							
Naos	ζ	Pup	2,21	–5,95	20 000	2	2 000
	π	Pup	2,71	–4,92	10 000	3	1 000
	ρ	Pup	2,83	1,41	23	52	63
	τ	Pup	2,94	–0,80	180	18	180
	ν	Pup	3,17	–2,39	800	8	400
	σ	Pup	3,25	–0,51	140	18	180
Azmidiske	ξ	Pup	3,34	–4,74	10 000	2	2 000
Indianer							
	α	Ind	3,11	0,65	50	32	100
Jagdhunde							
Cor Caroli	$α^2$	CVn	2,89	0,25	70	30	110
Jungfrau							
Spica	α	Vir	0,98	–3,55	2 000	12	270
Porrima	γ	Vir	2,74	2,38	9,5	85	38
Vindemiatrix	ε	Vir	2,85	0,37	60	32	100
Heze	ζ	Vir	3,38	1,62	19	45	72
Minelauva	δ	Vir	3,39	–0,57	140	16	200
Kassiopeia							
Cih	γ	Cas	2,15	–4,22	4 000	5	700
Schedir	α	Cas	2,24	–1,99	500	14	230
Caph	β	Cas	2,28	1,17	29	60	54
Ksora	δ	Cas	2,66	0,24	70	33	99
Segin	ε	Cas	3,35	–2,31	700	7	500
Achird	η	Cas	3,46	4,59	1,24	168	19,4
Kepheus							
Alderamin	α	Cep	2,45	1,58	20	67	49
Alrai	γ	Cep	3,21	2,51	8,4	72	45
Alphirk	β	Cep	3,23	–3,08	1 000	5	700
	ζ	Cep	3,39	–3,35	2 000	4	800
	η	Cep	3,41	2,63	7,5	70	47
	ι	Cep	3,5	0,76	40	28	120
Kleine Wasserschlange							
	β	Hyi	2,82	3,45	3,5	134	24,3
	α	Hyi	2,86	1,16	29	46	71
	γ	Hyi	3,26	–0,83	180	15	220
Kleiner Bär							
Polarstern	α	UMi	1,97	–3,64	2 000	8	400
Kochab	β	UMi	2,07	–0,87	190	26	130
Pherkad	γ	UMi	3	–2,84	1 000	7	500
Kleiner Hund							
Procyon	α	CMi	0,4	2,68	7,2	286	11,4
Gomeisa	β	CMi	2,89	–0,70	160	19	170
Kranich							
Alnair	α	Gru	1,73	–0,73	170	32	100
	β	Gru	2,07	–1,52	300	19	170
	γ	Gru	3	–0,97	210	16	200
	ε	Gru	3,49	0,49	50	25	130
Krebs							
Altarf	β	Cnc	3,53	–1,22	300	11	300
Kreuz des Südens							
Acrux	α[1]	Cru	0,77	–4,19	4 000	10	300
Mimosa	β	Cru	1,25	–3,92	3 000	9	400
Gacrux	γ	Cru	1,59	–0,56	140	37	88
	δ	Cru	2,79	–2,45	800	9	400
Leier							
Wega	α	Lyr	0,03	0,58	50	129	25,3
Sulaphat	γ	Lyr	3,25	–3,20	2 000	5	700
Sheliak	β	Lyr	3,52	–3,64	2 000	4	800
Löwe							
Regulus	α	Leo	1,36	–0,52	140	42	78
Algieba	γ[1]	Leo	2,01	–0,92	200	26	130
Denebola	β	Leo	2,14	1,92	14	90	36
Zosma	δ	Leo	2,56	1,32	25	57	57
Ras Elased Australis	ε	Leo	2,97	–1,46	300	13	250
Coxa	θ	Leo	3,33	–0,35	120	18	180
Adhafera	ζ	Leo	3,43	–1,08	200	13	250
	η	Leo	3,48	–5,60	10 000	2	2 000
Subra	ο	Leo	3,52	0,43	60	24	140
Luchs							
	α	Lyn	3,14	–1,02	220	15	220
Maler							
	α	Pic	3,24	0,83	39	33	99
Beta Pictoris	β	Pic	3,85	2,42	7	51	63
Netz							
	α	Ret	3,33	–0,17	100	20	160
Nördliche Krone							
Gemma	α	CrB	2,22	0,42	58	44	74
Orion							
Rigel	β	Ori	0,18	–6,69	40 000	4	800
Beteigeuze	α	Ori	0,45	–5,14	10 000	8	400
Bellatrix	γ	Ori	1,64	–2,72	1 000	13	250
Alnilam	ε	Ori	1,69	–6,38	30 000	2	2 000
Alnitak	ζ	Ori	1,74	–5,26	10 000	4	800
Saiph	κ	Ori	2,07	–4,65	6 000	5	700
Mintaka	δ	Ori	2,25	–4,99	10 000	4	800
Hatysa	ι	Ori	2,75	–5,30	10 000	2	2 000
Tabit	$π^3$	Ori	3,19	3,67	2,9	125	26,1
	η	Ori	3,35	–3,86	3 000	4	800
Heka	λ	Ori	3,39	–4,16	4 000	3	1 000
Pegasus							
Enif	ε	Peg	2,38	–4,19	4 000	5	700
Scheat	β	Peg	2,44	–1,49	300	16	200
Markab	α	Peg	2,49	–0,67	160	23	140
Algenib	γ	Peg	2,83	–2,22	700	10	300
Matar	η	Peg	2,93	–1,16	200	15	220
Homam	ζ	Peg	3,41	–0,62	150	16	200
Sadalbari	μ	Peg	3,51	0,74	40	28	120
Biham	θ	Peg	3,52	1,16	29	34	96

MESSUNGEN DES SATELLITEN HIPPARCOS

PERSEUS							
Mirfak	α	Per	1,79	–4,50	5 000	6	500
Algol	β	Per	2,09	–0,18	100	35	93
Menkhib	ζ	Per	2,84	–4,55	10 000	3	1 000
	ε	Per	2,9	–3,19	2 000	6	500
	γ	Per	2,91	–1,57	400	13	250
	δ	Per	3,01	–3,04	1 000	6	500
	ρ	Per	3,32	–1,67	400	10	300
PFAU							
Peacock	α	Pav	1,94	–1,81	400	18	180
	β	Pav	3,42	0,29	60	24	140
PFEIL							
Alnasi	γ	Sge	3,51	–1,11	200	12	270
PHÖNIX							
Ankas	α	Phe	2,4	0,52	52	42	78
	β	Phe	3,32	–0,60	150	16	200
	γ	Phe	3,41	–0,87	190	14	230
RABE							
Gienak Ghurab	γ	Crv	2,58	–0,94	200	20	160
Kraz	β	Crv	2,65	–0,51	140	23	140
Algorab	δ	Crv	2,94	0,79	41	37	88
Minkar	ε	Crv	3,02	–1,82	500	11	300
RINDERHIRTE							
Arktur	α	Boo	–0,05	–0,31	110	89	37
Izar	ε	Boo	2,35	–1,69	400	16	200
Mufrid	η	Boo	2,68	2,41	9,2	88	37
Harris	γ	Boo	3,04	0,96	35	38	86
	δ	Boo	3,46	0,69	40	28	120
Nekkar	β	Boo	3,49	–0,64	150	15	220
SCHIFFSKIEL							
Canopus	α	Car	–0,62	–5,53	14 000	10	300
Miaplacidus	β	Car	1,67	–0,99	210	29	110
Avior	ε	Car	1,86	–4,58	6 000	5	700
Tureis	ι	Car	2,21	–4,42	5 000	5	700
	θ	Car	2,74	–2,91	1 000	7	500
	υ	Car	2,92	–5,56	10 000	2	2 000
	ω	Car	3,29	–1,99	500	9	400
HR 4140	π	Car	3,3	–2,62	900	7	500
HR 4050	θ	Car	3,39	–3,38	2 000	4	800
HR 3659	α	Car	3,43	–2,11	600	8	400
	χ	Car	3,46	–1,91	500	8	400
SCHLANGE							
Unuk Elhaia	α	Ser	2,63	0,87	38	45	72
	η	Ser	3,23	1,84	16	53	62
	μ	Ser	3,54	0,14	70	21	160
SCHLANGENTRÄGER							
Ras Alhague	α	Oph	2,08	1,30	26	70	47
Sabik	η	Oph	2,43	0,37	60	39	84
	ζ	Oph	2,54	–3,20	2 000	7	500
Yed Prior	δ	Oph	2,73	–0,86	190	19	170
Kelb Alrai	β	Oph	2,76	0,76	42	40	82
	κ	Oph	3,19	1,09	31	38	86
Yed Posterior	ε	Oph	3,23	0,64	50	30	110
	θ	Oph	3,27	–2,92	1 000	6	500
	ν	Oph	3,32	–0,03	90	21	160
SCHÜTZE							
Kaus Australis	ε	Sgr	1,79	–1,44	320	23	140
Nunki	σ	Sgr	2,05	–2,14	600	15	220
Ascella	ζ	Sgr	2,6	0,42	60	37	88
Kaus Medius	δ	Sgr	2,72	–2,14	600	11	300
Kaus Borealis	λ	Sgr	2,82	0,95	35	42	78
Albaldah	π	Sgr	2,88	–2,77	1 000	7	500
Nash	γ	Sgr	2,98	0,63	50	34	96
	η	Sgr	3,1	–0,20	100	22	150
	φ	Sgr	3,17	–1,08	200	14	230
	τ	Sgr	3,32	0,48	50	27	120
Sulaphat	ξ^2	Sgr	3,52	–1,77	400	9	400
SCHWAN							
Deneb	α	Cyg	1,25	–8,73	300 000	1	3 000
Sadir	γ	Cyg	2,23	–6,12	20 000	2	2 000
Gienah	ε	Cyg	2,48	0,76	42	45	72
	δ	Cyg	2,86	–0,74	170	19	170
Albireo	β^1	Cyg	3,05	–2,31	700	8	400
	ζ	Cyg	3,21	–0,12	90	22	150
SCHWERTFISCH							
	α	Dor	3,3	–0,36	120	19	170
SEGEL							
Suhail al Muhlif	γ	Vel	1,75	–5,31	10 000	4	800
	δ	Vel	1,93	–0,01	90	41	80
Alsuhail	λ	Vel	2,23	–3,99	3 000	6	500
Markab	κ	Vel	2,47	–3,62	2 000	6	500
	μ	Vel	2,69	–0,06	90	28	120
HR 3806	ν	Vel	3,16	–1,15	200	14	230
	φ	Vel	3,52	–5,34	10 000	2	2 000
SKORPION							
Antares	α	Sco	1,06	–5,28	10 000	5	700
Shaula	λ	Sco	1,62	–5,05	10 000	5	700
Sargas	θ	Sco	1,86	–2,75	1 100	12	270
Dschubba	δ	Sco	2,29	–3,16	2 000	8	400
	ε	Sco	2,29	0,78	41	50	65
	κ	Sco	2,39	–3,38	2 000	7	500
Acrab	β^1	Sco	2,56	–3,50	2 000	6	500
	υ	Sco	2,7	–3,31	2 000	6	500
	τ	Sco	2,82	–2,78	1100	8	400
	π	Sco	2,89	–2,85	1 000	7	500
Al Niyat	σ	Sco	2,9	–3,86	3 000	4	800
	ι^1	Sco	2,99	–5,71	2 0000	2	2 000
	μ^1	Sco	3	–4,01	3 000	4	800
	η	Sco	3,32	1,61	19	46	71
HR 6630	γ	Sco	3,19	0,24	70	26	130
STEINBOCK							
Deneb Algiedi	δ	Cap	2,85	2,49	8,6	85	38
Dabih	β	Cap	3,05	–2,07	600	9	400
STIER							
Aldebaran	α	Tau	0,87	–0,63	150	50	65
Nath	β	Tau	1,65	–1,37	300	25	130
Alcyone	η	Tau	2,85	–2,41	800	9	400
	ζ	Tau	2,97	–2,56	900	8	400
	θ^2	Tau	3,4	0,10	80	22	150
	λ	Tau	3,41	–1,87	500	9	400
Ain	ε	Tau	3,53	0,15	70	21	160
SÜDLICHER FISCH							
Fomalhaut	α	PsA	1,17	1,74	17	130	25,1
SÜDLICHES DREIECK							
Atria	α	TrA	1,91	–3,62	2 000	8	400
	β	TrA	2,83	2,38	9	81	40
	γ	TrA	2,87	–0,87	190	18	180
TAUBE							
Phakt	α	Col	2,65	–1,93	500	12	270
Wazn	β	Col	3,12	1,02	33	38	86
TELESKOP							
	α	Tel	3,49	–0,93	200	13	250
TUKAN							
	α	Tuc	2,87	–1,05	220	16	200
WAAGE							
Zuben Elschemali	β	Lib	2,61	–0,84	180	20	160
	α^2	Lib	2,75	0,88	38	42	78
Brachium	σ	Lib	3,25	–1,51	300	11	300
WALFISCH							
Deneb Kaitos	β	Cet	2,04	–0,30	110	34	96
Menkar	α	Cet	2,54	–1,61	400	15	220
	η	Cet	3,46	0,67	50	28	120
Kaffaljidhma	γ	Cet	3,47	1,47	22	40	82
	τ	Cet	3,49	5,68	0,45	274	11,9
WASSERMANN							
Sadalsud	β	Aqr	2,9	–3,47	2 000	5	700
Sadalmelek	α	Aqr	2,95	–3,88	3 000	4	800
Skat	δ	Aqr	3,27	–0,18	100	20	160
WASSERSCHLANGE							
Alphard	α	Hya	1,99	–1,69	400	18	180
	γ	Hya	2,99	–0,05	90	25	130
	ζ	Hya	3,11	–0,21	100	22	150
	ν	Hya	3,11	–0,03	90	24	140
	π	Hya	3,25	0,79	41	32	100
	ε	Hya	3,38	0,29	60	24	140
	ξ	Hya	3,54	0,55	50	25	130
WIDDER							
Hamal	α	Ari	2,01	0,48	54	49	67
Sheratan	β	Ari	2,64	1,33	25	55	59
WOLF							
	α	Lup	2,3	–3,83	3 000	6	500
	β	Lup	2,68	–3,35	2 000	6	500
	γ	Lup	2,8	–3,40	2 000	6	500
	δ	Lup	3,22	–2,75	1 000	6	500
	ε	Lup	3,37	–2,58	900	6	500
	ζ	Lup	3,41	0,65	50	28	110
	η	Lup	3,42	–2,48	800	7	500
ZENTAUR							
Toliman	α^1	Cen	–0,01	4,34	1,56	742	4,40
Agena	β	Cen	0,61	–5,42	10 000	6	500
Proxima	α^2	Cen	1,35	5,70	0,44	742	4,40
Menkent	θ	Cen	2,06	0,70	44	54	60
	γ	Cen	2,2	–0,81	180	25	130
	ε	Cen	2,29	–3,02	1 000	9	400
	η	Cen	2,33	–2,55	900	11	300
	ζ	Cen	2,55	–2,81	1 100	8	400
	δ	Cen	2,58	–2,84	1 200	8	400
	ι	Cen	2,75	1,48	22	56	58
	λ	Cen	3,11	–2,39	800	8	400
	κ	Cen	3,13	–2,96	1 000	6	500
	ν	Cen	3,41	–2,41	800	7	500
	μ	Cen	3,47	–2,57	900	6	500
ZIRKEL							
	α	Cir	3,18	2,11	12	61	53
ZWILLINGE							
Pollux	β	Gem	1,16	1,09	31	97	34
Castor	α	Gem	1,58	0,59	49	63	52
Alhena	γ	Gem	1,93	–0,60	150	31	110
Tejat Posterior	μ	Gem	2,87	–1,39	300	14	230
Mebsuta	ε	Gem	3,06	–4,15	4 000	4	800
Tejat Prior	η	Gem	3,31	–1,84	500	9	400
Alzirr	x	Gem	3,35	2,13	12	57	57
Wasat	δ	Gem	3,5	2,22	11	55	59

DIE HIPPARCOS-MISSION

Die Hipparcos-Mission war eines der ehrgeizigsten Projekte in der Geschichte der Astronomie. 1980 wurde es offiziell von der European Space Agency (ESA) gestartet. Es handelte sich darum, Position, Eigenbewegung und scheinbare Helligkeit aller sonnennahen Sterne zu messen. Der Hipparcos-Satellit (oder High Precision Parallax Collecting Satellite) war vom 11. September 1989 bis zum 15. August 1993 in Betrieb. Nach vier Jahren Datenverarbeitung veröffentlichte die ESA im Mai 1997 die 17 Bände dieses bedeutenden Sternenkatalogs. 118 218 Sterne sind jetzt mit einer Präzision von 0,001″, und weitere 1 050 000 mit einer Präzision von 0,003″ bis 0,5″ katalogisiert.

Dank dieser Daten verfügen die Astronomen nunmehr erstmals über eine dreidimensionale Riesenkarte unserer galaktischen Umgebung in einer Sphäre von 6 000 Lichtjahren Durchmesser. Es ist sogar fast eine raumzeitliche Karte, da der Satellit vier Jahre lang die individuelle Bewegung jedes Sterns verfolgt hat, und somit den Astronomen die Schätzung der Sternbewegungen in der Galaxis im Laufe der Zeit ermöglicht. Der Hipparcos-Katalog wird in den nächsten Jahrzehnten als Nachschlagewerk dienen. Fast alle Bereiche der Astronomie sind von den Ergebnissen der Mission betroffen, insbesondere die Astrophysik und die Kosmologie. Der Hipparcos-Katalog ist kein einfacher, statischer Atlas; er ist eine Art Bestandsaufnahme unserer galaktischen Umgebung, und seine Messungen sind die wahren Schlüssel zum Verständnis der heutigen, heißdiskutierten, astrophysikalischen Phänomene. Insbesondere war unsere Kenntnis der seltenen Sterne sehr bruchstückhaft. Die Blauen und Roten Überriesen, jene gigantischen, pulsierenden Sterne, sind die interessantesten, um die Sternentwicklung nachzuvollziehen. Diese in unserer Galaxis sehr seltenen Sterne sind nur dünn verteilt. Kein einziger befindet sich in unmittelbarer Nähe der Sonne. Es war also den Astronomen unmöglich, mit ihren von der atmosphärischen Turbulenz beeinträchtigten Erdteleskopen die Entfernung präzise zu ermitteln. Mit der genauen Messung der Entfernung und der scheinbaren Leuchtkraft ist es möglich, die absolute Leuchtkraft und – mit den Theorien der stellaren Nukleosynthese – den Durchmesser, die Masse, die Energieerzeugung und das Alter dieser Sterne zu ermitteln.

Das Prinzip der Hipparcos-Mission beruht auf den Messungen der trigonometrischen Parallaxen. Beobachtet man ein nahes Objekt, zum Beispiel einen Kirchturm, vor dem Hintergrund einer entfernten Landschaft (wie eine Bergkette), scheint sich das nahe Objekt vor dem Hintergrund zu bewegen, wenn man sich selbst leicht bewegt. Dieser Effekt der „Parallaxe" existiert ebenfalls bei Sternen, wenn auch die Parallaxe winzig ist: Zunächst erscheinen uns alle Sterne in gleicher Entfernung auf das Himmelsgewölbe projiziert. Dabei sind uns manche sehr nah, in einigen Lichtjahren Entfernung, andere sind 1 000- oder 10 000mal weiter weg.

Wenn man die Sterne von der Erde aus in einem Zeitabstand von sechs Monaten beobachtet, das heißt von beiden Extremstellungen der Erdumlaufbahn aus, wird die scheinbare Bewegung – oder parallaktische Bewegung – der nahen Sterne gegenüber den fernen Sternen sichtbar. Die nahen Sterne zeigen eine winzige Schleife vor dem Hintergrund aus fernen Sternen, wobei diese Schleife in Wirklichkeit das projizierte Bild der Erdumlaufbahn an den Himmel ist. Wenn man die Größe der Basis (300 Millionen Kilometer) und die scheinbare Bewegung eines Sterns kennt, ist es leicht, seine tatsächliche Entfernung zu berechnen. Diese Winkel werden in Bogensekunden (″) ausgedrückt und sind winzig. Alle Parallaxen, die von Hipparcos ermittelt wurden, liegen zwischen 0,742″ und 0,001″. Eine Tausendstel Bogensekunde ist so breit wie ein Golfball auf dem Empire State Building in New York, von Europa aus gesehen. Oder ein Detail auf dem Mond, von der Größe eines Menschen. Die durchschnittliche Meßgenauigkeit von Hipparcos erreicht 0,001″. Dies bedeutet: Je näher der Stern ist, um so größer ist seine Parallaxe und um so präziser die Genauigkeit der Messung. Jenseits von 0,001″, was einer Entfernung von 1 000 parsec entspricht, kann Hipparcos die leichte Schwankung des Sterns nicht mehr wahrnehmen. (Ein parsec ist die Entfernung, von der aus gesehen der Radius der Erdumlaufbahn unter einem Winkel von 1″ erscheint; 1 parsec entspricht 3,26 Lichtjahren).

Die Aufgabe des Satelliten bestand darin, gleichzeitig zwei Regionen des Himmels zu beobachten, die durch einen Winkel von 58° voneinander getrennt sind, um den Winkelabstand zwischen den Sternenpaaren sehr genau zu ermitteln. Hipparcos verhielt sich also wie ein Zirkel und malte am Himmelsgewölbe große Kreise. Jeder Stern wurde etwa hundertmal unter verschiedenen Winkeln erfaßt. Nachdem die Mission abgeschlossen war, bestand die Analyse darin, die gesamte Himmelskarte anhand der etwa hundert Millionen Messungspaare wieder zusammenzusetzen.

Die Tabelle der vorstehenden Doppelseite gibt erstmals die exakten Eigenschaften der 300 hellsten Sterne wieder.

GLOSSAR

Abbremsparameter: Zahl, die die Verlangsamung der Expansion des Universums unter dem Einfluß der gegenseitigen Massenanziehung angibt.

Akkretion: Aufnahme von Materie durch einen Himmelskörper aufgrund der Gravitationskraft. Akkretionsscheibe: scheibenförmige Region um einen Weißen Zwerg, einen Neutronenstern oder ein Schwarzes Loch, aus der Materie auf den Himmelskörper stürzt.

Brauner Zwerg: Himmelskörper, dessen Masse zwischen 17 und 80 Jupitermassen geschätzt wird und der zu kalt geblieben ist, um Kernreaktionen einzuleiten. Braune Zwerge könnten zu den Bestandteilen der dunklen Materie des Universums zählen.

Cepheiden: Veränderliche Sterne, deren Leuchtkraft periodisch schwankt. δ Cephei ist der Hauptvertreter dieser Gruppe. Die Periode kann von nur einem Tag bis zu einigen Wochen dauern.

Doppelstern: Sternenpaar, das durch die Gravitation aneinander gebunden ist.

Doppler-Effekt: Das Phänomen entsteht, wenn eine Vibrations- (Schall- oder Ultraschallquelle) oder eine Lichtquelle (Licht, Radiowelle, usw.) sich gegenüber dem Beobachter bewegt. Dieser stellt eine Veränderung der wahrgenommenen Frequenz fest. Die Erklärung der systematischen Rotverschiebung im Spektrum weit entfernter Galaxien durch den Doppler-Effekt stellt die Grundlage der Überlegungen zur Expansion des Universums dar.

Dunkle Materie, Fehlende Masse: Nicht direkt sichtbare Materie, deren Existenz im Universum vermutet wird. Diese Hypothese stützt sich auf die Dynamik der Galaxienhaufen und der einzelnen Galaxien. Die dynamische Analyse der Galaxien und Galaxienhaufen deutet an, daß diese Systeme erheblich massereicher sind, als es ihr sichtbarer Inhalt ahnen läßt. Die Beantwortung der Frage nach der Zukunft des Universums hängt von der Lösung jenes Rätsels der „verborgenen" Masse ab. Das Vorhandensein der dunklen Materie wird auch in Theorien erwähnt, die die Entstehung der Galaxien nach dem Urknall zu erklären versuchen. Sie könnte aus massearmen Sternen (von weniger als einigen Zehnteln Sonnenmassen) bestehen, insbesondere aus Braunen Zwergen und aus großen Wolken aus kalten Gasmolekülen. Eine andere Theorie vermutet, daß sie aus subatomaren, massereichen Teilchen besteht, die nur schwach mit der gewöhnlichen Materie wechselwirken und deshalb nur schwer nachzuweisen sind.

Einstein-Effekte: Darunter versteht man zwei Phänomene der Gravitation, die von der Allgemeinen Relativitätstheorie vorhergesagt wurden: Die Lichtablenkung und die spektrale Rotverschiebung, welche Lichtstrahlen von Himmelskörpern in der Nähe von massereichen Körpern erfahren, bevor sie die Erde erreichen.

Einstein-Ring: Kreisförmiges Bild einer punktförmigen, weit entfernten Lichtquelle, das dann entsteht, wenn eine Massenkonzentration genau auf der Sichtlinie wie eine Gravitationslinse wirkt (diese von der Allgemeinen Relativitätstheorie vorhergesagte, geometrische Figur wird bei manchen Quasaren beobachtet, deren Strahlung von Galaxien im Vordergrund abgelenkt wird).

Expansion des Universums: Phänomen, das 1917 von W. de Sitter, 1922 von A. Friedmann und 1927 von G. Lemaître in Erwägung gezogen wurde und sich auf die Allgemeine Relativitätstheorie stützt. Danach entfernen sich die Galaxien voneinander mit einer Geschwindigkeit, die proportional zu ihrer Entfernung ist.

Galaktischer Halo: Sphärisches Volumen um Spiralgalaxien, das von alten, in Kugelsternhaufen gruppierten Sternen bevölkert wird, welche um das Zentrum der Galaxie kreisen.

Galaxie: Große Ansammlung von Sternen und interstellarer Materie, die im All isoliert ist und deren Zusammenhalt durch die Gravitation gewährleistet wird.

Galaxiengruppe: Kleiner Galaxienhaufen, der zwischen zehn und zwanzig Mitglieder zählt.

Gravitation: Eine der vier grundlegenden Wechselwirkungen der Physik, die sich durch Anziehungskräfte zwischen allen Massen auswirkt. Newton formulierte als erster das Gesetz: Zwei punktförmige Körper mit den Massen m und m', die sich in einem Abstand r voneinander entfernt befinden, ziehen sich in Richtung der Geraden, die sie verbindet, mit einer dem Produkt ihrer Massen proportionalen und dem Quadrat ihres Abstandes umgekehrt proportionalen Kraft an. Die Relativitätstheorie integriert die Gravitation in einen geometrischen Rahmen, in dem das Gravitationsfeld als eine von der Masse verursachte Krümmung der Raumzeit interpretiert wird. Die Gravitation ist das maßgebliche Phänomen, das die Evolution der Materie im Universum beherrscht.

Gravitationslinse: Massereicher Himmelskörper, z. B. Galaxie, der das Erscheinungsbild weiter entfernter Objekte, die sich auf derselben Sichtlinie befinden, verändert. Die Allgemeine Relativitätstheorie sagt vorher, daß das Licht beim Passieren eines intensiven Gravitationsfelds abgelenkt wird. Die Massenkonzentrationen im Universum können sich also wie Linsen auf die sie durchquerenden Lichtstrahlen auswirken. Dieses Phänomen tritt bei manchen Quasaren auf, die seit 1979 entdeckt wurden. Von ihnen sind Vielfachbilder zu beobachten (*Gravitationslinsen-Effekte*), weil ihr Licht im Gravitationsfeld von im Vordergrund liegenden Galaxien abgelenkt wird.

Gravitationslinsen-Effekte: Bilder eines entfernten Himmelskörpers, die aufgrund der Ablenkung seiner Lichtstrahlen in der Nähe eines massereicheren, im Vordergrund liegenden Objektes (*Gravitationslinse*) entstehen.

Haufen: Größere Gruppe von Galaxien (Galaxienhaufen) oder von Sternen einer Galaxie (Sternhaufen), die durch die gegenseitige Gravitationskraft miteinander verbunden sind.

Hauptreihe: Bereich im Hertzsprung-Russell-Diagramm, der sich vom oberen linken zum unteren rechten Rand des Diagramms erstreckt. Darin befinden sich 90 % der Sterne, die – wie die Sonne – ihre Energie aus dem Verschmelzen von Wasserstoff zu Helium beziehen.

Helligkeit: Zahl, die die scheinbare Leuchtkraft (scheinbare Helligkeit) oder die tatsächliche Leuchtkraft (absolute Helligkeit) eines Himmelskörpers angibt. Auf der Helligkeitsskala entsprechen die kleinsten Zahlen den hellsten Himmelskörpern.

Hertzsprung-Russell-Diagramm: [*Abkürzung: HRD*]. Diagramm, das Anfang des Jahrhunderts von E. Hertzsprung aufgestellt und von H. N. Russell vervollständigt wurde. Es ordnet die Sterne nach ihrem Spektraltyp und ihrer Leuchtkraft an.

Hintergrundstrahlung, 3-K-Hintergrundstrahlung, Kosmische Hintergrundstrahlung: Radiostrahlung, die aus allen Richtungen des Himmels kommt und die den Eigenschaften der thermischen Strahlung eines schwarzen Körpers mit einer Temperatur von fast 3 K (3 Kelvin) entspricht. Sie wurde 1965 von A. Penzias und R. Wilson entdeckt und läßt sich leicht im Rahmen der Urknalltheorie erklären, die sie somit untermauerte.

Hubble-Gesetz: Empirisches Gesetz, das 1929 von Hubble formuliert wurde, nach dem die Galaxien mit einer Geschwindigkeit voneinander fliehen, die ihrem Abstand proportional ist. Es wird als eine der Folgen der Expansion des Universums angesehen.

Hubble-Konstante: Proportionalitätsfaktor zwischen der Fluchtgeschwindigkeit der Galaxien und ihrem Abstand nach dem Hubble-Gesetz. Dieser Parameter, der gewöhnlich mit H_0 bezeichnet wird, legt die Expansionsrate des Universums im Laufe der Zeit fest und spielt eine wesentliche Rolle in den kosmologischen Modellen.

Inflation: Exponentiell, d. h. nicht linear, und extrem schnell verlaufende Expansionsphase, die das Universum einen Bruchteil einer Sekunde nach dem Urknall erlebt haben dürfte, wie es manche Kosmologen vermuten.

Interstellares Medium: Ansammlung extrem diffuser Materie (Gas, Staub) zwischen den Sternen einer Galaxie.

Isotrop: Nach allen Richtungen gleiche Eigenschaften vorweisend (Massenverteilung, Strahlung, usw.).

Krümmung des Universums: Geometrische Eigenschaft der Raumzeit, deren deutlichste Ausprägung, nach der Relativitätstheorie, die Gravitation ist. Die physikalischen Phänomene finden in einer vierdimensionalen Raumzeit statt. Das Vorhandensein von Materie in dieser Raumzeit verursacht eine um so stärkere Krümmung, je größer die Materiedichte ist.

Lichtjahr: Längeneinheit (Abk.: Lj.), die der in einem Jahr vom Licht zurückgelegten Strecke im Vakuum entspricht und die $9{,}461 \cdot 10^{12}$ km beträgt.

Lokale Gruppe: Vergleichsweise kleiner Haufen, zu dem unsere Galaxis gehört. Er beinhaltet etwa 30 Mitglieder, darunter die Magellanschen Wolken und die Andromedagalaxie M 31. Er befindet sich im Außenbezirk einer noch größeren Galaxienansammlung, des lokalen Superhaufens.

Lokaler Superhaufen: Der Superhaufen, zu dem unsere Galaxis gehört.

Megaparsec: Längeneinheit (Abk.: Mpc), die in der extragalaktischen Astronomie verwendet wird und einer Million parsec entspricht.

Nebel: Interstellare Gas- und Staubwolken. Die Entstehung neuer Sterne findet in riesigen Wolken aus interstellarer Materie statt, deren Gas vornehmlich in Form von Molekülen vorliegt. Manche Nebel, beispielsweise die Planetarischen Nebel, sind hingegen mit der Endphase der Sternentwicklung verbunden. Andere Nebel aber manifestieren sich nur durch die große Menge Staub, die sie beinhalten – so die Dunkelwolken, die das Licht dahinterstehender Himmelskörper absorbieren und sich wie ein Schattenspiel am Himmel bemerkbar machen.

Nova: Stern, der für eine kurze Zeit von einigen Stunden bis zu einem Tag plötzlich 10 000- bis 100 000mal heller wird. Früher glaubte man, daß dabei ein neuer Stern entsteht. Allmählich wird seine Leuchtkraft wieder schwächer.

Nukleosynthese: Gesamtheit der Prozesse, die zur Entstehung der chemischen Elemente führen, aus der die Materie im Universum besteht. Die leichten Elemente, Wasserstoff und Helium, stellen den Hauptanteil (etwa 97 % der Masse des Universums) dar. Diese Vorrangstellung läßt sich durch die Nukleosynthese im Zentrum der Sterne erklären. Das Helium, das durch die Fusion des Wasserstoffes in den Sternen erzeugt wird, wird im Rahmen von nachfolgenden Fusionsreaktionen verbrannt, bei denen schwerere Elemente entstehen. Die leichteren Elemente (Wasserstoff, Deuterium, Helium) wurden vermutlich während der sehr heißen und dichten Anfangsphase des Universums synthetisiert. Die Nukleosynthese der schwereren Elemente erfolgt in den Sternen im Laufe der verschiedenen Phasen ihrer Entwicklung.

Olberssches Paradoxon: Ein 1826 von H. W. Olbers formuliertes Paradoxon, das eine beobachtbare Tatsache – die Dunkelheit des Nachthimmels – dem klassischen Konzept eines euklidischen, unendlichen, statischen und gleichmäßig von Sternen bevölkerten Universums gegenüberstellt, bei dem der Nachthimmel rechnerisch gleichmäßig taghell sein sollte.

parsec: (von *par*[allax] und *sec*[ond]). Astronomische Längeneinheit (Abk.: pc). Entspricht der Entfernung eines Himmelskörpers, dessen jährliche Parallaxe 1″ beträgt.

Planet: Nicht selbstleuchtender Himmelskörper, der um einen Stern, insbesondere um die Sonne, kreist. Die heutige Theorie über die Entstehung von Planeten (aus einer rotierenden Gas- und Staubwolke, die sich allmählich zu einer Scheibe abplattet und in der immer größere Objekte entstehen) läßt die Vermutung zu, daß zahlreiche Sterne von Planeten umgeben sind.

Planetesimale: Kleine, feste Körper, die aus Materiekondensationen im Nebel um einen jungen Stern entstehen. In ihrer weiteren Entwicklung könnten sich durch Akkretion Planeten bilden.

Plasma: Gas, dessen Atome ionisiert sind, und das aus einer Mischung aus freien Elektronen und Atomkernen besteht. Fast die gesamte Materie des Universums befindet sich im Plasma-Zustand: Das Innere der Sterne ist ein dichtes Plasma, während die Sonnenkorona, der Sonnenwind, die Nebel aus ionisiertem Wasserstoff usw. sehr dünne Plasmen sind.

Protogalaxie: Gaswolke, aus der sich durch gravitationsbedingte Kontraktionen Galaxien entwickeln.

Protoplanet: Verdichtung von Materie in der Gas- und Staubwolke um einen jungen Stern, die als Vorform eines Planeten angesehen werden kann.

Pulsar: (Aus dem Englischen: *pulsa*[ting] [sta]*r*). Elektromagnetische Strahlungsquelle (meistens Radioquelle), die sich durch sehr kurze Emissionen auszeichnet und die in extrem regelmäßigen Abständen wiederkehren.

Quasar: (von *QUAsi Stellar Astronomical Radiosource*, quasi-stellare astronomische Radioquelle). Sternförmiger Himmelskörper von großer Leuchtkraft, dessen Spektrallinien eine sehr ausgeprägte Rotverschiebung aufweisen. Möglicherweise verdanken die Quasare ihre außergewöhnliche Leuchtkraft dem Vorhandensein eines supermassiven Schwarzen Lochs (bis zu 100 Millionen Sonnenmassen) im Zentrum der Galaxie, deren Kern sie sind. Ganze Sterne könnten hier eingefangen und zermalmt werden und einen immensen Gaswirbel speisen.

Raumzeit: Begriff eines multidimensionalen Bereichs, in dem es möglich ist, Ereignisse zu lokalisieren und ihre gegenseitigen Beziehungen anhand von räumlichen und zeitlichen Koordinaten zu beschreiben. Der Begriff stammt aus der Beobachtung, daß die Lichtgeschwindigkeit völlig unabhängig von der Bewegung der Lichtquelle oder des Beobachters ist. Die Raumzeit erlaubt allen Beobachtern im Universum, die Realität unabhängig von ihrer relativen Bewegung zu beschreiben. Gemäß der Allgemeinen Relativitätstheorie ist die Gravitation eine Krümmung der Raumzeit.

Redshift: Spektrale Rotverschiebung.

Relativistisch: 1. Die Relativitätstheorie betreffend. **2.** Bezeichnet ein sehr schnelles Teilchen, das sich mit einer Geschwindigkeit v bewegt, wobei das Verhältnis v/c (c = Lichtgeschwindigkeit) so groß ist, daß die Effekte der Relativitätstheorie sichtbar werden.

Relativitätstheorien: Gesamtheit der Theorien, die besagen, daß es äquivalente Bezugspunkte gibt, um Phänomene zu beschreiben, wobei die Größen eines Systems sich – den Umwandlungen entsprechend, die jeder Theorie eigen sind – aus denselben Größen eines anderen Systems herleiten lassen. Die physikalischen Gesetze, die die Beziehungen zwischen diesen Größen herstellen, bleiben gleich. Die Allgemeine Relativitätstheorie vereint Mechanik und Gravitation. Die Wechselwirkung der Gravitation wird als eine Krümmung des Raumes infolge der Anwesenheit von Masse beschrieben.

Riesenstern: Stern von geringer Dichte, der um das 100fache heller ist als die Sonne und einen großen Radius aufweist. Ist der Wasserstoff im Zentrum des Sternes verbraucht, kontrahiert der Sternkern. Dadurch kann der Wasserstoff der äußeren Schichten brennen, wobei sich die Hülle des Sterns ausdehnt. Es handelt sich um das sogenannte Roter-Riese-Stadium.

Schwarzes Loch: Region des Universums, die sich in einer Phase des irreversiblen Gravitationskollapses befindet. Das Gravitationsfeld ist so stark, daß nicht einmal Licht entweichen kann.

Spektrale Verschiebung: Verschiebung der Spektrallinien eines Himmelskörpers gegenüber einem Bezugsspektrum auf der Erde. Man spricht von einer Blau- bzw. einer Rotverschiebung, je nachdem ob die beobachteten Linien sich infolge eines Doppler-Effektes oder einer gravitationsbedingten Verschiebung zu kürzeren oder längeren Wellenlängen hin verschieben.

Superhaufen: Haufen von Galaxienhaufen. Die Superhaufen sind fundamentale Strukturen des Universums im sehr großen Maßstab.

Supernova: 1. Massereicher Stern, der ein fortgeschrittenes Entwicklungsstadium erreicht hat, explodiert und eine Zeit lang eine erheblich höhere Leuchtkraft hat. **2.** Das Phänomen selbst.

Überriese: Extrem heller Stern mit sehr großem Durchmesser und sehr geringer Dichte.

Universum, geschlossenes: Modell eines sich entwickelnden Universums, das genügend Materie enthält, um seine Expansion anzuhalten und sich zu einer bestimmten Zeit wieder zusammenzuziehen.

Universum, offenes: Modell eines sich entwickelnden Universums, das sich in fortwährender Expansion befindet.

Universum, stationäres – Steady-State-Theorie: Kosmologische Theorie, die 1948 von den Astrophysikern Thomas Gold, Herman Bondi und Fred Hoyle vorgeschlagen wurde. Danach ist das Universum zu jeder Zeit für alle Beobachter gleich.

Urknall: Mit einer gigantischen Explosion vergleichbares Ereignis, das nach den meisten aktuellen kosmologischen Modellen den Ursprung des heute sichtbaren Universums darstellt. Das Universum hätte zunächst eine Phase extrem hoher Temperatur und Dichte erfahren, die mit der Expansion gesunken wären. Drei Beobachtungsfakten scheinen heute die Urknalltheorie zu stützen. Erstens: Die allgemeine Fluchtbewegung der Galaxien, die die Expansion des Universums beweist. Zweitens: Die Hintergrundstrahlung, die sich als eine fossile Strahlung interpretieren läßt, als Rest der Anfangswärme des Universums. Drittens: Das Vorhandensein von leichtesten Elementen wie Wasserstoff und Helium im Universum in großen Mengen. Die beobachteten Werte deuten darauf hin, daß das Universum eine primordiale, sehr heiße und sehr dichte Phase durchlebt hat, während der sich Kernreaktionen abgespielt haben, bei denen leichte Atomkerne erzeugt wurden (primordiale Nukleosynthese).

Veränderlicher Stern: Stern, dessen scheinbare Leuchtkraft zeitlich variiert. Der erste variable Stern, der wissenschaftlich erforscht wurde, war die gleißende Supernova aus dem Jahr 1572, die von Tycho Brahe sorgfältig beobachtet wurde. Sogenannte *pulsierende* Veränderliche sind Sterne, die sich infolge interner Instabilitäten abwechselnd dehnen und wieder zusammenziehen. Zu dieser Kategorie zählen die Cephei-, die RR Lyrae- und die Mirasterne.

Weißer Zwerg: Etwa erdgroßer Stern mit einer relativ hoher Oberflächentemperatur (etwa 100 000 K), und sehr schwacher Helligkeit (um das 1 000fache geringer als die der Sonne), in dem etwa eine Sonnenmasse enthalten ist. Seine mittlere Dichte beträgt somit etwa 1 Tonne pro Kubikzentimeter. Er besteht aus entarteter Materie. Das Stadium als Weißer Zwerg wird als Endstadium in der Entwicklung massearmer Sterne betrachtet.

REGISTER

Die fett gedruckten Seitenzahlen beziehen sich auf Abbildungen.

LITERATUREMPFEHLUNGEN

Bührke, Thomas, *Geheimnisvolle Schattenwelt. Dunkle Materie im All,* Kosmos Verlag, 1997

Davies, Paul, *Die letzten drei Minuten. Das Ende des Universums,* C. Bertelsmann Verlag, 1997

Davies, Paul, *Die Unsterblichkeit der Zeit. Die moderne Physik zwischen Rationalität und Gott,* Scherz Verlag, 1995

Ferris, Timothy, *Das intelligente Universum. Ein Blick zurück auf die Erde,* Byblos, 1992

Gribbin, John, *Am Anfang war ... Neues vom Urknall und von der Evolution des Kosmos,* Birkhäuser, 1995

Hahn, Hermann-Michael, *Was tut sich am Himmel* (Jahrbuch), Kosmos Verlag

Hahn, Hermann-Michael, Weiland, Gerhard, *Der neue Kosmos Himmelsführer. Sternbild am Nord- und Südhimmel,* Kosmos Verlag, 1998

Hawking, Stephen, *Die illustrierte Kurze Geschichte der Zeit,* Rowohlt, 3. Auflage 1997

Heermann, Hanns-Joachim, *Drehbare Kosmos Sternkarte mit Anleitungsheft,* Kosmos Verlag, 27. Auflage 1996

Heermann, Hanns-Joachim, *Drehbare Ministernkarte mit Anleitungsheft,* Kosmos Verlag, 1990

Heermann, Hanns-Joachim, *Nachtleuchtende Sternkarte mit Anleitungsheft,* Kosmos Verlag, 17. Auflage, 1997

Kaku, Michio, Trainer, Jennifer, *Jenseits von Einstein. Die Suche nach der Theorie des Universums,* Insel Taschenbuch, 1996

Karkoschka, Erich, *Drehbare Weltsternkarte mit Anleitungsheft,* Kosmos Verlag, 1990

Karkoschka, Erich, *Sternatlas für Himmelsbeobachter,* Kosmos Verlag, 3. überarb. Auflage, 1997

Keller, Hans-Ulrich, *Kosmos Himmelsjahr* (Jahrbuch), Kosmos Verlag

Kraus, Lawrence, *Schwarze Materie,* Insel, 1995

Lorenzen, Dirk H., *Raumsonde Galileo, Aufbruch zum Jupiter,* Kosmos Verlag, 1998

Redshift 2 Multidemia Astronomie CD-ROM, United Soft Media, 1997

Rees, Martin, *Vor dem Anfang. Eine Geschichte des Universums,* S. Fischer, 1998

Sagan, Carl, *Unser Kosmos. Eine Reise durch das Weltall,* Knaur, 1982

Sharp, Alexander, Novikor, Igor, *Edwin Hubble. Der Mann, der den Urknall entdeckte,* Birkhäuser, 1994

Slawik, Eckhard, Reichert Uwe, *Atlas der Sternbilder,* Spektrum Verlag, 1997

Weinberg, Stephen, *Die ersten drei Minuten. Der Ursprung des Universums,* Piper, 8. Auflage 1997

BILDNACHWEIS

Vorwort

S. 6: NASA / ESA / Ciel & Espace

Ein kurzer Abriss der Kosmologie

S. 8–9: S. Brunier / Ciel & Espace
S. 10: S. Brunier / Ciel & Espace
S. 11: S. Brunier / Ciel & Espace
S. 12: S. Brunier / Ciel & Espace
S. 13: S. Brunier / Ciel & Espace
S. 13: S. Brunier / Ciel & Espace
S. 13: S. Brunier / Ciel & Espace
S. 13: S. Brunier / Ciel & Espace
S. 14: S. Brunier / Ciel & Espace
S. 15: S. Brunier / Ciel & Espace
S. 16: S. Brunier / Ciel & Espace
S. 17: S. Brunier / Ciel & Espace
S. 18–19: S. Brunier / Ciel & Espace

Die Galaxis, eine Insel im All

S. 20–21: A. Fujii / Ciel & Espace
S. 22: A. Fujii / Ciel & Espace
S. 23: R. O. E. / A. A. O. / D. Malin / Ciel & Espace
S. 24: R. O. E. / A. A. O. / D. Malin / Ciel & Espace
S. 25: R. O. E. / A. A. O. / D. Malin / Ciel & Espace
S. 26: NASA / Ciel & Espace
S. 27: R. O. E. / A. A. O. / D. Malin / Ciel & Espace
S. 28: S. Binnewies / P. Riepe / B. Schröter / H. Tomsik / Ciel & Espace
S. 29: S. Binnewies / P. Riepe / B. Schröter / H. Tomsik / Ciel & Espace
S. 29: S. Binnewies / P. Riepe / B. Schröter / H. Tomsik / Ciel & Espace
S. 30–31: A. A. O. / D. Malin / Ciel & Espace

Tausend Sterngenerationen

S. 32–33: A. A. O. / D. Malin / Ciel & Espace
S. 34: A. A. O. / D. Malin / Ciel & Espace
S. 35: R. O. E. / A. A. O. / D. Malin / Ciel & Espace
S. 36: A. A. O. / D. Malin / Ciel & Espace
S. 37: R. O. E. / A. A. O. / D. Malin / Ciel & Espace
S. 38–39: NASA / ESA / S. T. Sc. I. / Ciel & Espace
S. 38: NASA / ESA / S. T. Sc. I. / Ciel & Espace
S. 39: NASA / ESA / S. T. Sc. I. / Ciel & Espace
S. 40: NASA / ESA / S. T. Sc. I. / Ciel & Espace
S. 41, oben: NASA / ESA / S. T. Sc. I. / Ciel & Espace
S. 41, unten: NASA / ESA / Ciel & Espace
S. 42, oben: A. A. O. / D. Malin / Ciel & Espace
S. 42, unten: T. Gregory / C. F. H.T. / Ciel & Espace
S. 43: NASA / ESA / S. T. Sc. I. / Ciel & Espace
S. 44: NASA / ESA / S. T. Sc. I. / Ciel & Espace
S. 45: A. A. O. / D. Malin / Ciel & Espace
S. 46–47: NASA / ESA / S. T. Sc. I. / Ciel & Espace

Die nächste Supernova

S. 48–49: A. A. O. / D. Malin / Ciel & Espace
S. 50: NASA / ESA / Ciel & Espace
S. 51: A. Fujii / Ciel & Espace
S. 52: A. Fujii / Ciel & Espace
S. 53: I. A. C. / R. G. O. / D. Malin / Ciel & Espace
S. 54: NASA / ESA / S. T. Sc. I. / Ciel & Espace
S. 55, oben: A. A. O. / D. Malin / Ciel & Espace
S. 55, unten: NASA / ESA / S. T. Sc. I. / Ciel & Espace
S. 56: A. A. O. / D. Malin / Ciel & Espace
S. 57: A. A. O. / D. Malin / Ciel & Espace
S. 58, oben: A. A. O. / D. Malin / Ciel & Espace
S. 58, unten: N. O. A.O. / Ciel & Espace
S. 59: N. O. A.O. / Ciel & Espace
S. 60: R. O. E. / A. A. O. / D. Malin / Ciel & Espace
S. 61, oben: I. A. C. / R. G. O. / D. Malin / Ciel & Espace
S. 61, unten: A. A. O. / D. Malin / Ciel & Espace
S. 62–63: R. Kirchner / C. F. A. / S. T. Sc. I. / Ciel & Espace

Milliarden von Planeten?

S. 64–65: NASA / ESA / S. T. Sc. I. / Ciel & Espace
S. 66: NASA / ESA / S. T. Sc. I. / Ciel & Espace
S. 67: NASA / ESA / S. T. Sc. I. / Ciel & Espace
S. 68: NASA / ESA / S. T. Sc. I. / Ciel & Espace
S. 69: NASA / ESA / S. T. Sc. I. / Ciel & Espace
S. 70: A-M. Lagrange / D. Mouillet / Obs de Grenoble / E. S. O.
S. 71: ESA / Isocam
S. 72: NASA / ESA / S. T. Sc. I. / Ciel & Espace
S. 73: NASA / ESA / S. T. Sc. I. / Ciel & Espace
S. 74: NASA / ESA / S. T. Sc. I. / Ciel & Espace
S. 75: NASA / ESA / S. T. Sc. I. / Ciel & Espace
S. 76–77: A. Fujii / Ciel & Espace

Rätsel im Herzen der Milchstraße

S. 78–79: NASA / C. O. B.E. / Ciel & Espace
S. 80: E. S. O. / Ciel & Espace
S. 81: N. O. A.O. /Ciel & Espace
S. 82, oben: M. P. I.R. / Ciel & Espace
S. 82, unten: N. R. A.O. / V. L. A. / Ciel & Espace
S. 83, oben: N. R. A.O. / V. L. A. / Ciel & Espace
S. 83, unten: N. R. A.O. / V. L. A. / Ciel & Espace
S. 84: N. R. A.O. / V. L. B.A. / Ciel & Espace
S. 85: C. F. H.T. / PUEO / Ciel & Espace
S. 86–87: NASA / Ciel & Espace

Im Ozean der Galaxien

S. 88–89: A. A. O. / D. Malin / Ciel & Espace
S. 90: A. A. O. / D. Malin / Ciel & Espace
S. 91: A. A. O. / D. Malin / Ciel & Espace
S. 92: R. O. E. / A. A. O. / D. Malin / Ciel & Espace
S. 93: A. A. O. / D. Malin / Ciel & Espace
S. 94: R. Schild / Ciel & Espace
S. 95: NASA / ESA / S. T. Sc. I. / Ciel & Espace
S. 96: A. A. O. / D. Malin / Ciel & Espace
S. 97: A. A. O. / D. Malin / Ciel & Espace
S. 98–99: A. A. O. / D. Malin / Ciel & Espace

Die Struktur des Kosmos

S. 100–101: R. O. E. / A. A. O. / D. Malin / Ciel & Espace
S. 102: I. A. C. / R. G. O. / D. Malin / Ciel & Espace
S. 103: A. Maury / TESCA / O. C. A.
S. 104: A. A. O. / D. Malin / Ciel & Espace
S. 105: A. A. O. / D. Malin / Ciel & Espace
S. 106: N. O. A.O. / Ciel & Espace
S. 107: Blaise Canzian / N. O. A.O. / Ciel & Espace
S. 108, oben: NASA / ESA / S. T. Sc. I. / Ciel & Espace
S. 108, unten: NASA / ESA / S. T. Sc. I. / Ciel & Espace
S. 109, oben: F. Mirabel / C. E. A. / Ciel & Espace
S. 109, unten: F. Mirabel / C. E. A. / Ciel & Espace
S. 110: A. A. O. / D. Malin / Ciel & Espace
S. 111, oben: A. A. O. / D. Malin / Ciel & Espace
S. 111, unten: A. A. O. / D. Malin / Ciel & Espace
S. 112–113: Oxford University / Ciel & Espace

Der Urknall – Geschichte des Universums

S. 114–115: N. O. A.O. / Ciel & Espace
S. 116: W. Baum / NASA / ESA / S. T. Sc. I. / Ciel & Espace
S. 117: W. Baum / NASA / ESA / S. T. Sc. I. / Ciel & Espace
S. 118: N. Tanvir-University of Cambridge / Ciel & Espace
S. 119, oben: N. Tanvir-University of Cambridge / Ciel & Espace
S. 119, unten: N. Tanvir-University of Cambridge / NASA / Ciel & Espace
S. 120, oben: NASA / ESA / S. T. Sc. I. / Ciel & Espace
S. 120, unten: NASA / ESA / S. T. Sc. I. / Ciel & Espace
S. 121: NASA / ESA / S. T. Sc. I. / Ciel & Espace
S. 122: E. S. O. / P. S. S. / Ciel & Espace
S. 123: N. O. A.O. / Ciel & Espace
S. 124: NASA / ESA / S. T. Sc. I. / Ciel & Espace
S. 125: E. S. O. / Ciel & Espace
S. 126: E. S. O. / Ciel & Espace
S. 127: O. Le Fèvre / M. O. S.-S. I. S. / C. F. H.T. / Ciel & Espace
S. 128–129: C. O. B.E. / NASA / Ciel & Espace

Trugbilder der Gravitation

S. 130–131: J-P. Kneib / NASA / ESA / S. T. Sc. I. / Ciel & Espace
S. 132: O. M. P. / C. F. H.T. / Ciel & Espace
S. 133: C. F. H.T. / Ciel & Espace
S. 134, oben: J-P. Kneib / NASA / ESA / S. T. Sc. I. / Ciel & Espace
S. 134, unten: N. R. A.O. / V. L. A. / Ciel & Espace
S. 135, oben: C. F. H.T. / Ciel & Espace
S. 135, mitte: C. F. H.T. / Ciel & Espace
S. 135, unten: H. Arp / NASA / Ciel & Espace
S. 136, oben: R. A. S. / Ciel & Espace
S. 136, unten: N. R. A.O. / V. L. A. / Ciel & Espace
S. 137, oben: Keck / C. A. R.A. / Ciel & Espace
S. 137, unten: Keck / C. A. R.A. / Ciel & Espace
S. 138, oben: J-P. Kneib / NASA / ESA / S. T. Sc. I. / Ciel & Espace
S. 138, unten: J-P. Kneib / NASA / ESA / S. T. Sc. I. / Ciel & Espace
S. 139: J-P. Kneib / NASA / ESA / S. T. Sc. I. / Ciel & Espace
S. 140–141: J-P. Kneib / NASA / ESA / S. T. Sc. I. / Ciel & Espace

Die fehlende Masse: ein Geheimnis

S. 142–143: O. Le Fèvre / G. Luppino / C. F. H.T. / Ciel & Espace
S. 144: O. Le Fèvre / F. Hammer / C. F. H.T. / Ciel & Espace
S. 145: B. Fort / NASA / ESA / S. T. Sc. I. / Ciel & Espace
S. 146: N. O. A.O. / Sackett & Al / Ciel & Espace
S. 147: B. Fort / Y. Mellier / C. F. H.T. / Ciel & Espace
S. 148, oben: R. O. S.A. T. / Ciel & Espace
S. 148, unten: S. D. M. White / U. G. Briel / J. P. Henry / R. O. S.A. T.
S. 149, oben: Obs Marseille / V. L. A. / N. R. A.O.
S. 149, unten: P. Ho / C. F. A. / K. Y. Lo / University of Illinois / M. S. Yun / Caltech
S. 150–151: NASA / ESA / S. T. Sc. I. / Ciel & Espace

Die Suche nach Grenzen

S. 152–153: R. Williams / H. D. F. / S. T. Sc. I. / NASA / Ciel & Espace
S. 154: R. Williams / H. D. F. / S. T. Sc. I. / NASA / Ciel & Espace
S. 155: R. Williams / H. D. F. / S. T. Sc. I. / NASA / Ciel & Espace
S. 156: NASA / ESA / S. T. Sc. I. / Ciel & Espace
S. 157: R. Williams / H. D. F. / S. T. Sc. I. / NASA / Ciel & Espace
S. 158–159: Luppino & Kaiser / U. H. / Ciel & Espace
S. 160–161: NASA / ESA / S. T. Sc. I. / Ciel & Espace
S. 162, oben: G. Lelièvre / C. F. H.T. / Ciel & Espace
S. 162, unten: NASA / ESA / S. T. Sc. I. / Ciel & Espace
S. 163, oben: NASA / ESA / S. T. Sc. I. / Ciel & Espace
S. 163, unten: Keck / C. A. R.A. / Ciel & Espace
S. 164: J-P. Kneib / NASA / ESA / S. T. Sc. I. / Ciel & Espace
S. 165: Keck / C. A. R.A. / Ciel & Espace
S. 166–167: R. Williams / H. D. F. / S. T. Sc. I. / NASA / Ciel & Espace

Kosmologischer Horizont

S. 168–169: CERN
S. 170: CERN
S. 171: CERN
S. 172–173: CERN
S. 172, unten: N. R. A.O. / V. L. A. / Ciel & Espace
S. 173, unten: N. R. A.O. / V. L. A. / Ciel & Espace
S. 174: E. S. O. / Ciel & Espace
S. 175: Keck / C. A. R.A. / Ciel & Espace
S. 176: Keck / C. A. R. A. / Ciel & Espace
S. 177: R. G. O. / R. A. S. / Ciel & Espace
S. 178: E. Turner / J-P. Kneib / NASA / E. S. A. / S. T. Sc. I. / Ciel & Espace
S. 179: E. Turner / J-P. Kneib / NASA / E. S. A. / S. T. Sc. I. / Ciel & Espace
S. 180–181: M. Franx / NASA / E. S. A. / S. T. Sc. I.

Anhang

S. 182–183: S. Brunier / Ciel & Espace
S. 184: S. Brunier / Ciel & Espace
S. 185: S. Brunier / Ciel & Espace
S. 186: S. Brunier / Ciel & Espace
S. 187: S. Brunier / Ciel & Espace
S. 188: S. Brunier / Ciel & Espace
S. 189: S. Brunier / Ciel & Espace
S. 190: NASA / Ciel & Espace
S. 191: NASA / Ciel & Espace
S. 192: S. Brunier / Ciel & Espace
S. 193: S. Brunier / Ciel & Espace
S. 194: S. Brunier / Ciel & Espace
S. 195: S. Brunier / Ciel & Espace
S. 196: S. Brunier / Ciel & Espace
S. 197: S. Brunier / Ciel & Espace
S. 199: NASA / ESA / S. T. Sc. I. / Ciel & Espace
S. 200–201: Olivier Hodasava / Ciel & Espace
S. 202–203: Manchu / Ciel & Espace
S. 204–205: Olivier Le Fèvre / Olivier Hodasava / Ciel & Espace
S. 206: Olivier Hodasava / Ciel & Espace
S. 207: Olivier Hodasava / Ciel & Espace